H Y D R O D Y N A M I C S

F L U I D

D Y N A M I C S

2판

역사로 배우는 유체역학

| 이승준 지음 |

역학(mechanics)은 그 내용상 크게 운동학(kinematics)과 운동역학(kinetics)으로 나눌 수 있다. 운동학은 운동의 기하학(geometry of motion)이라고도 부르며, 변위, 속도, 가속도 등 [illegible] 해 생각하는 분야로, 운동의 원인이 되는 힘(force)을 생각하지 않는 것이 그 특징이라고 할 수 있다. 반면에, 운동역학은 우리가 다루는 물체에 작용하는 힘을 고려하여 물체가 어떠한 운동을 하게 될 것인지에 [illegible]
한편 다루는 대상 물체의 외력2)에 대한 거동에 따라, 역학을 강체(rigid body)역학과 가변체(deformable body)역학으로 나누어 생각할 수 있다. 강체는 외력이 가해 질 때, 물체 자체의 [illegible] 로써 외력에 반응한다. 가변체는 고체(solid)와 유체(fluid)로 나눌 수 있는데, 외력에 의해 전단력(shear force)이 가해질 때, 고체는 변형(deformation)함으로써 외력과 평형을 이루며, 유체는 흐름(flowing)으로써 [illegible] 라서 유체는, 외력에 의해 전단력이 가해 질 때 '흐름'으로서 외력과 평형을 유지하는 '연속체'라고 정의한다.

GS인터비전

개정판 서문

세월이 참으로 빠르다. 이 책이 세상에 나온 지 벌써 13년이 흘렀다. 1996년에는 책을 쓰는 것이 조금 빠른 것이 아닌가 생각하였다. 그러나 그 때 책을 쓰지 않았다면 아마도 이 책이 세상에 나오기 힘들지 않았을까 하는 생각이 든다.

개정판을 준비하면서 다음 네 사항에 초점을 두었다. 1) 연습문제 추가; 2) 복소함수 추가; 3) 명칭의 통일; 4) 오자의 교정

많은 동료 교수들의 청으로 연습문제를 추가하게 되었는데, 대부분의 연습문제는 그 동안 저자가 학생들에게 시험문제, 또는 과제로 사용해온 문제들이다.

복소함수는 경사평판 주위에 유도되는 순환의 크기를 구하는데 사용되었으며, 실제로 이상유체의 2차원 유동에 대해서는 복소함수를 보다 광범위하게 사용하는 것이 바람직하지만 공과대학의 공업수학 과정과 맞추다 보니 매우 기초적인 부분만 소개하였다.

10년 이상의 노력 끝에 '선박의 저항과 추진'이 2009년 출간되었다. 저자는 선박유체역학연구회장으로서 편찬의 책임을 맡았는데 저항 분야와 추진 분야의 전문가들 사이에서도 우리말 용어를 다르게 사용하고 있음을 알게 되었고, 이를 통일하기 위해 많은 노력을 경주하였으며, 따라서 이 책에서는 상기 도서에서 사용한 용어를 따라 가능한 한 일관되게 통일된 명칭을 사용하였다.

그 사이 많은 동료 교수들이 오자에 대해 알려 왔으며 개정판에서는 가능한 한 모두 고치도록 하였다. 도움을 주신 많은 분들에게 감사드린다.

역사에 대한 많은 정보를 이제는 wikipedia 등의 인터넷을 통해 훨씬 쉽게 얻을 수 있으므로 학생들이 보다 자발적으로 역사를 통해 유체역학을 볼 수 있는 안목을 가질 수 있기를 진심으로 빈다.

아직도 완벽과는 거리가 먼 저술이지만, 우리 학생들이 역사를 통해 유체역학에 입문할 수 있는 기회를 제공할 수 있는 책을 쓸 수 있었다는 점에서 다행스럽게 생각하며 다시 한 번 많은 분들의 질정을 바란다.

2009년 9월 27일

유성에서

서문

아직도 갈 길이 먼 학자로서 지금 꼭 책을 써야 하는지에 대해 많은 고민을 하였다. 공과대학에서 역학을 가르친 지 이제 10년이 넘었으나, 항상 좋은 교재의 필요성을 느껴 왔으므로 누군가가 우리 글로 된 좋은 역학 교재를 써 주었으면 하는 바람은 줄곧 있었다.

교실에서 역학을 우리 학생들에게 가르칠 때, 가장 힘든 부분은 역학적 지식의 대부분이 과거 300년 동안 축적된 사람들의 지식 활동의 결정체라는 점이다. 어찌 된 일인지 우리는 지식을 창출해 낸 사람들과 그러한 지식이 창출된 배경에 대해 너무 무관심한 것 같다. 어떤 지식이든지 그 뒤에는 많은 사람들이 관련되어 있으며, 이들의 노력이 오늘날 우리가 가진 지식의 탑을 이룩해 낸 것이다. 서양 선진국의 경우, 역학은 그들 자신 역사의 일부이므로 많은 교수들이 역학 강의를 사람과 관련된, 역사적인 사실로서 매우 자연스럽게 시작하는 것이 통례이다. 그러나 우리의 경우는 서양인의 '손과 머리'로 만들어진 지식을 전달함에 있어 그나마 사람은 배제해 버리고 화석(化石)화된 지식만 주입식으로 가르치는 경향이 있다.

일본의 경우 1730년대에 이미 네덜란드어 사전을 출간하고 있는데, 그 당시의 유럽은 이제 막 과학혁명을 시작하고 있었으므로 많은 새로운 개념, 단어를 만들어 내고 있었으며, 이러한 점을 고려하면 일본의 과학은 우리보다 수백 년 앞서 출발했다고 보아야 할 것이다.

여러 가지 생각 끝에 94년 2학기 초 유체역학 교재를 쓰기로 결심하고 집필하기 시작하였다. 책의 제목은 '역사로 배우는 유체역학'으로 정하고 처음부터 사람이 느껴 질 수 있는 역학 교재를 쓰고자 시도하였다. 그 사이 원고의 많은 부분을 선배, 동료 교수들이 보아 주셨고, 특히 우리 학생들이 읽어서 이해할 수 있는 책을 쓰는 것이 목적이었으므로, 각 장(章), 절(節)이 완성되면 실험실의 학부 학생들에게 배포하여 독회를 가졌으며, 결과적으로 많은 도움을 받았다. 책을 쓰면서 학문의 전통이 얼마나 무서운 것인가를 더욱 느끼게 되었고, 그 사이 배움을 주신 은사들께 새삼 더욱 감사하는 마음을 가지게 되었다. 배움의 초기에 만약 잘못 길을 들었더라면 얼마나 많은 길을 돌아야 했을까 하는 생각이 저절로 들었기 때문이다.

이제는 은퇴하신 서울대학교의 황종흘 교수님, 또 Caltech의 T.Y. Wu(吳 耀祖)

교수님께 경의를 표하며, 두 분의 가르치심에 보답하는 길이 무엇인가를 항상 생각하며 살고자 한다. 어렸을 적의 친구들이 지금도 부근에 있으며 서로 도움을 주고받을 수 있는 것에 대해서도 매우 고맙게 생각한다. 같은 학교의 환경공학과에 근무하는 장동순 교수는 교재 전반에 걸쳐, 자원연구소의 허대기 박사는 점성계수에 관한 자료를, 표준과학연구원의 방건웅 박사는 부록의 단위와 차원에 대한 자료를, 충북대학교의 이상일 교수는 표면장력에 대한 부분을 각각 도와주었다. 또 같은 대학의 선배 교수이신 권오헌 교수께서도 책의 구성 및 여러 가지 사항에 대해 조언을 주신 것에 대해 대단히 감사하게 생각한다. 교재 전반 특히 양력에 관한 장에 대해 조언을 아끼지 않은 서울대학교의 서정천 교수에게도 깊은 감사의 뜻을 전한다. 또한 초고에 대해 격려와 조언을 아끼지 않은 영남대학교의 김용철 교수, 조선대학교의 권영섭 교수, 한라공업전문대학의 김동진 교수에게도 이 자리를 빌어 고마움을 표한다. 같은 학과의 모든 교수님들께도 그 사이 물심양면으로 도와주신 데 대해 깊이 감사드리며, 또 독회에 참여하고 그림과 표의 작성에 도움을 준 우리 학과의 권혁문 군, 길기정 군, 김진우 군, 임주범 군, 오병돈 군에게도 사의(謝意)를 표한다. 마지막으로 책을 쓰는 동안 항상 격려해 주신 부모님과 형제들, 또 항상 많은 어려운 점들을 이해해 준 아내와 정익, 현아에게도 무한한 사랑을 전하고 싶다.

이제 탈고하면서 미진한 부분이 많은 점을 인정치 않을 수 없다. 기회가 닿는 대로 2판을 준비하고자 하며, 특히 각 장 끝에 문제를 수록하는 것에 관해 우리 학생들과 토론한 결과, 너무 많은 문제는 부담만 주며, 좋은 문제집을 병용하는 것이 더욱 좋을 것이라는 결론을 얻었으므로 이번에는 생략하기로 하였으나, 앞으로 반응을 보아 가며 다시 결정하고자 한다. 또 수면파와 유체 중에서의 물체의 가속운동에 관한 장들을 추가하는 것에 대해서도 고려하고 있다. 여러 미비 점에 대한 선배, 동료, 학생들의 기탄없는 제언, 질정을 바란다.

1996년 5월 2일

충남대학교 선박해양공학과 연구실에서

차 례

1장 서론

우리가 지식을 배우는 과정을 살펴보면 어렸을 적에는 아득한 옛적 우리 선조들이 경험에 의해 터득한 것부터 배우기 시작하여 성장하면서 점차 현대적인 지식을 배운다는 것을 알 수 있다.

공과대학에서 유체역학을 배울 때에도 그 내용이 대체적으로 시대 순으로 다루어지지만, 딱히 그렇다고 확실히 얘기해 주는 책을 찾아보기는 힘들다.

이 책에서는 유체역학이 역사적으로 어떻게 발전해 왔는가를 살펴보면서 언제 누가 왜 어떤 문제를 생각하였으며, 그 결과 어떤 지식이 유체역학의 체계에 들어왔고, 오늘날 우리들은 어떤 방식으로 그 지식을 표현하는가에 대해 설명하고자 한다.

인류의 지식은 과거에 실제로 살았던 수많은 사람들의 시행착오, 깨달음, 또는 사고(思考)의 결과들이 모여서 이루어 진 것이다. 유체역학 또한 마찬가지로 사람들에 의해 만들어진 개념, 도구를 사용하여 유체(나중에 보다 확실히 정의할 것임)의 운동, 또는 유체 중에서 운동하는 물체에 작용하는 힘 등을 다루는 인간 지식의 일부분이다.

이 장에서는 먼저 유체역학이 무엇인가를 설명하기 위해 '유체역학'이라는 단어를 이루고 있는 '유체'와 '역학'이라는 단어에 대해 살펴보기로 한다. 유체는 연속체의 일종으로 볼 수 있으며, 유체가 무엇인지를 이해하기 위해서는 연속체의 개념을 우선 이해해야 할 필요가 있으므로, 연속체의 개념에 대해 먼저 생각해 볼 것이다. 실제적으로 연속체라는 개념은 20세기에 들어 와서야 정립되었고, 따라서 많은 내용을 포함하고 있으나, 여기서는 매우 기본적인 내용만 소개할 것이다.

연속체를 다룰 때 가장 먼저 생각해야 하는 양(量)의 하나는 밀도(density)이며, 역학 문제를 다룰 때 가장 기본적인 양 중의 하나는 속도(velocity)이다[1]. 이

1) 역학에서 다루는 여러 가지 물리량의 차원과 단위에 대해서는 부록 1을 참조하기 바란다. 또한 이하에서 속도의 크기는 속력(speed)으로 표기하며, 1차원 문제를 다룰 때는 속도와 속력을 혼용하기로 한다.

와 같이 기본적인 양들인 밀도와 속도는 일견 대단히 쉽게 정의되는 양으로 보이지만, 이들은 모두 극한 또는 미분의 개념을 사용하여 정의되므로 그 뜻에 대해서는 처음에 보다 깊게 생각하여 확실히 이해해야 한다.

한편, 점, 선, 면과 같은 기하학적 개념, 또는 극한과 같은 미적분의 개념은 역학과 연속체의 기본적 개념들과 불가분의 관계에 있으므로, 역학과 수학의 이러한 개념들이 역사적으로 어떻게 발전해 왔는지에 대해 알아 본 후에, 최초의 유체역학자로 부를 수 있는 Archimedes(287-212 B.C., Sicily)와 그의 부력에 관한 발견에 대해 논의하기로 한다.

1.1 역학과 연속체로서의 유체

"유체역학은 유체를 대상으로 하는 역학이다."

역학(mechanics)은 그 내용상 크게 운동학(kinematics)과 운동역학(kinetics)으로 나눌 수 있다. 운동학은 운동의 기하학(geometry of motion)이라고도 부르며, 변위, 속도, 가속도를 어떻게 나타내고 또 그들 사이의 관계는 어떤 것인지에 대해 생각하는 분야로, 운동의 원인이 되는 힘(force)을 생각하지 않는 것이 그 특징이라고 할 수 있다. 반면에, 운동역학은 우리가 다루는 물체에 작용하는 힘을 고려하여 물체가 어떠한 운동을 하게 될 것인지에 대해 생각하는 분야이다.

한편 다루는 대상 물체의 외력[2]에 대한 거동에 따라, 역학을 강체(rigid body)역학과 가변체(deformable body)역학으로 나누어 생각할 수 있다. 강체는 외력이 가해 질 때, 물체 자체의 변형은 발생하지 않고, 단지 하나의 개체로 운동함으로써 외력에 반응한다. 가변체는 고체(solid)와 유체(fluid)로 나눌 수 있는데, 외력에 의해 전단력(shear force)이 가해질 때, 고체는 변형(deformation)함으로써 외력과 평형을 이루며, 유체는 흐름(flowing)으로써 외력과 평형을 이룬다. 따라서 유체는, 외력에 의해 전단력이 가해 질 때 '흐름'으로써 외력과 평형을 유지하는 '연속체'라고 정의한다.

2) 외력이란 우리가 관심을 가지고 있는 물체에 외부로부터 가해지는 힘을 말한다.

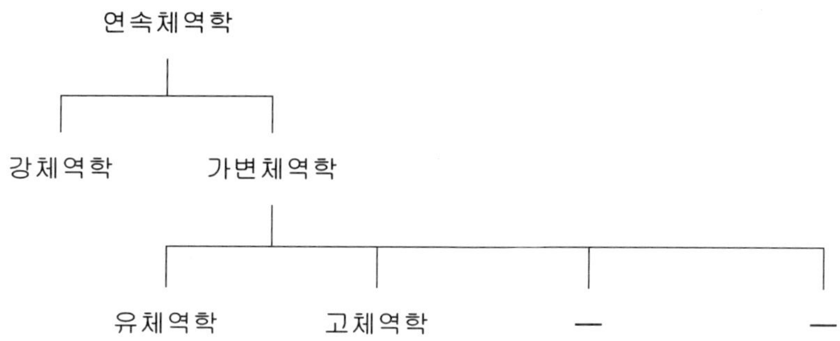

그림 1-1 연속체역학의 기본분야

강체 및 가변체를 통틀어 연속체(continuum)라고 하며, 일반적으로 공과대학의 학사 과정에서 강의되는 동역학(dynamics, 즉 강체역학), 고체역학(solid mechanics), 유체역학(fluid mechanics)의 세 역학은 연속체역학(continuum mechanics)의 입문 과정으로 볼 수 있다(그림 1-1).

연속체는 우리가 알고 있는 분자론적 세계관과는 상당히 다른 개념으로, 이에 대해서는 보다 상세한 설명이 필요하다. 분자론적인 관점에서 보면, 예를 들어, 흑판의 표면도 매끈한 평면이 아닐 뿐만 아니라, 분자와 분자 사이에 분자의 체적보다 훨씬 큰 공간이 자리 잡고 있어 질량을 가진 물체가 연속적으로 분포되어 있다고 보기에는 무리가 있다. 그러나 분자와 분자 사이의 거리가 가장 크다고 볼 수 있는 기체의 경우에도 단위 부피 당 분자의 수는 대단히 커서 1기압, 0℃에서 대략 2.7×10^7 분자/μm^3 [3]이며, 따라서 기체의 운동을 다룰 때 분자 하나하나의 운동을 다루는 것보다는 집합체로서 기체의 운동을 다루는 것이 보다 현실적임을 알 수 있다. 이와 같은 고찰에 근거하여 기체 등의 실제 물체를 연속체로 간주하고 또 질량의 연속적인 분포를 가정하는 관점이 성립될 수 있으며, 여기서 강조하고 싶은 것은, 연속체라는 개념은 실제 물체의 상태와는 다른 하나의 가정(또는 근사)이며, 이와 같은 가정을 사용하여 얻어진 결과가 만족할 만한 정확도를 가지는 경우, 이 가정은 매우 유용하다는 점이다. 물론 연속체의 가정이 잘 맞지 않거나 또는 어떤 현상이 연속체로 보아서는 잘 이해가 되지 않는 경우에는, 항상 원래의 분자론적인

3) μm는 $10^{-6}m$이며 부록 1을 참조하기 바란다.

관점으로 되돌아가 다시 생각해야 한다.

위에서 논의한 두 관점, 분자론적인 관점과 연속체적인 관점에서 기본적인 물리량과 관련하여 다음 사항에 유의한다. 분자론적인 관점에서 볼 때 '분자의 운동'은 기본적으로 분자의 질량(mass), 운동량(momentum), 운동에너지(kinetic energy)에 의해 정량화될 수 있다. 한편 연속체적인 관점에서는 밀도(또는 밀도의 역수인 비체적), 압력, 온도를 사용하여 '연속체의 상태(state)'를 기술할 수 있는데, 이 변수들은 분자론적인 관점에서 사용하는 질량, 운동량, 운동에너지에 각각 대응되는 양이며, 두 관점은 사용하는 용어는 다르지만 근본적으로 동일한 물리량을 사용하고 있다.

◉ 예제 1-1

기체의 경우 $1\mu m^3$ 당 대략 2.7×10^7개의 분자가 들어 있음을 보이시오. 단 1기압, 0℃의 기체 $1\,mol$에 포함되어 있는 분자의 수인 Avogadro 수 N_0은 6.0225×10^{23}, 또 $1\,mol$은 $22.4\times10^{-3}m^3$의 부피를 차지하는 것으로 한다.

▶ 답

$1m^3$은 $10^{18}\mu m^3$과 같으므로, $1\mu m^3$ 당 들어 있는 분자의 수 n은 다음과 같이 구할 수 있다.

$$n=\frac{N_0}{22.4\times10^{-3}\times10^{18}}=\frac{6.0225}{22.4}\times10^8=2.69\times10^7 \qquad (예1.1)$$

1.2 극한의 개념과 유체역학

앞 절에서는 유체라는 개념과 역학의 내용에 대해서 간략하게 살펴보았다. 위에서 논한 바와 같이 유체의 운동을 다룰 경우에는 유체의 연속적인 질량 분포 또는 밀도(단위 체적 당 질량, density) 분포를 알 필요가 있다. 공간상의 한 점에서 밀도가 얼마이다' 라고 얘기하는데, 이러한 언급에 대해서 조금 생각해 보기로 한다. 점, 선, 면은 기하학적인 개념으로 그 사용에 약간 주의해야 한다(그림 1-2).

점은 위치만 있고 크기는 없기 때문에 한 점에서의 밀도를 얘기하는 것이 타당한가 하는 문제이다. 밀도는 단위 체적 당 질량이므로 체적이 없는 점에서의 밀도가 무엇을 의미하는지 확실치 않기 때문이다. 연속체역학에서 다루는 밀도는 미적분학에서 배우는 극한의 개념과 불가분의 관계에 있다. 가령 어떤 유체의 $1\mu m^3$의 체적 안에 대단히 작은 양이지만 $10^{-15}kg$의 질량이 있는데, 그 체적을 1000분의 1로 줄였을 때 그 질량도 1000분의 1로 준다고 하면, 그 체적($1\mu m^3$) 안에 포함되어 있는 모든 점에서의 밀도는 $10^3 kg/m^3$ (=물의 밀도)이라고 해도 크게 틀리지 않

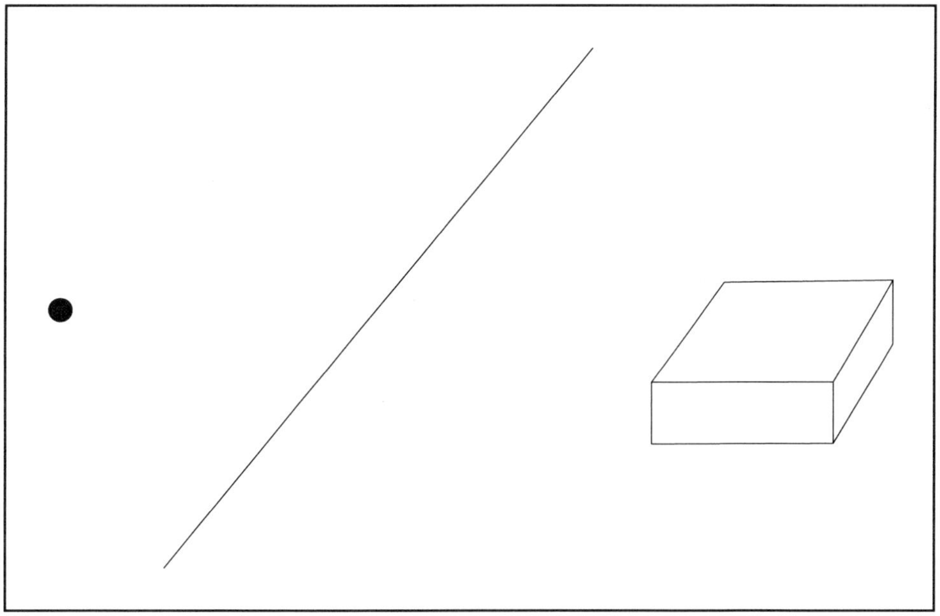

그림 1-2 점, 선, 면 등의 기하학적인 개념

표 1-1 표준대기압, 15℃에서의 밀도 및 점성계수

	밀도 $\rho(kg/m^3)$	동점성계수 $\mu(Pa \cdot s)$	운동학적 점성계수 $\nu(m^2/s)$
공기	1.224	1.785×10^{-5}	1.458×10^{-5}
물	999.1	1.144×10^{-3}	1.145×10^{-6}
원유	800~890	$2.8\times10^{-3}\sim4.3\times10^{-2}$	$3.4\times10^{-6}\sim10^{-5}$

을 것이다. 실제로 유체의 밀도를 계측하기 위해서 사용되는 체적은 위에서 생각한 체적보다도 훨씬 큰 경우가 대부분이다. '이 점에서의 밀도가 얼마다' 라고 할 때의 뜻이 무엇인지 이제 좀 더 명확해 졌기를 바란다. 표 1-1에 공기, 물, 원유의 밀도를 보였다.

'이 자동차의 속도는 지금 $10\,m/s$이다' 라는 언급 또한 비슷한 관점에서 논의할 수 있다. '지금'이라고 하는 것은 시간 축 상의 한 점이므로 역시 그 크기는 없고 위치만 있는 것인데, 속도는 단위 시간 당 움직인 거리이므로 일견 모순처럼 보인다. 그림 1-3에서 보인 바와 같이 시간 변화에 따른 변위를 계측한 실험 결과가 있다고 하자. 어느 시각 t를 포함하는 시간간격 Δt 동안에 간 거리를 Δx라고 할 때, 비(ratio) $\Delta x/\Delta t$의 값이 Δt가 무한히 작아질 때 어떤 값에 수렴하면, 시간 t에서의 속도는 이 극한값으로 정의되며 통상 순간속도라고 부른다(표 1-2).

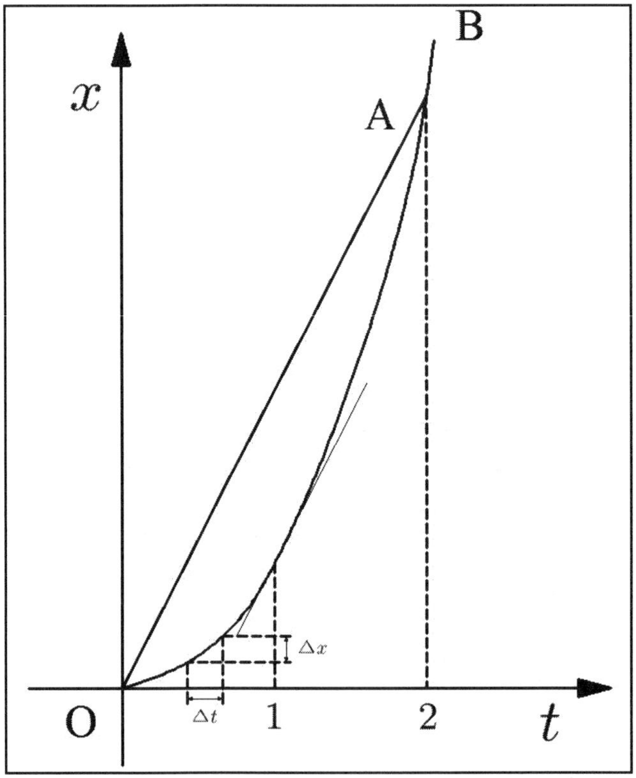

그림 1-3 시간에 따른 변위의 계측 결과

표 1-2 극한의 개념과 순간 속도

Δt	Δx	$\Delta x/\Delta t$
1	15	15
0.1	1.05	10.5
0.01	0.1005	10.05
0.001	0.010005	10.005
0.0001	0.0010001	10.001

이상 논의한 바와 같이 유체역학에서 고려하는 기본적인 물리량인 밀도, 속도 등의 정의에는 극한 및 미분의 개념이 내재되어 있으므로 초기에 이러한 사실을 확실히 이해하여 두는 것이 대단히 중요하다.

◉ 예제 1-2

어떤 물체의 변위가 $x(t) = gt^2/2$으로 주어진다고 하자. 단 g는 중력가속도로 $9.8m/s^2$이다[4]. $t = 0, 1, 2$일 때의 순간속도를 각각 구하고, 또 $t = 0$와 $t = 2$ 사이의 평균속도를 구하시오.

▶ 답

순간속도 $u(t)$는 변위를 시간에 대해 미분하여 다음 결과를 얻는다.

$$u(t) = gt \tag{예1.2}$$

따라서 $u(0) = 0$, $u(1) = 9.8$, $u(2) = 19.6$을 각각 얻는다. 평균속도 u_m은 물체가 움직인 거리 d를 움직인 시간 T로 나누어 다음과 같이 얻는다.

$$u_m = \frac{d}{T} = \frac{x(2) - x(0)}{2} = \frac{19.6 - 0}{2} = 9.8 \tag{예1.3}$$

4) 이하에서는 특별한 언급이 없으면 SI 단위계를 사용하는 것으로 하며, 중력가속도는 $9.8m/s^2$으로 한다.

평균속도가 $t=1$일 때의 속도 $u(1)$과 같은 결과를 얻은 것은 그림 1-3에 보인 곡선 OAB의 $t=1$에서의 접선의 기울기와, 점 O와 점 A를 잇는 직선의 기울기가 같다는 점과 상응한다.

◉ 예제 1-3

자연대수를 정의할 때 사용하는 숫자 e[5]는 다음과 같은 극한으로 정의되는 무리수(irrational number)이다.

$$e=\lim_{\epsilon\to 0}f(\epsilon)=\lim_{\epsilon\to 0}(1+\epsilon)^{1/\epsilon} \qquad (\text{예}1.4)$$

$\epsilon=10^{-1}$, 10^{-2}, 10^{-3}, 10^{-4}인 경우에 대해 $f(\epsilon)$을 각각 구하고, e를 유효숫자 4자리까지 구하시오.

▶ 답

$f(\epsilon)$에 ϵ의 값을 대입하여 다음을 얻는다.

$$\begin{aligned} f(10^{-1}) &= (1+0.1)^{10} &&= 1.1^{10} &&= 2.5937 \\ f(10^{-2}) &= (1+0.01)^{100} &&= 1.01^{100} &&= 2.7048 \\ f(10^{-3}) &= (1+0.001)^{1000} &&= 1.001^{1000} &&= 2.7169 \\ f(10^{-4}) &= (1+0.0001)^{10000} &&= 1.0001^{10000} &&= 2.7181 \end{aligned} \qquad (\text{예}1.5)$$

위의 계산 결과를 보면, 아직 넷째 자리까지의 값이 같지 않으므로, e의 값을 유효숫자 4자리까지 구하기 위해서는, $\epsilon<10^{-4}$일 때의 $f(\epsilon)$의 값을 더 구해야 한다. $\epsilon=10^{-5}$에 대해 계산하면, $f(10^{-5})=2.7183$을 얻으므로, 식 (예1.5)의 결과와 비교하여, 결국 구하고자 하는 값 2.718을 얻는다.

---

5) 기호 e는 저명한 과학자인 Euler(1707–1783, Switzerland)에 의해 처음으로 사용되었으며, 그는 또한 허수 i와 함수를 뜻하는 $f(\ )$등의 기호도 최초로 사용하였다.

1.3 역학과 수학

수학은 지식 활동의 초기부터 대단한 힘으로 인류를 매료시켜 왔다. 실질적으로 삶에 도움이 되는 유용한 학문으로서의 수학을 지금은 응용수학이라는 이름으로 부르고 있지만 15세기부터 19세기 전반까지 수학은 그대로 응용수학을 의미했다고 해도 크게 틀리지 않는다. 이 절에서는 수학의 분야 중 기하학(geometry), 대수학(algebra), 미적분학(calculus) 등이 역학의 형성 및 성립 과정에 끼친 영향을 간략하게 살펴보기로 한다.

기원전 7세기 경 그리스에서 비롯된 연역적인 사고체계[6]는 Thales(624−546 B.C., Miletus), Pythagoras(560−480 B.C. 경, Samos), Euclid(325−270 B.C., Alexandria)로 이어 지면서 향후의 모든 과학 발전에 지대한 영향을 끼쳤다. 고대의 기하학은 Euclid의 '기하학 원본'(Elements)이라는 저술로 집대성되었는데, 하나의 공리체계로서의 기하학을 제시하였다는 측면에서 신기원을 이룩하였다. 그리스 수학은 주로 철학자들에 의해 발전되었으며, 수(number)와 도형(점, 선, 면으로 이루어진)의 주요한 특성을 최대한도로 살려 내어 추상화, 개념화하였다. 현실적으로 발생하는 사건이나 실제적인 어떤 현상을 기술할 때 수와 도형을 사용함으로써, 개념의 추상화에 성공하고 또 추상화된 개념들 자체의 관계를 밝혀냄으로써 실제 문제의 해를 구하는 방법론이 그들에 의해 확립되었다. 이러한 방법론은 차후 역학 발전의 중요한 고비마다 적용되어 새로운 개념이 추상화됨으로써 돌파구가 마련되는 상황이 나타나게 되었다.

1차 방정식의 근을 구하는 문제는 고대에도 그리 어렵지 않게 풀 수 있었으나, 방정식에 미지수와 상수를 대신하는 문자를 도입하지 않은 상황에서는 방정식이 근본 주제인 대수학의 발전은 크게 기대할 수 없었다. Vieta(1540−1603, France)에 의해 이와 같은 작업이 이루어 진 후에야 오늘날과 같은 형태의 방정식이 생각될 수 있었으며, 간단한 방정식의 형태로 나타낼 수 있는 현상에 대해서는 이전과는 비교할 수 없을 정도로 확실한 이해가 가능하게 되었다. 한편 기하학과 대수학의 극적인 결합은 Descartes(1596−1650, France)에 의해 도입된 직각좌표계(Cartesian coordinate system)의 사용을 통해 이루어졌다. 예를 들어 2차 방정

6) 가능한 한 작은 수의 가정을 세우고 그 가정들에 기인하는 결과를 논리적으로 유추해 나감을 뜻한다.

식을 좌표평면 상에 포물선으로 나타냄으로써 얻어지는 2차 방정식의 성질에 대한 가시적이고도 구체적인 이해는, 방정식과 도형에 대한 학문이 전혀 별개였던 Descartes 이전에는 도저히 상상할 수 없었던 일이다(그림 1-4).

물체의 자유낙하(free fall) 또는 경사면을 따른 하강에 대한 실험을 수행한 사람은 Galileo(1564-1642, Italy)였는데, 좌표계에 대한 개념이 도입되기 이전이었으므로, 그의 실험 결과가 포물선으로 나타나는 것을 인지할 수 있었던 것은 오히려 탁월한 수학자였던 Galileo 자신의 개인적 능력에 기인하는 것으로 보아야 할 것이다(그림 1-5). 일단 Galileo의 실험 결과를 좌표평면과 연계하여 생각해보면 여러 가지 의문이 생길 수 있다. 수평축이 시간, 수직축이 변위이면 속도는 어떻게 나타나는가, 또 속도의 변화량은 어떻게 얻어질 수 있으며, 물리적으로 어떤 의미를 가지는가 등등. 근대역학의 시조이자 미적분학의 창시자로 불리는 Newton(1642~1727, UK)은 두 질량 사이의 인력이 거리의 제곱에 반비례하면 한 질량을 중심

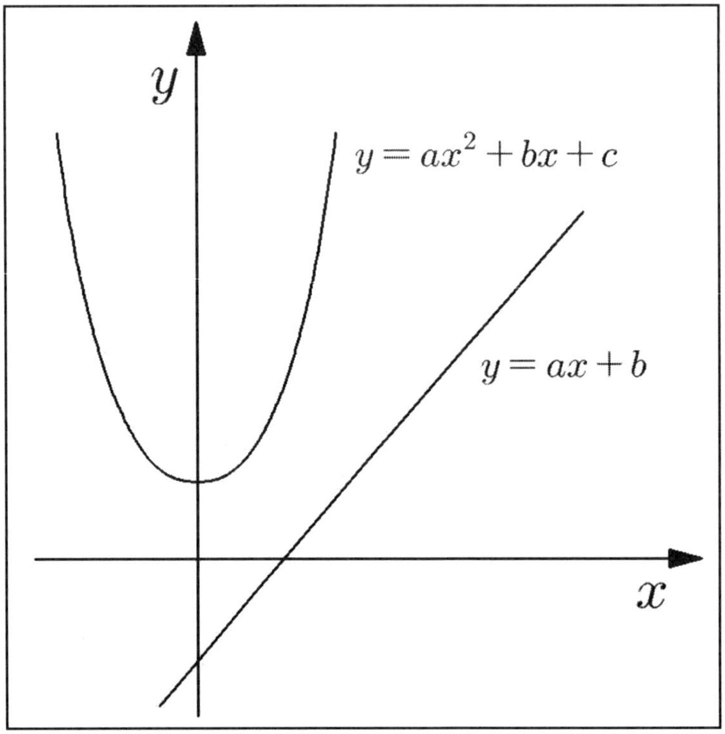

그림 1-4 좌표평면 상에 나타난 1차, 2차 방정식

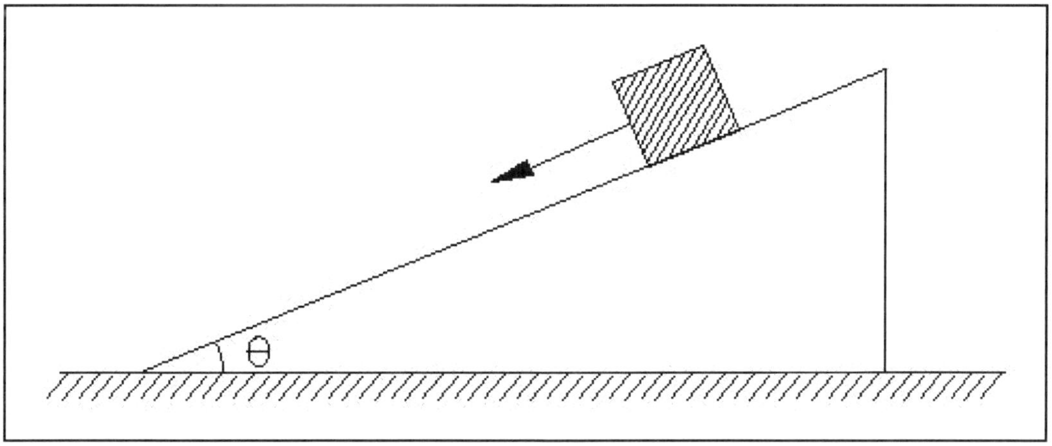

그림 1-5 경사면에서의 운동

으로 하는 다른 질량의 운동이 어떤 궤적을 그리는가를 증명하기 위해 미적분학을 창안하였다. Newton의 저서인 'Mathematical Principles of Natural Philosophy' 에서는 미적분을 사용하지 않았으나 이것은 단지 그때까지의 전통을 따르기 위한 것일 뿐, 실제로는 미적분을 사용하여 중요한 결과들을 얻고 있었다고 알려져 있다.

이상에서 근대역학이 막 시작되는 때까지의 역학과 관련된 수학의 발전에 대해 간략하게 살펴보았다. 여기서 강조하고자 하는 점은 역학은 그 맹아기부터 수학과 불가분의 관계를 가지고 발전해 왔으며, 따라서 역학의 주요한 기본 개념, 관계 등은 거의 모두 수학적 사고를 요구한다는 점이다.

◉ 예제 1-4

동일한 평면(xy-평면이라고 하자) 내에서 운동하는 질점(mass particle)[7]에 대해, x방향 운동은 등속도 운동, y방향 운동은 등가속도 운동이면, 질점의 운동 궤적이 포물선임을 증명하시오[8]. 단 $t=0$일 때의 변위와 속도는 0으로 한다.

---

7) 크기는 없고, 위치와 질량만 가지는 것으로 물체에 대한 근사적인 개념 중 최초로 사용되었다.
8) 이러한 사실을 포사체(projectile)의 운동과 관련하여 최초로 증명한 사람은 Galileo였으며, 포물선(抛物線)이라는 용어 자체가 '던져진 물체가 그리는 곡선' 이라는 뜻이다.

▶ **답**

$t=0$일 때의 변위와 속도가 0인 등속도 운동과 등가속도 운동은 a, b를 상수라고 하면, 각각 다음과 같이 쓸 수 있다.

$$x=at, \quad y=bt^2 \tag{예1.6}$$

이 두 식에서 t를 소거하여 다음을 얻는데,

$$y=b(\frac{x}{a})^2=\frac{b}{a^2}x^2=cx^2, \; c=\frac{b}{a^2} \tag{예1.7}$$

이 식은 운동 궤적이 포물선임을 뜻한다.

1.4 부력과 Archimedes

Archimedes(287-212 B.C., Sicily)의 문제;

어떤 왕이 살았다. 금 세공업자에게 순금을 주고 왕관을 만들어 오게 하였는데 실제로 얼마나 순금을 사용하였는지 알고 싶었다. Archimedes가 이 숙제를 받았다. 그는 순금이 단위 체적 당 얼마나 무거운지 알고 있었으므로 왕관의 정확한 체적만 알면 대답은 쉽게 구할 수 있다는 것을 알고 있었으나, 그 체적을 어떻게 구해 내는가 하는 것이 난제였다. 전하는 바로는, 공중목욕탕에 들어가다가 물이 자신 때문에 넘치는 것을 보고 Eureka(I've got it)라고 외치며 집까지 벌거벗은 채 뛰어 갔다고 한다(그림 1-6). 사각기둥 모양의 그릇에 규칙적으로 눈금을 그리고 물을 얼마간 채운 후 여기에 왕관을 넣으면 눈금이 올라 갈 것이며, 이 눈금의 변화로부터 왕관의 체적을 구할 수 있었을 것은 쉽게 상상할 수 있다([1] 참조).

이와 같은 경험을 통하여 Archimedes는 물체가 유체 중에 있을 때는 그 물체의 체적과 같은 체적만큼의 유체를 배제 또는 밀어낸다는 것을 알아내었다.

이 사실로부터 부력의 개념에 도달하려면 단위 체적 당 무게(비중량)가 다른 여러 가지 물체를 정지해 있는 물속에 넣었을 때 일어나는 일들을 관찰할 필요가 있다. 비중량이 물보다 작은 물체는 물 위에 뜨는데, 물체의 얼마나 많은 부분이 물속에 가라앉느냐 하는 것은 물에 잠긴 부분에 의해서 물체를 들어 올리는 방향으로 그 물체의 무게와 같은 힘이 언제 발생하느냐에 의해 결정된다. 중력의 존재를 알기 훨씬 전에도 물체가 무게를 가지고 있다는 것은 명백하였으므로 물체가 물에 떠 있기 위해서는 물체의 무게를 무엇인가가 지탱해 주어야 한다는 것은(평형의 개념) 어렵지 않게 생각할 수 있었을 것이다. 물체의 무게를 지탱해 주는 이 힘을 부력(buoyancy)이라고 부르며, 이렇게 해서 유체가 그 내부에 있는 물체에 가하는 힘 중 가장 먼저 알려진 힘인 부력의 개념에 도달하였다. 즉 유체 중에 있는 물체의 체적을 V, 유체의 비중량을 γ라고 하면, 물체는 연직상방으로 γV의 힘을 받는다는 부력의 원리를 Archimedes는 밝혀내었다.

여기서 한 걸음 더 나아가 부력의 구성 또는 왜 부력이 생기는지에 대해 생각해 볼 수도 있었겠으나 이것은 실제로 약 2000년이 지난 후, 압력의 개념을 알고 나서야 이루어진다. 물론 그보다 조금 앞서 물체의 무게에 대한 신비 또한 중력과 관련하여 벗겨진다.

그림 1-6 목욕탕의 Archimedes

대기압의 존재와 관련하여 유체 중에 물체가 있거나 없거나 간에 압력이 작용한다는 가설은 17세기가 되어서야 성립되었다. 이에 대해서는 보다 자세한 설명을 뒤에 하기로 하고 여기서는 일단 압력에 대한 가설을 믿기로 하자. 정지해 있는 유체 중에 있는 물체는 물체 표면에 수직한 방향으로 압력을 받는다고 가정하면, 이 압력의 연직상방 성분을 전체 표면적에 대해 적분하여 위에서 논한 부력을 얻는다. 적분의 개념도 Newton에 기인하므로, 정지해 있는 유체 중에 있는 물체에 작용하는 힘을 오늘날과 같이 구할 수 있기 위해서는 중력, 압력, 그리고 적분의 개념들이 모두 알려진 뒤에야 가능할 것이라는 점을 알 수 있다.

◉ 예제 1-5

길이 $1m$, 폭 $0.5m$, 두께 $0.1m$인 강판이 있다. 이 강판을 압연하여 매우 얇은 강판을 얻고, 이 강판을 사용하여 물에 뜰 수 있는 뚜껑이 없는 상자를 만들려고 한다(그림 예1-1). 물에 뜰 수 있는 상자의 최소 체적을 구하고, 또 이 때 상자의 길이 L과 깊이 D를 각각 $2m$, $0.5m$로 하면 강판의 두께는 얼마인지 구하시오. 단 강판의 비중은 7.85로 한다.

▶ 답

강판의 무게는 압연 전후에 변화가 없는 것으로 볼 수 있으므로, 상자의 무게는 강판의 무게와 같아야 한다. 따라서 상자가 물에 뜨기 위해서는 최소한 강판의 무게 W와 같은 부력 Y를 받아야 하므로, 상자의 최소 체적 V는 다음과 같다.

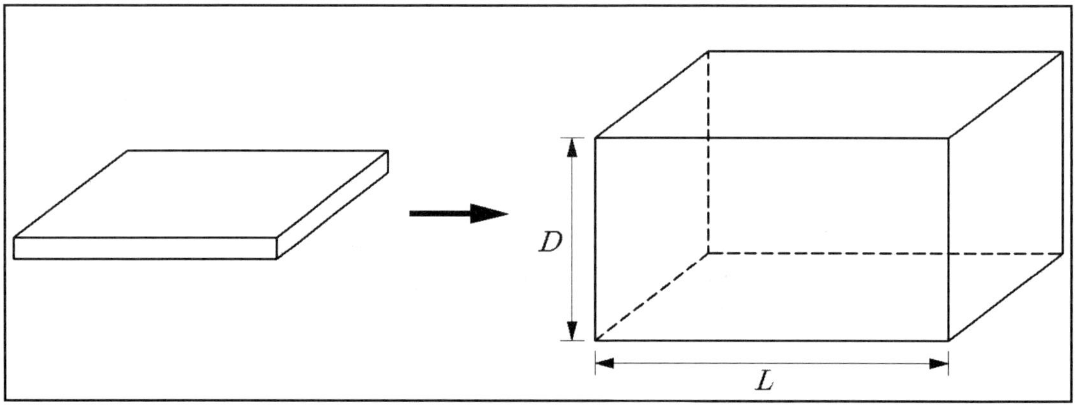

그림 예1-1

$$V = \frac{Y}{\gamma} = \frac{W}{\rho g} = \frac{\rho_s \not{g} V_s}{\rho \not{g}}$$
$$= 7.85 \times 5 \times 10^{-2} = 0.3925\,m^3 \tag{예1.8}$$

여기서 V_s는 강판의 체적, γ는 물의 비중량, ρ, ρ_s는 각각 물과 강판의 밀도이다. 상자의 수선면적 (waterplane area) A_w와 폭 B는 다음과 같이 얻을 수 있으므로,

$$A_w = \frac{V}{D} = 0.785\,m^2,\ B = \frac{A_w}{L} = 0.3925\,m \tag{예1.9}$$

상자의 전개면적 A_d는 다음과 같으며,

$$A_d = A_w + D(2L + 2B) = 3.1775m^2 \tag{예1.10}$$

따라서 강판의 두께 t_s는 다음과 같다.

$$t_s = \frac{V_s}{A_d} = \frac{5 \times 10^{-2}}{3.1775} = 1.57 \times 10^{-2} m \tag{예1.11}$$

두께 $15\,mm$의 강판은 조선소에서 흔히 사용되고 있다.

연습문제

1. 극한값, 미분, 점의 정의를 정리하고, 이들 개념의 적용 예를 3개씩 들어보시오.

2. 수학적 개념이 유체역학에서 사용되는 예를 3가지 들고, 잘 이해되지 않는 부분에 대해 설명하시오.

3. 기체를 분자들의 집합체로 보고 그 운동을 통계적으로 다루는 기체운동론(kinetic theory of gas)에 따르면 이상기체를 구성하는 분자 하나의 운동에너지 E_k는 그 기체의 온도 T와 다음과 같은 관계를 가진다.

$$E_k = \frac{3}{2}kT$$

여기서 k는 Boltzman 상수로 일반기체상수 $\overline{R}$를 Avogadro 수 N_0로 나누어 얻으며 그 값은 $1.3806 \times 10^{-23} kJ/kmolK$이다. 온도에 대한 일상적인 개념과 이 식이 나타내는 바가 일치하는 지에 대해 논하고 이 식의 물리적 의미에 대해 설명하시오.

4. 압력은 보통 단위 면적 당 작용하는 힘으로 정의된다. 한 점에서의 압력을 §1.2에서와 같이 극한의 개념을 사용하여 보다 정확하게 정의하시오.

5. 자연수 n에 대해 2^n의 계산은 2를 n번 곱하여 얻을 수 있다. 이와 비교하여 $2^{\sqrt{2}}$를 어떻게 계산할 것인 지에 대해 설명하고 그 값을 유효숫자 4자리까지 구하시오.

6. Euler는 1748년 다음과 같은 Euler 공식을 발표하였다.

$$e^{it} = \cos t + i \sin t$$

이 식에 $t = \pi$를 대입하면 다음을 얻는다.

$$e^{i\pi} = -1$$

위의 결과를 이용하여 $2^{i\pi}$, $2^{i\sqrt{2}}$를 계산하는 방법에 대해 설명하고, 그 값을 유효숫자 4자리까지 구하시오.

7. Archimedes는 그의 부력의 원리를 이용하여 배를 경사시켰을 때의 안정성에 대해 고찰하였다. 배의 중심이 가능한 한 아래쪽에 있어야 경사한 배를 원래 상태로 되돌리고자 하는 복원 모멘트가 발생함을 설명하시오. 이와 비교하여 승객들이 갑판 위에서 한쪽으로 몰리는 일이 왜 배의 안정성을 해치는 지에 대해 설명하시오.

8. 광고에 사용하는 기구(ad-balloon) 내부를 He 기체로 채운다. 기구의 형상이 반경 $10\,m$인 구(sphere)일 때, 기구에 작용하는 연직방향 힘을 구하고 기구 무게의 최대값을 구하시오.

9. 열기구는 기구 안의 공기에 열을 가해 온도를 높여 밀도를 감소시킴으로써 기구를 부양하는 힘을 얻는다. 열기구의 공기를 제외한 질량이 m_0, 기구를 채운 공기의 체적을 V, 열을 가하지 않았을 때의 공기의 밀도를 ρ_0라고 하자. $m_0 = \alpha\rho_0 V$라고 할 때, 이 기구를 부양시키기 위해 기구 안의 공기를 얼마나 높은 온도로 가열해야 하는지 구하시오. 단 α는 1보다 작은 양의 상수이고, 공기는 이상기체로 가정한다.

2장 중력과 압력

물은 왜 높은 곳으로부터 낮은 곳으로 흐르며, 물체는 왜 땅으로 떨어지는가에 대한 답을 알아내고자 하는 시도는 동서양을 막론하고 아주 오랜 옛적부터 있었을 것이다.

서양의 경우에도, 과학혁명이 발생하기 전인 중세 시대까지는 그리스 철학자인 Aristotle(384-322 B.C., Greece)의 학설을 따라 모든 것을 하늘에 속한 것과 땅에 속한 것으로 나누고, 땅에 속한 모든 것이 '땅을 향해, 또는 보다 낮은 곳을 향해 움직이는 것은 원래의 자리로 되돌아가려고 하는 것' [귀소(歸巢) 원칙]이라고 생각하였다. 또 무거운 물체는 더욱 많은 땅스러움을 가지고 있으므로 보다 빨리 땅으로 떨어질 것으로 믿었다.

그러나 Galileo는 이러한 생각에 대해 정면으로 도전하고 나섰는데, 그는 Archimedes의 전통에 따라 실험에 의해 확인될 수 있는 사실들을 실험에 의해 확인될 수 없는 철학적 체계의 소산물들에 우선시킬 것을 주장하고, 실제로 많은 실험을 수행하였다. 저 유명한 피사의 사탑(Leaning Tower of Pisa)에서 행해졌다고 하는 실험은[1] 탑 위에서 두 개의 무게가 다른 포탄을 동시에 손에서 놓았을 때, 두 포탄이 동시에 땅에 떨어지는 것을 소리로 확인시켜 줌으로써 그 당시 사람들이 가지고 있던 세계관의 근본을 뒤흔들기 시작하였다(그림 2-1).

그 당시의 수준으로 시간과 위치를 정확하게 측정하기에는 자유낙하의 속도가 너무나 빨랐으므로, Galileo는 경사각도가 매우 작은 경사면을 따라 물체를 운동하게 함으로써 물체의 낙하 속도를 훨씬 작게 할 수 있는 점을 이용하였다(그림 2-2). 이와 같은 경사면에서 물체의 운동 실험을 통해 그는 물체의 운동 속도가 물체의 무게와 전혀 관계가 없음을 밝혔으며, 또 그 운동이 속도의 증분이 일정한 운동, 즉 등가속도 운동임을 확인하였다.

---

1) Galileo 자신이 실제로 이 실험을 수행한 것은 아니며, 그보다 먼저 Stevinus(1548-1620, Netherlands)에 의해 1586년에 행해진 것으로 알려져 있다.

그림 2-1 피사의 사탑에서의 실험

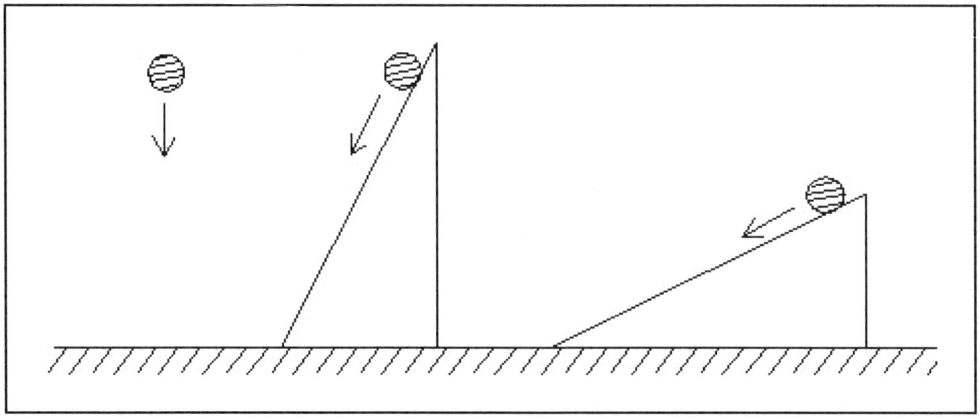

그림 2-2 자유낙하와 경사면에서의 운동

나아가서 그는 이러한 결과를 해석함에 있어 땅이 물체를 일정한 힘으로 계속 잡아당기고 있다면, 바로 이 힘에 의해 물체의 속도가 계속 일정하게 증가할 것이라는 가설을 피력하였다. 물체의 낙하 운동에 대한 그의 연구와 또 다른 많은 업적은 그 때까지의 세계관과 철학(또는 신학)체계 자체를 부정할 수 있을 만한 것이었다. 특히 그의 실험을 중시하는 풍조는 과학과 철학을 구분 짓는 요소로 후세에 계승되었고, 그의 유명한 저술과 믿음을 바탕으로 그를 뒤따르는 수많은 사람들은 자연의 법칙을 하나 둘씩 밝혀 나갈 수 있었다.

2.1 중력과 대기압

Galileo의 제자인 Torricelli(1608−1647, Italy)는 Galileo의 권고에 따라 '자연은 진공을 혐오한다'는 그리스 시대부터의 가설에 대해 보다 깊이 생각하게 되었다. Galileo는 이미 공기의 무게가 영이 아니라는 것을 기구(氣球)에 공기를 채웠을 때의 기구 무게가 공기를 뺏을 때의 기구보다 무겁다는 것을 보임으로써 확인한 바 있었다.

Torricelli는 수은으로 가득 찬 시험관을 거꾸로 세워 수은으로 채워져 있는 용기에 놓았을 때 시험관의 위부분에 만들어지는 진공에 주목하였다. 그는 용기를 채우고 있는 수은의 표면에 대기에 의해 작용하는 힘과, 시험관 내의 수은에 의해 같은 높이에 있는 수은에 작용하는 힘은 같아야 한다는 생각에 도달하였다[2](그림 2−3). 다시 말하면 그는 지표면 위의 공기가 지표면에 있는 모든 물체에 항상 힘을 가하고 있다는 개념을 가지게 되었으며, 이러한 개념은 크게 두 가지 생각을 낳았다. 하나는 항상 존재하는 대기에 의한 이 힘, 즉 대기압(atmospheric pressure)을 이용하여 일종의 영구기관 또는 효율이 높은 기관(또는 펌프)을 만들어 내고자 하는 생각이었는데, 이 생각은 훗날 증기기관의 발명에까지 연결되었다. 다른 하나는 지표면 위에 있는 공기의 무게가 유한하다고 하는 것은 대기층의 두께가 유한하며 그 바깥은 진공 상태임을 의미한다는 생각이었는데, 따라서 진공은 자

2) 엄격하게 말하면 무게(힘)가 아니라 압력이 같다고 해야 하지만 아직 압력의 개념이 도입되기 전이므로 편의상 이와 같이 쓰기로 한다.

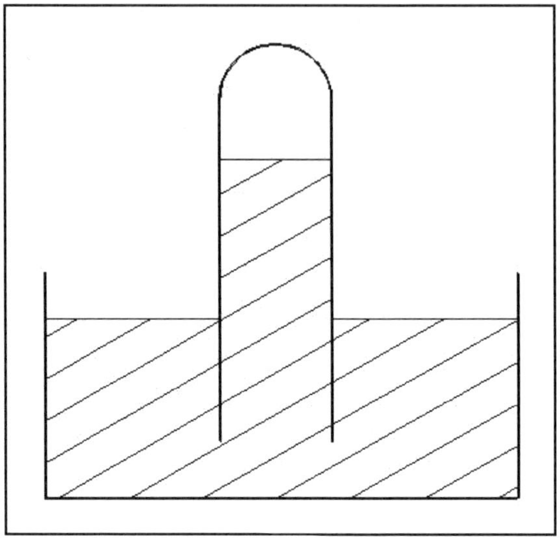

그림 2-3 Torricelli의 실험

연의 혐오 대상이 아니라 오히려 우주의 대부분이 진공일 가능성을 배제할 수 없게 됨으로써 Aristotle 철학체계의 붕괴를 가속시키게 되었다.

한편 Torricelli와 거의 같은 시대에 살았던 Pascal(1623-1662, France)은 Torricelli의 실험에 관해 전해 듣고, 대기에 의한 힘이 대기의 무게에 기인한다면 높은 산에서 Torricelli의 실험을 반복하면 대기의 무게가 감소한 만큼 수은주의 높이도 낮아져야 할 것을 생각하고, 처남에게 실험을 부탁하여 그러한 사실을 확인하였다. 그는 또 막혀 있는 액체 내부에 가해진 힘은 액체를 통하여 그대로 전달되고 또 그 힘은 작용하는 면에 수직하다는 사실을 알아내었다. 이러한 인식은 압력의 개념 형성에 중요한 역할을 하였으며, 또 훗날 유압기(hydraulic press)는 이러한 인식에 기초하여 제작되었다(그림 2-4).

그러나 Pascal의 실험이 수행된 당시(1648)에는 아직도 단위 면적 당 힘으로 정의되는 응력(stress)으로서 압력의 개념은 형성되지 못한 상황이었다. 따라서 대기의 무게에 기인하는 대기압의 개념도 알려지지 않았으며, 단지 재료역학적인 견지에서, 예를 들면 인장하중을 받는 외팔보에 대해 그 내부에 생기는 내력(internal force)을 고려해야만 정적 평형을 만족시킬 수 있다는 점에서, 물체 내부에 존재하는 힘 또는 응력 상태에 대한 개념이 모호하나마 알려져 있었다. 유체 내부의 어떤

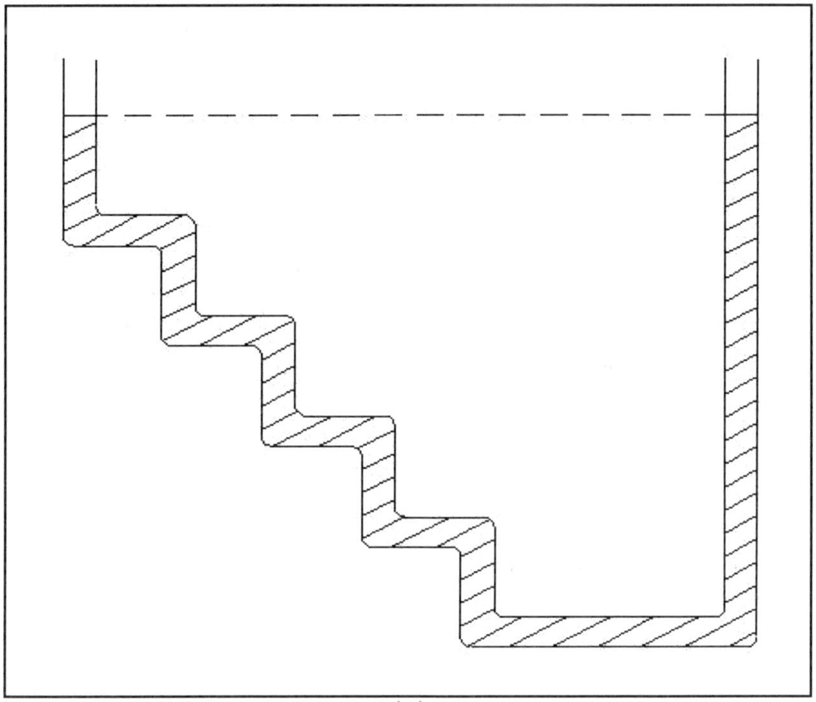

(a)

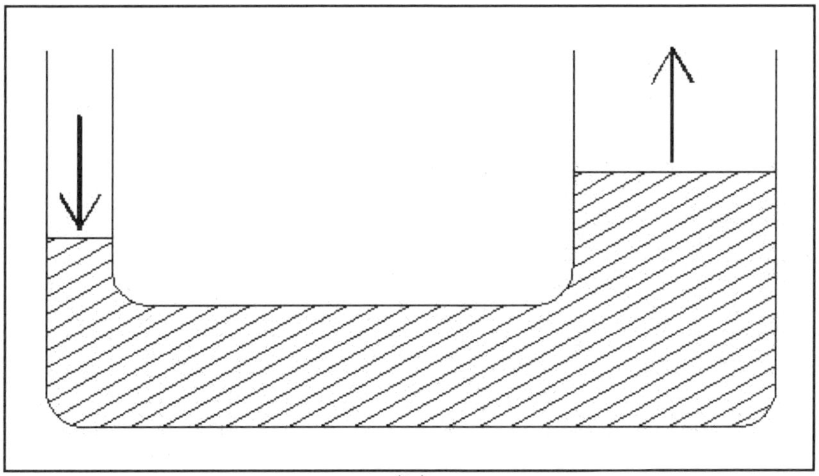

(b)

(a) 같은 높이에서는 같은 압력

(b) 압력의 전달과 압력의 방향

그림 2-4 압력에 대한 Pascal의 개념

점에도 작용하는 일반적인 개념으로서의 압력이 역학체계 내에 들어오는 것은, Euler(1707−1783, Switzerland)가 그의 저서인 'Naval Science'(1738)에서 서술한, 평형 상태에 있는 유체 내부의 압력에 대한 정의가 그 시발점이다.

◉ 예제 2−1

평지에서 Torricelli의 실험을 수행하여 수은주의 높이 h_0를 얻고, 높이 $1000m$의 산에서 같은 실험을 반복하여 수은주의 높이 h_1을 얻었다고 하자. 높이 $2000m$의 산에서 같은 실험을 반복할 때 얻는 수은주의 높이 h_2를 h_0와 h_1을 사용하여 나타내시오. 단 공기의 밀도는 일정하다고 가정한다.

▶ 답

먼저 $h_0 - h_1 = \Delta h$라고 하면, 수은주의 높이 차이는 평지와 높이 $1000m$인 산 사이에 있는 공기의 무게에 기인한다고 볼 수 있으므로, $h_1 - h_2$ 역시 Δh와 같아야 할 것이다. 그러므로

$$h_2 = h_1 - \Delta h = h_1 - (h_0 - h_1) = 2h_1 - h_0 \qquad \text{(예2.1)}$$

2.2 압력, 부력과 Euler

Euler 이전에도 많은 사람들이 특수한 경우에 대해 압력의 개념 또는 그 속성의 일부를 논한 적이 있기는 하다. 그러나 평형 상태에 있는(다시 말하면 정지해 있는) 유체에 대해 보편적으로 적용할 수 있는 일반적인 개념으로서의 압력을 생각하고, 또 그 속성으로서 압력은 유체 중에 있는 물체 표면에 수직하게 작용하며, 또한 점에서는 모든 방향으로 동일한 크기를 가지는 단위 면적 당 힘, 즉 등방향응력(isotropic stress)으로서의 압력을 생각한 사람은 바로 Euler였으며, 그의 이러한 생각을 가장 확실하게 표현하고 있는 것은 1753년에 발표된 'General principles of the state of equilibrium of fluids'라는 논문이다. 여기서 그는 유체를 연속체로 보았을 때, 지구 중력의 영향 하에서 유체가 평형 상태에 있기 위해서는 압력 p가 유체의 밀도 ρ와 중력가속도 g, 그리고 유체 표면으로부터의 수직 거리 h만의

함수가 되어야 함을 보이고, 중력가속도와 밀도가 일정하다면 다음이 성립됨을 보였다.

$$p = \rho g h = \gamma h \tag{2.1}$$

여기서 γ는 비중량이다. 그는 또 Newton에 의해 도입된 적분의 개념을 사용하여, 정지해 있는 유체 중에 있는 물체가 받는 힘 $\underline{F}$를, 물체로부터 바깥쪽으로 향하는 물체 표면에 수직한 단위벡터를 $\hat{n}$이라고 할 때, 다음과 같이 나타내었다.

$$\underline{F} = -\int_S p\hat{n}dS \tag{2.2}$$

여기서 우변의 적분은 물체의 표면 S에 대한 면적적분(surface integral)이다. 힘 $\underline{F}$의 연직상방 성분이 바로 부력이며, § 1.4에서 기술한 바와 같이 중력, 압력과 적분의 개념으로부터 부력의 개념 또한 명백해 지는 것을 알 수 있다. 식 (2.2)를 이용하여 그는 여러 가지 형태의 물체가 유체 중에 있을 때 받는 힘에 대해 고찰하

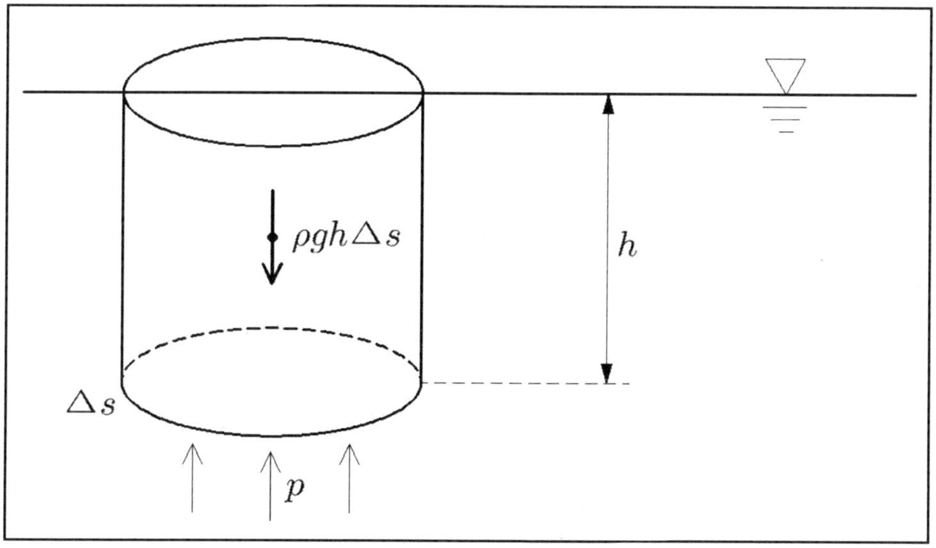

그림 2-5 수면으로부터 h만큼 떨어진 곳에서의 압력

였고, 특히 열(heat) 때문에 동일 고도에 있는 유체의 밀도가 달라지면 유체 유동의 결과로 바람이 생길 것임을 최초로 설파하였다.

식 (2.1)을 얻기 위해서는 다음을 생각한다. 즉 수면으로부터의 수직 거리가 h인 곳에 있는 점에서의 압력을 구하기 위해 그 점을 포함하는 ΔS의 수평한 미소 면적을 생각하고(그림 2-5), 또 ΔS를 밑면으로, h를 높이로 하는 유체 기둥을 생각한다. 이 기둥이 수직방향으로 평형 상태에 있기 위해서는 기둥의 무게 $\rho g h \Delta S$와, 밑면에 수직하게 작용하는 압력에 기인하는 힘 $p\Delta S$가 같아야한다[3]. 이 두 양을 등치함으로써 식 (2.1)은 쉽게 얻을 수 있다[4]. 이와 같이 생각하는 문제에 대해 일반적인 관계를 유도하기 위해, 생각하는 물체의 미소 영역 또는 유한한 영역을 떼어 내어서 그 영역에 작용하는 힘, 또는 그 영역의 정역학적 평형 및 동역학적 평형을 고려하는 방법은 Euler 이전에도 많은 사람들이 사용하거나 발전시켜 왔지만, 이러한 방법을 역학 문제 전반에 결쳐 도입하여 기본적인 관계 및 방정식을 유도함에 있어 유효적절하게 사용하기 시작한 사람은 Euler였다.

식 (2.1)을 식 (2.2)에 대입하고 연직상방 성분만 고려하면, 부력 B를 다음과 같이 얻는다.

$$B = -\gamma \int_S h\hat{n} \cdot \hat{e}_z dS = -\gamma \int_S h\cos\theta\, dS = -\gamma \int_S h\, dS_z = \gamma V \qquad (2.3)$$

여기서 $\hat{e}_z$는 연직상방의 단위벡터, $\cos\theta$는 $\hat{n}$의 연직상방 성분, dS_z는 dS를 수평면상에 투영했을 때의 면적, V는 생각하는 물체의 체적이다(그림 2-6).

따라서 대기압, 유체 내부에서의 압력 등은 1753년 이후에는 유체역학의 매우 주요한 개념으로 자리 잡게 되었다. 처음에는 평형 상태의 유체에 대한 고려로부터 압력의 개념을 확립하였지만 운동하는 유체에 대해서도 압력의 개념은 그대로 적용

3) 공기와 접촉하고 있는 수표면 상에도 대기압이 작용하나, 여기서의 압력 p는 대기압을 기준으로 삼는 소위 계기압력(gage pressure)을 뜻한다. 이하에서도 문맥으로부터 계기압력을 뜻하는지, 혹은 절대압력을 뜻하는지 명백하다고 생각되면 특별히 언급하지 않을 것이다.

4) 여기서 ΔS의 크기, 형태 등이 우리가 최종적으로 얻는 결과에 미치는 영향이 전혀 없음에 유의하기 바라며, 이러한 사실은 Stevinus(1586)에 의해 처음 지적되었다.

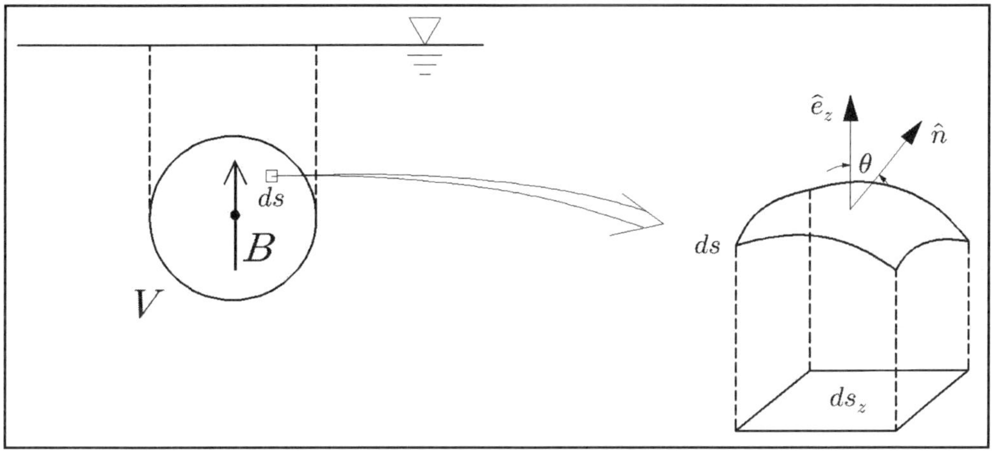

그림 2-6 유체 중의 물체에 작용하는 부력

되었는데, 그 이유는 분자론적인 관점에서 보면 매우 간단히 설명된다. 기본적으로 압력은 분자들로 이루어진 유체의 운동을 연속체의 관점에서 기술하기 위해 필요한 일종의 상태량이며, 유체 내부의 한 점을 생각할 때, 그 점 주위의 분자운동에 기인하여 전달되는 운동량을 대표하는 물리량이다. 분자론적인 관점에서 보면, 유체가 평형 상태에 있거나 운동 중에 있거나 분자운동에 의해 전달된 운동량의 세기를 측정하는 방법 또는 개념에는 차이가 없을 것이며, 또한 한 점에서는 모든 방향으로 동일한 크기를 가지는 압력의 등방향성도 이러한 관점에서 보면 쉽게 이해할 수 있다.

◉ 예제 2-2

앞 절에서 논한 Torricelli의 실험을 수행하여 수은주의 높이 $h = 0.76\,m$를 얻었다. 이에 상응하는 대기압을 구하시오. 단 수은의 비중은 13.6, 물의 밀도는 $1000\,kg/m^3$으로 한다5).

▶ 답

대기압은 식 (2.1)을 이용하여 다음과 같이 쉽게 얻을 수 있다.

$$\begin{aligned} p &= \gamma h = 13.6\times 9.8\times 10^3 \times 0.76 \\ &= 101.3\times 10^3 Pa = 101.3kPa \end{aligned} \qquad \text{(예2.2)}$$

5) 이하에서는 특별한 언급이 없으면, 물의 밀도는 4° C에서의 값인 $1{,}000\,kg/m^3$으로 한다.

식 (예2.2)의 $101.3\,kPa$은 표준대기압, 또는 보통 1기압으로 부르는 양이며, 북위 40° 에서의 해수면 높이에서 측정한 대기압의 평균치로 볼 수 있다.

◉ 예제 2-3

수표면에서 각각 $50\,m$, $100\,m$ 깊이에 있는 점 A, B에서의 압력을 구하시오. 단 물은 정지 상태에 있다고 가정한다.

▶ 답

점 A, B에서의 압력을 각각 p_A, p_B라고 하고, 식 (2.1)을 이용하면 다음을 쉽게 얻을 수 있다.

$$\begin{aligned} p_A &= \gamma h = 9.8\times10^3\times50 = 490\times10^3\,Pa = 490\,kPa \\ p_B &= \gamma h = 9.8\times10^3\times100 = 980\times10^3\,Pa = 980\,kPa \end{aligned} \qquad (\text{예}2.3)$$

위의 결과에 따르면 물밑으로 $10\,m$ 내려 갈 때마다 약 $100\,kPa$, 즉 약 1기압 정도 압력이 높아지므로, 잠수 중에 너무 빨리 수표면으로 부상하게 되면, 사람 몸의 안쪽은 깊은 곳의 압력 그대로 이지만, 몸 바깥쪽의 압력이 갑자기 떨어져 눈, 귀, 코 등의 약한 부분이 파손될 위험이 크다는 것을 알 수 있다.

식 (2.1)은 매우 다양한 문제의 해답을 구하기 위해 사용되며 다음에서 몇 가지 예를 생각해 본다. 관을 통해 유체가 흘러가고 있을 때, 관 내부의 압력을 알기 위해서 관의 벽면에 조그만 구멍을 뚫고, 긴 실험관을 수직 또는 경사지게 연결하면, 관 내부의 유체 압력 때문에 유체는 실험관을 따라서 어떤 높이까지 올라 갈 것이다. 이 때, 유체가 올라간 연직거리를 h라고 하면, 식 (2.1)을 사용하여 관 내부의 압력을 쉽게 구할 수 있다. 이러한 원리를 활용하는 압력 계측기를 피에조미터(piezometer)라고 부른다(그림 2-7).

한편 관을 흐르는 유체의 압력이 높으면 실험관의 높이가 매우 커져 사용하기에 불편하므로, 비중이 큰 유체를 미리 채워 둔 U형의 실험관을 쓰기도 하는데, 이러한 장치는 U형 액주계(manometer)라고 부른다(그림 2-8). 액주계는 액주, 즉 액체기둥의 높이에 따라 압력의 크기를 결정할 수 있는 원리를 이용한 장치를 포괄적으로 지칭하는 용어이다.

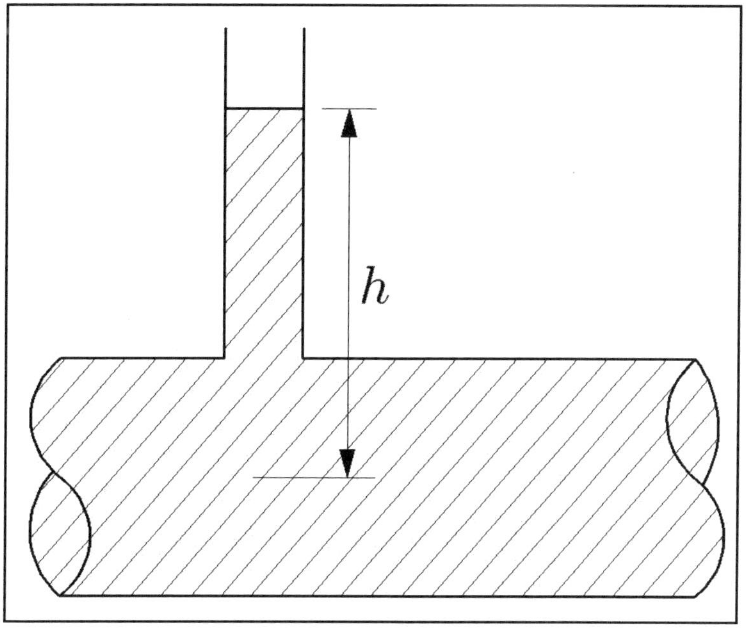

그림 2-7 피에조미터

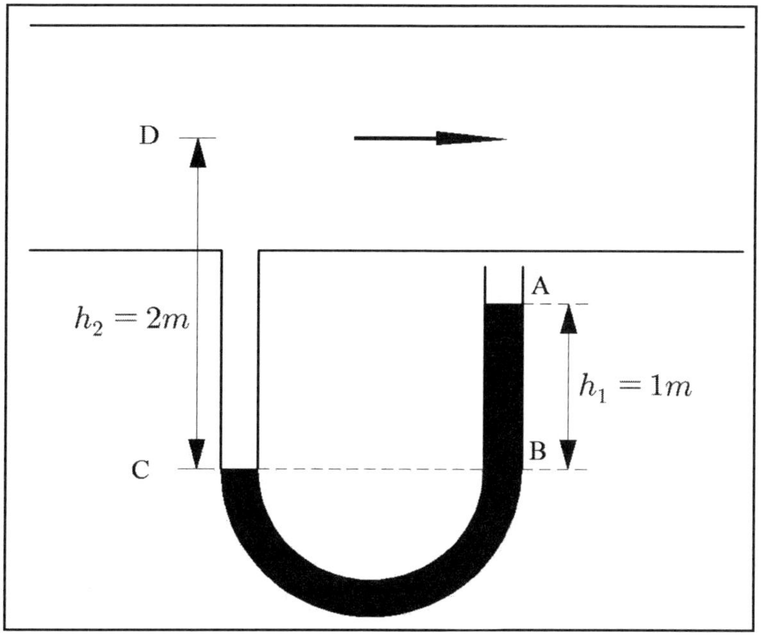

그림 2-8 U형 액주계

또 수중에 설치되는 구조물 또는 댐(dam)과 같이 물을 저장하는 역할을 하는 구조물은, 물이 정지 상태에 있고, γ가 일정하면, 식 (2.1)에 따라 주어지는 압력, 즉 수정압(hydrostatic pressure)을 받으며, 일차적으로 이러한 수정압에 기인하는 힘을 받아 낼 수 있도록 설계된다.

◉ 예제 2-4

물이 관을 따라 흐르고 있다. 관 내부의 계기압력이 1기압이라고 하면, 피에조미터를 사용하여 압력을 측정할 때 필요한 피에조미터의 높이를 구하시오. 또 같은 목적으로 수은을 채운 U형 액주계를 사용한다고 할 때 필요한 U형 실험관의 높이를 구하시오.

▶ 답

1기압의 압력은, 예제 2-2에서 살펴 본 바와 같이 수은주 $0.76m$에 상당하므로, 액주계로 사용할 U형 실험관은 최소 $0.76m$의 높이를 가져야 한다. 한편 피에조미터를 사용할 때의 실험관의 높이는, 수은의 비중이 13.6이므로, $0.76m$의 13.6배인 $10.336m$는 되어야 할 것이며, 이와 같은 높이의 실험관을 사용한다는 것은 비현실적임을 알 수 있다.

◉ 예제 2-5

그림 2-8에 보인 바와 같이 물이 관을 따라 흐르고 있다. 관의 벽면에 연결된 수은을 채운 액주계의 좌우 높이의 차이가 $1m$일 때, 관의 중심부에서의 압력 p_D를 구하시오.

▶ 답

액주계 내부의 유체는 정지해 있으므로, 식 (2.1)을 사용할 수 있다. 계기압력을 사용하기로 하면, 점 A에는 대기압이 작용하고 있으므로, 압력을 영으로 볼 수 있다. 한편, 점 B, C에서의 압력 p_B와 p_C는 같아야 하므로 다음을 얻는다.

$$p_B = \gamma_m h_1 = p_D + \gamma h_2 = p_C \qquad \text{(예2.4)}$$

여기서 γ_m은 수은의 비중량이고, h_1, h_2는 그림 예2-1에 보인 바와 같다. 식 (예2.4)로부터 p_D를 다음과 같이 얻는다.

$$p_D = \gamma_m h_1 - \gamma h_2 = 13.6 \times 10^3 \times 9.8 \times 1 - 10^3 \times 9.8 \times 2 = 113.68 kPa \tag{예2.5}$$

◉ 예제 2-6

그림 예2-1에 보인 바와 같이 물이 흐르는 관의 벽면에 기름과 수은을 채운 액주계가 설치되어 있다. 관의 중심부에서의 압력 p_F를 구하시오. 단 기름의 비중은 0.8이다.

▶ 답

점 B, C에서의 압력 p_B와 p_C는 같아야 하고, 또 점 D, E에서의 압력 p_D와 p_E는 같아야 하므로 다음을 얻는다.

$$p_B = \gamma h_1 + \gamma_m h_2 = p_D + \gamma_o h_3 = p_C \tag{예2.6}$$

$$p_F = p_E + \gamma h_4 = p_D + \gamma h_4 \tag{예2.7}$$

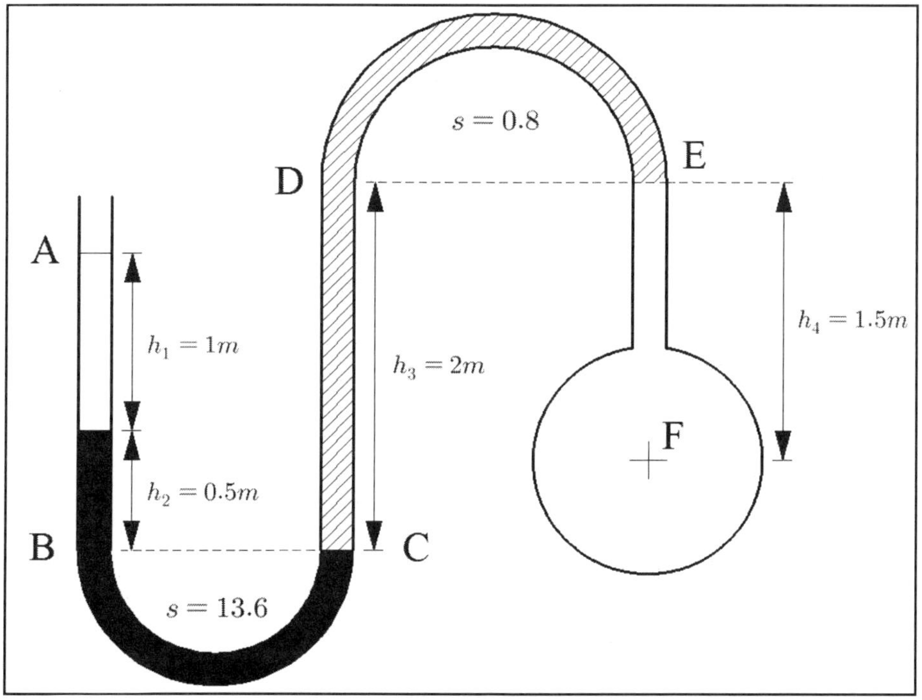

그림 예2-1

여기서 γ_o는 기름의 비중량이다. 식 (예2.6)으로부터 p_D를 다음과 같이 얻고,

$$p_D = \gamma h_1 + \gamma_m h_2 - \gamma_o h_3 \qquad (예2.8)$$

이 식을 식 (예2.7)에 대입하여 p_F를 다음과 같이 얻는다.

$$\begin{aligned} p_F &= \gamma h_1 + \gamma_m h_2 - \gamma_o h_3 + \gamma h_4 \\ &= \gamma(h_1 + 13.6\times h_2 - 0.8\times h_3 + h_4) \\ &= 10^3 \times 9.8(1 + 13.6\times 0.5 - 0.8\times 2 + 1.5) = 75.46kPa \end{aligned} \qquad (예2.9)$$

◉ 예제 2-7

그림 예2-2에 보인 바와 같이 댐의 아랫쪽에 수문을 설치하고자 한다. 수정압에 기인하여 단위 길이의 수문이 받는 힘 F와, 점 O에 대한 모멘트 M을 구하시오.

▶ 답

수문이 수면으로부터 $0.5m(=h_1)$ 아래에서 시작하여 $1.5m(=h_2)$까지 연장되어 있으며, 수정압은 수심에 따라 선형적으로 증가하므로, 수문에 작용하는 힘은 각 점에 작용하는 압력을 모두 더하여, 즉 적분으로 얻는다. 수면으로부터 연직하방으로 h축을 잡으면, F는 다음과 같다.

$$\begin{aligned} F &= \int_{h_1}^{h_2} p\,dh = \int_{h_1}^{h_2} \gamma h\,dh \\ &= \gamma\left[\frac{h^2}{2}\right]_{h_1}^{h_2} = \frac{\gamma}{2}(2.25 - 0.25) \\ &= \gamma = 9.8kN/m \end{aligned} \qquad (예2.10)$$

점 O에 대한 모멘트도 같은 방법으로 구할 수 있는데, 점 O로부터 미소요소 dh까지의 거리는 $h_2 - h$임을 이용하여 다음을 얻는다.

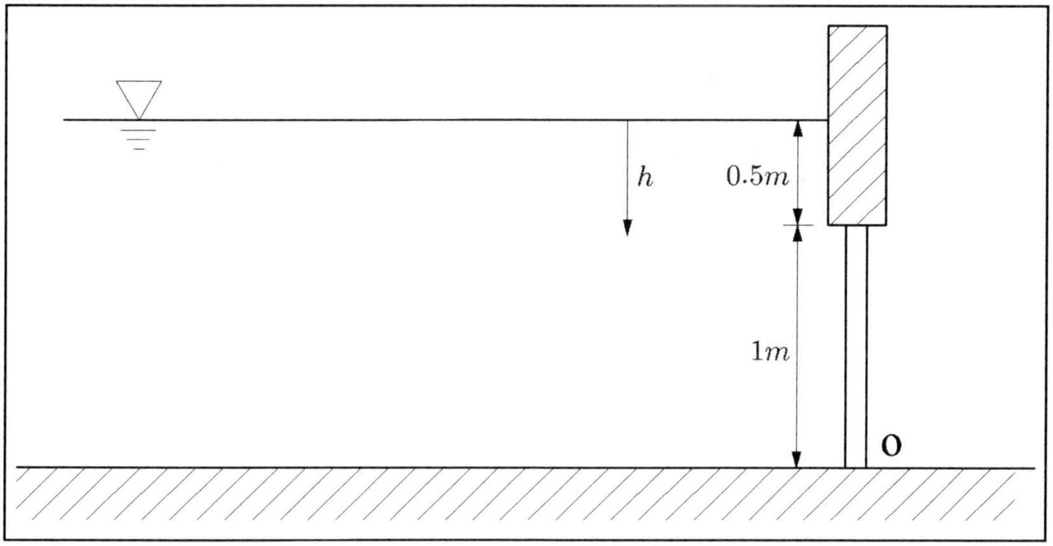

그림 예2-2

$$M = \int_{h_1}^{h_2} p(h_2 - h)\,dh = \int_{h_1}^{h_2} \gamma h(h_2 - h)\,dh$$
$$= \gamma[\frac{h_2 h^2}{2} - \frac{h^3}{3}]_{h_1}^{h_2} = \gamma[\frac{3}{4}h^2 - \frac{1}{3}h^3]_{h_1}^{h_2} \quad \text{(예2.11)}$$
$$= \gamma(\frac{27}{48} - \frac{7}{48}) = 10^3 \times 9.8 \times \frac{5}{12} = 4.083kN$$

식 (예2.10), (예2.11)에 의하면, 수정압에 기인하는 힘 F는 점 O로부터 윗쪽으로 $20/48 = 5/12m$ 떨어진 곳에 작용함을 알 수 있다.

2.3 중력, 모형시험과 Froude

정지해 있는 유체의 평형, 즉 유체의 정적 평형은 중력과 압력만을 고려하면 설명할 수 있지만, 유체(또는 유체 중의 물체)가 운동할 때는 유체의 동적 평형을 고려해야 한다. 다음 장에서 Newton의 운동법칙에 대해 생각하면서 동적 평형에 대

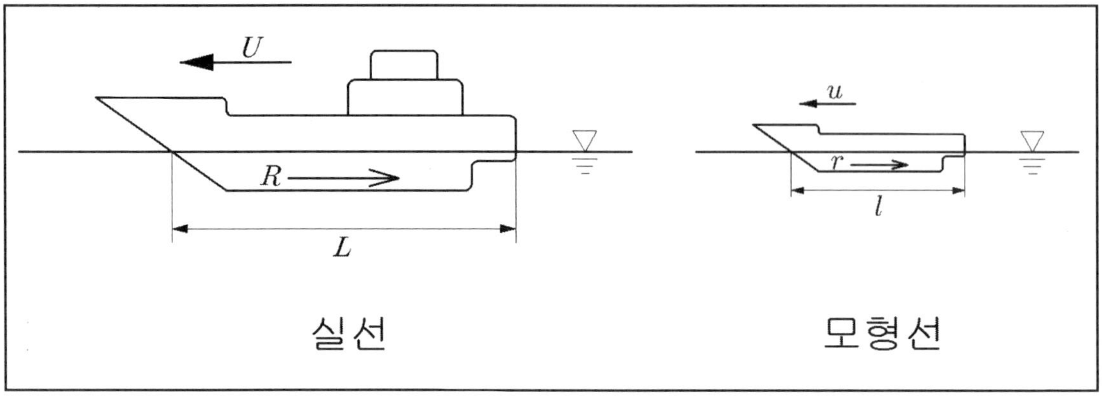

그림 2-9 모형시험의 상사성

해 보다 자세히 설명할 것이나, 여기서는 모형시험(model test)과 관련된 사항들에 대해 좀 생각해 보기로 한다.

모형은 실제 생각하는 물체와 기하학적 상사성(geometrical similitude)은 가지되 보다 작게(또는 드물지만 보다 크게) 만든 물체이다. 기하학적 상사성을 가진 모형을 만드는 것은 어려운 문제가 아니지만, 이 모형을 이용하여 실제 물체에 대한 역학적 정보를 어떻게 얻어 내느냐 하는 것은 간단한 문제가 아니다. 배(ship)의 저항을 모형시험을 통하여 구하는 문제를 예로 들면, 정해진 축척비(scale ratio)에 따라 실선(real ship)과 닮은꼴인 모형선을 만든 후, 먼저 알아야 하는 것은 실선의 속도를 U라고 할 때, 모형선의 속도 u를 얼마로 해야 하는 것이다. 또 u를 어떤 방법으로 결정하였다고 하더라도, 그 속도에서 시험을 수행하여 얻은 모형선의 저항이 U라는 속도로 달리는 실선이 받는 저항과 어떤 관계를 가지는지에 대해서도 알아야 한다(그림 2-9). 이와 같은 문제는 모형시험에 있어 역학적 상사성(dynamic similitude)을 어떻게 보장할 것인가와 관련된 것으로, 16세기 이래 실험적인 연구를 수행해 온 많은 사람들이 우선적으로 풀어야 할 과제였다.

배의 저항을 구하기 위한 모형시험과 관련된 역학적 상사성에 관한 문제는 Froude(1810-1879, UK)가 그의 말년에 약 10여 년간 고심하며 생각한 문제로서, 배의 저항을 모형시험을 통해 산정하는 방법은 오늘날도 그가 고안해 낸 방법을 거의 그대로 답습하고 있다고 해도 과언이 아니다. 그의 노력을 기리기 위해 그의 이름이 붙여진 무차원상수, Froude 수(Froude number)[6], Fn는 배의 길이를 L이라고 하면 다음과 같이 정의된다.

$$Fn = \frac{U}{\sqrt{gL}} \tag{2.4}$$

상기 문제에 대한 Froude의 해답 즉 역학적 상사성을 보장하기 위한 방법은, 실선과 모형선의 Fn가 같은 값을 가지도록 실험하는 것이었으며, 그 때 얻어지는 모형선의 저항이 실선의 저항과 어떤 관계를 가지는지에 대해서는 보다 복잡한 설명을 요구하므로 차후에 다루기로 한다. 단지 여기서는 점성에 기인하여 저항이 어떻게 발생하는지에 대한 설명이 알려져 있지 않은 상황에서, 배의 저항(점성저항을 포함하는)을 어떻게 산정하는지에 대한 해답을 얻어낸 Froude와, 압력의 개념을 알지 못하면서도 부력의 개념을 바르게 확립할 수 있었던 Archimedes 사이의 공통점[7]을 지적해 두며, 이러한 경우는 드물지만 역학사에서 가끔 찾아 볼 수 있다.

여기서 Fn를 동일하게 해 준다고 하는 것의 의미에 대해 좀 더 생각해 보기로 한다. 배가 수표면 상에서 움직이면 수표면 상에 파도가 만들어 지는데, 수심이 대단히 크면 속도 U로 진행하는 2차원 파도의 파장 λ는 U^2/g에 비례한다. 그러므로 실선과 모형선의 Fn, 따라서 Fn^2이 같다고 하면, $Fn^2 = U^2/gL \propto \lambda/L$이므로, 배에 의해서 만들어지는 파도의 파장과 배의 길이 사이의 비(ratio)가 실선과 모형선 두 경우에 서로 같게 된다. 다시 말하면 실선과 모형선 주위에 생기는 파도의 모습을 사진으로 찍었을 때, 서로 구분하기 곤란하도록 하기 위해서는 Fn가 같도록 해 주어야 한다는 것이다. 수표면에 생기는 파도와 중력의 관련성은, 수표면에 생기는 파도 때문에 운동하는 유체입자(fluid particle)[8]의 복원력(restoring force)을 중력이 제공하고 있는 점에 기인하며, 이에 대해서는 관련 서적을 참고하기 바란다[2].

모형시험은 기하학적 상사성뿐만 아니라, 역학적 상사성도 가지도록 수행해야 한다는 것은, 재료역학과 관련된 실험에 대해 언급한 Galileo의 저서, 'Two new

6) 이 무차원상수가 Froude 수로 불리게 된 것은, Froude 사후 40년, Weber(1871-1951, Germany; 1919)의 제안에 의해 이루어졌다.
7) 묘하게도 두 사람 다 중력과 관계되는 연구에 관해서 성과를 얻었다.
8) 동역학에서 다루는 질점과 유사한 유체역학적 개념이다(각주 1-7 참조).

sciences'(1638)[9]에서 최초로 지적된 바 있다. Froude에 의한 배의 저항과 관련된 모형시험에 대한 연구를 기점으로, 역학적 상사성에 대한 보다 체계적인 연구가 수행되어, Weber에 의해 1919년에 일단락을 보게 되었다. 모형시험과 상사법칙에 대한 연구의 진전이 약 300년 동안에 걸쳐서 이루어 진 점을 생각하면 인간의 지식이 그렇게 빨리 진보해 온 것만은 아니다.

◉ 예제 2-8

어린이 동화에 나오는 거인의 키가 우리 키의 9배라고 하자. 이 거인이 물속에서 헤엄칠 때 생기는 파도와 우리가 헤엄칠 때 생기는 파도의 사진이 동일하게 보인다면, 거인은 우리가 헤엄치는 속도의 몇 배로 헤엄쳐야 하는지 구하시오.

▶ 답

위의 본문에서 밝힌 바와 같이, 거인과 우리가 헤엄칠 때의 Fn가 같으면 사람의 키와 파도의 길이의 비가 같은 값을 가진다. 거인의 키가 우리의 9배이면, 중력가속도는 같으므로, 거인과 우리의 속도의 비는 $\sqrt{9} = 3$이 되어야 한다.

9) 새로운 두 과학은 재료역학과 동역학을 뜻한다.

연습문제

1. Torricelli의 실험에 대해 상세하게 설명하고, 표준대기압의 정의에 대해 논하시오.

2. 에베레스트산 정상과, 태평양 마리아나 해구 바닥에서의 압력을 구하시오. 단 해수의 밀도는 $1025\,kg/m^3$으로 일정하다고 가정한다.

3. 백두산 천지 바닥에서의 압력을 구하시오. 단 공기의 밀도는 $1.224\,kg/m^3$으로 표고 $3000\,m$까지는 일정하다고 가정하고, 천지의 수면은 해발 $2700\,m$, 천지의 수심은 $100\,m$로 한다.

4. 대류권 내부에서의 공기의 압력과 밀도에 대해 다음 물음에 답하시오.

1) 공기를 이상기체로 가정하고, $\dfrac{dp}{dz} = -\rho g$임을 이용하여 다음을 증명하시오.

$$\ln p = -\int \frac{g}{RT} dz + C \qquad (\text{연}2.1)$$

여기서 z는 연직상방으로 잡은 좌표계이고, R은 공기에 대한 기체상수로 $0.2870\,kJ/kg\,K$, C는 적분상수이다.

2) 대류권에서의 온도 분포는 다음과 같이 선형적으로 감소한다고 가정할 수 있다.

$$T = T_0 - \alpha z \qquad (\text{연}2.2)$$

여기서 $T_0 = 288\,K$, $\alpha = 0.0065\,K/m$이다. 이 식을 식 (연2.1)에 대입하여 다음을 증명하시오.

$$p(z) = p_0\left(1 - \frac{\alpha z}{T_0}\right)^{g/R\alpha} \qquad (\text{연}2.3)$$

여기서 p_0는 $z=0$에서의 압력으로 $101.3kPa$이다.

3) 대류권은 지상 $11km$ 지점까지로 볼 수 있으며, 이 식을 이용하여 백두산 천지 수면 높이에서의 압력과 온도 및 공기의 밀도를 구하시오.

5. 대기압을 이용하고자 했던 Newcomen(1663-1729, UK)의 증기기관에 대해 조사하고, 그 기전(mechanism)과 효율(efficiency)에 대해 고찰하시오.

6. 어떤 겨울 날, 대기의 온도는 0℃, 높이 $400m$인 건물 내의 온도는 20℃였다. 건물 내부의 중간 높이에서의 기압이 같은 높이에서의 외부 대기압, $101kPa$과 같았다. 공기를 이상기체라고 가정하고 건물 내부의 밀도와 외부의 밀도가 각각 일정하다고 가정하면 바닥에서의 건물 내부와 외부의 압력 차이를 구하시오.

7. 물 깊이가 $10m$인 저수지의 둑이 있다. 저수지의 폭이 $30m$일 때, 이 둑이 받는 수정압에 기인하는 힘과 힘의 작용점을 구하시오.

8. 수심이 $100m$이고 폭이 $50m$인 댐과 수심이 $50m$이고 폭이 $100m$인 댐에 작용하는 힘을 각각 구하시오. 발전용 댐인 경우에는 수심이 큰 쪽이, 수리, 저수 등의 용도에는 폭이 큰 쪽이 유리한 점을 설명하시오.

9. $1bar$는 $100kPa$로 대기압을 잴 때 잘 사용되는 단위이다. 수면 위 $100m$인 곳에서의 기압이 $950mbar$일 때, 수면 아래 $10m$ 되는 곳에 있는 평면에 작용하는 절대압력을 구하시오. 물의 밀도는 표 1-1에 주어진 값을 사용한다. 또 수면 아래 $10m$인 곳에 밑변이 위치한 거꾸로 세워진 단위 길이의 정삼각형기둥에 작용하는 부력을 구하시오. 단 정삼각형의 한 변의 길이는 $1m$이다.

10. 정지해 있는 유체 내부의 압력은 Euler의 공식 $p=\gamma h$로 주어진다. 이 식으로부터 기상학이 발전될 수 있었던 가능성에 대해 설명하고, 또 춘천 소양강 댐의 크기와 관련지어 설명하시오.

11. 장비를 착용한 잠수부의 무게가 $800N$, 체적이 $0.08m^3$이다. 바다에서 잠수할 때, 활동이 가장 자유스럽기 위해 이 잠수부가 어느 정도의 추(lead weight)를 착용해야 할지 구하시오. 단 해수의 밀도는 $1.026 \times 10^3 kg/m^3$으로 한다. 또 이 잠수부의 활동과 무중력 상태인 우주선 내에서의 사람의 움직임을 비교하여 논하시오.

12. 뚜껑이 없는 상자 모양의 자체 추진력이 없는 배를 바지(barge)라고 부른다. 강에서 운항하는 어떤 바지의 전반부에는 모래(sand)를 후반부에는 자갈(gravel)을 각각 일정한 높이로 실어 나르는데, 후반부에는 자갈을 $2000kN$ 적재하였다. 바지의 앞끝과 뒤끝에서의 흘수 차이를 구하시오. 단 바지의 길이, 폭, 평균흘수는 각각 $20m$, $5m$, $3m$이며, 모래와 자갈의 비중량은 각각 $12kN/m^3$, $15kN/m^3$으로 한다.

13. 길이 $125m$인 구축함의 Froude 수가 0.3이다. 길이 $5m$인 모형선의 대응속도를 구하시오.

14. 어떤 모형선의 축척비가 1:16이다. 실제 선박과 모형선에 의해 생기는 파도가 역학적 상사성을 가지도록 실험하려고 한다면, 실제 선박의 속도가 $20kts$일 때, 모형선의 속도는 얼마로 해야 하는지 구하시오.

15. 선박의 모형시험과 관련하여 선박 저항의 일부인 조파저항 R_W는 다음과 같이 무차원화하여 조파저항계수 C_W로 나타낸다.

$$C_W = \frac{R_W}{S\rho U^2/2}$$

여기서 S는 배의 침수표면적(wetted surface area), U는 속도이다. 이와 같이 정의된 C_W는 Fn만의 함수이다. $U = 2m/s$, $Fn = 0.2$인 모형시험에서

$C_W = 0.8 \times 10^{-3}$를 얻었을 때, 이에 대응하는 실선의 속도와 조파저항을 구하시오. 단 축적비는 1/25, $S = L^2/6$이며, 모형시험은 담수(fresh water) 중에서 수행하고, 실선은 해수 중에서 운항하는 것으로 간주한다.

3장 Newton의 운동법칙과 Euler의 일반화

역학사 또는 인류의 지식 발달 과정 중에서 후세에 큰 영향을 준 사람들을 꼽으라고 하면, 아마도 세 개의 운동법칙, 역제곱 법칙으로도 불리는 만유인력법칙, 미적분학의 창안 등으로 대표되는 Newton을 빼어 놓을 수 없을 것이다. 그는 Galileo가 죽은 해에 태어났으므로 Galileo와 직접 대면할 수 있었던 기회는 없었으나, Galileo의 대부분의 업적을 물려받아 새로운 시대의 개막을 고하는 역할을 맡을 수 있었다. 이들 두 사람은 시간적으로는 얼마 떨어지지 않은 시대에 살았으나, 그들이 산 시대의 분위기는 대단히 달랐다. Galileo는 그의 과학적 사고 및 그 결과에 대한 믿음 때문에 종교재판까지 받았으나, Newton은 물리학 전반에 걸친 근본적인 질문들에 하나하나 답하기 위해 그의 최선의 노력을 경주할 수 있었고 또 동시대의 많은 사람들로부터 최대의 찬사를 받았다. Newton이 1687년에 발표한 그의 대표적 저술인 'Mathematical Principles of Natural Philosophy'[1]는 운동법칙, 만유인력법칙 등 근대역학의 근간을 이루는 내용을 포함하고 있다.

Principia에서의 Newton의 주요한 관심은 Galileo, Kepler(1571-1630, Germany) 등에 의해 제기되었던 행성을 포함하는 물체의 운동에 관한 설명을 제공할 수 있는 일관된 사고체계를 제공하는 것이었다. 그러나 그의 운동법칙은 질점(mass particle)[2]의 운동을 기술하는 데만 우선적으로 사용되었을 뿐, 강체 및 가변체의 운동에 그의 운동법칙을 적용하여 오늘날 우리가 알고 있는 형태의 동역학 및 연속체역학의 성립을 위해서는 Euler의 역할이 결정적이었다. 강체의 회전운동을 기술하는 운동방정식, 비점성유체에 대한 운동방정식이 모두 그에 의해 성립되었고, 오늘날 모두 Euler 방정식으로 불리고 있다.

Newton 및 Euler의 운동법칙에 대한 보다 상세한 역사적인 설명은 동역학 교

1) 라틴어로 쓰였으며, 1749년에야 영어로 번역되었다. 라틴어 제목이 'Philsophiae Naturalis Principia Mathematica'이므로, 통상 Principia(프링키피아)로 줄여 부른다.
2) 각주 1-7과, 연속체에 대한 1장의 설명을 참고하기 바란다.

재로 미루기로 하고, 이 장에서는 Newton의 운동법칙과, Euler의 운동방정식에 대한 기본적인 설명을 주로 다루기로 한다. 특히 Newton의 세 운동법칙은 입학시험 문제를 풀기 위해 외어야 하는 그런 대상이 아니고, 물체의 운동을 기술하기 위해 우리가 받아들이는 가장 기본적인 가설들이라는 사실을 강조하고 싶다. 물리학에서 법칙이라고 부르는 것들은, 증명 가능한 것은 아니지만, 일단 그 법칙(또는 가설)을 받아들였을 때 얻어지는 결과들이 우리가 계측 또는 경험할 수 있는 결과와 다른 경우가 한 번도 발생하지 않을 때 성립한다. 다시 말하면 Newton의 운동에 대한 가설이 지금까지 한 번도 틀린 결과를 주지 않고 있기 때문에[3] Newton의 운동법칙으로 불리고 있다는 것이다. 역학 또는 수학에서의 가설(hypothesis), 공리(axiom), 원리(principle), 법칙(law) 등을 명확히 구분하기는 쉽지 않지만, 이들의 공통점은 이들의 정당성을 직접적으로는 증명하지 않지만, 이들을 사용하여 얻어지는 결과들이 우리의 경험과 틀리지 않고, 또 유용하게 쓰일 수 있다면, 이들을 받아들인다는 것이다. 동역학과 관련된 보다 자세한 사항은 [3]을 참고하기 바란다.

3.1 Newton의 운동법칙

Galileo의 자유낙하, 경사면에서의 물체의 등가속도 운동, 진자의 운동 주기에 대한 실험 및 고찰은 중력의 존재, 힘과 가속도의 관계 등을 밝혀냄에 있어 충분히 결정적인 역할을 할 수 있었다. 또한 행성(태양 주위를 회전하는 천체)의 공전 운동에 대한 Kepler의 세 법칙[4]은 새롭게 형성된 Newton의 운동법칙이 지구상에서의 물체의 운동뿐만 아니라 천체의 운동을 기술하는 데도 똑같이 적용될 수 있다는 것을 보여주는 시험장을 마련해 주었다.

Newton의 제 1 법칙은 관성의 법칙으로 불리며, 다음과 같이 쓸 수 있다: **모든 물체[5]는, 불균형 외력이 작용하지 않는 한, 정지 상태에 있거나 또는 등속도 직선**

3) 물체의 운동 속도가 광속에 비해 대단히 작다는 가정이 성립되지 않는 경우에도 선운동량 보존법칙은 질량을 다시 정의함으로써 그대로 성립한다.
4) 타원궤적의 법칙, 등면적법칙, 주기에 관한 조화법칙 등을 뜻한다.
5) 여기서의 물체는 보다 정확하게는 질점을 의미하며, 질점은 물체의 회전운동을 무시할 수 있을 경우에 물체를 위치와 질량만 가진 것으로 이상화한 개념이다.

운동을 지속한다.

따라서 만약 어떤 물체가 정지 상태에 있지 않거나, 등속도 직선운동을 하지 않는다면 그 물체는 영이 아닌 불균형 외력(이하에서는 혼동의 소지가 없는 한 그냥 외력으로 부르기로 함)을 받고 있어야만 한다. 예를 들어 물속에서 움직이는 배가 등속도 직선운동을 하고 있다면 그 배에 작용하는 외력의 합은 영이어야 한다.

그러나 1 법칙은 물체에 작용하는 외력이 얼마나 큰지에 대한 설명은 제공하지 않는다. 힘의 크기가 얼마나 되는지를 잴 수 있는 방법은 다음과 같이 쓸 수 있는 제 2 법칙에 의해 주어진다: **물체에 작용하는 외력은 물체의 가속도와 같은 방향이며, 외력의 크기는 가속도의 크기에 정비례한다.**

따라서 속도 변화가 있는 어떤 물체에 작용하는 힘의 크기를 F, 그 물체의 가속도의 크기를 a라고 하면 다음과 같이 쓸 수 있다.

$$\frac{F}{a} = \text{상수} \tag{3.1}$$

식 (3.1)에서의 상수는 주어진 물체에 대해서는 일정하므로, 이 상수를 그 물체의 질량 m으로 부르기로 한다. 여기서 생기는 문제점은 힘의 크기를 알려면 질량의 크기를 알아야 한다는 것인데, 이 문제점은 질량의 크기를 잴 때 사용할 수 있는 어떤 기준적인 크기의 물체를 정하고 이를 가령 1 kg의 질량을 가지고 있다고 부르기로 함으로써 해결할 수 있다. 즉 같은 크기의 힘을 두 물체에 작용할 때, 두 물체에 발생하는 가속도의 크기로부터 질량의 비(ratio)를 알 수 있고, 이들 중의 한 물체가 단위 질량을 가지고 있다면 다른 한 물체의 질량을 알 수 있다[6].

작용-반작용의 법칙으로 불리는 제 3 법칙은 다음과 같이 쓸 수 있다: **두 물체가 상대방에 작용하는 힘은 그 크기는 같고 방향은 서로 반대이다.**

따라서 어떤 물체 (가)가 다른 물체 (나)에 힘을 가하면 동시에 (나)라는 물체로부터 똑 같은 크기의 힘을 받는다. 배의 경우를 생각하면, 물이 배에 작용하는 힘과 방향은 반대이며 크기는 똑 같은 힘을, 물은 배로부터 받는다.

---

6) 실제로 질량을 구할 때는, 주로 무게를 재어 중력가속도로 나누어줌으로써 구하지만, 질량은 중력 혹은 무게와 전연 관계없이 정의할 수 있다는 점을 주목하기 바란다.

◉ **예제 3-1**

Newton의 운동법칙을 사용하여 활을 떠난 화살의 운동을 설명하시오.

▶ **답**

지구 중력과 공기의 저항을 무시하면, 화살이 활을 떠난 순간부터, 수평방향으로 화살에 작용하는 힘은 없으므로, 화살은 등속도 직선운동을 해야 한다(제 1 법칙). 그러나 화살에 작용하는 지구 중력 때문에, 화살은 수직방향으로는 자유낙하를 하게 되므로, 일정한 시간 후에는 땅으로 떨어져야 한다(제 2 법칙). 또한 공기의 저항 때문에, 화살의 진행 방향 속도의 크기는 점점 작아진다(제 2 법칙). 한편, 공기는 저항의 형태로 화살에 힘을 가하지만, 화살 주변의 공기는 화살로부터 운동량을 받게 되어 화살의 운동 방향으로 같이 운동하게 된다(제 3 법칙).

Newton의 운동법칙을 받아들이면, 이와 같이 우리가 실제로 볼 수 있는 화살의 운동을 설명하는 것이 어려운 일이 아니나, Newton 이전에는 이와 같은 화살의 운동을 설명하는 것이 대단히 어려운 일이었다. Aristotle의 체계에 따르면, 힘을 받는 물체는 그 힘의 크기에 비례하는 속도를 가져야 하므로, 힘을 받지 않는 물체의 속도는 영이 되어야 한다. 따라서 화살의 운동을 설명하기 위해서는 무엇인가가 화살에 힘을 가해야 하였으며, 이 힘의 원천으로, 화살 주변의 공기를 취하여 공기가 화살을 밀어주는 힘을 발생시키는 것으로 믿었다. 또한 땅으로 떨어지는 운동은, 화살이 땅에서 나온 재료로 만들어졌으므로, 땅에서 나온 것이 땅으로 돌아간다는 귀소 원리를 적용, 설명하였다.

3.2 Galileo와 Newton

이 장의 서론에서 Galileo와 Newton을 비교하여 기술하였는데, 이 절에서는 Newton의 세 운동법칙과 Galileo의 실험 및 관찰을 비교하여 Newton의 운동법칙이 어떤 의미를 가지는지에 대해 생각해 보고자 한다.

Galileo의 피사의 사탑에서의 자유낙하 실험은 자유낙하하는 모든 물체의 운동은 그 무게에 관계없이 같은 가속도를 받는 등가속도 운동임을 보여 주었고(그림 2-1), 또 경사면에서의 물체의 미끄럼 운동은 가속도가 훨씬 작다는 점만 다를 뿐

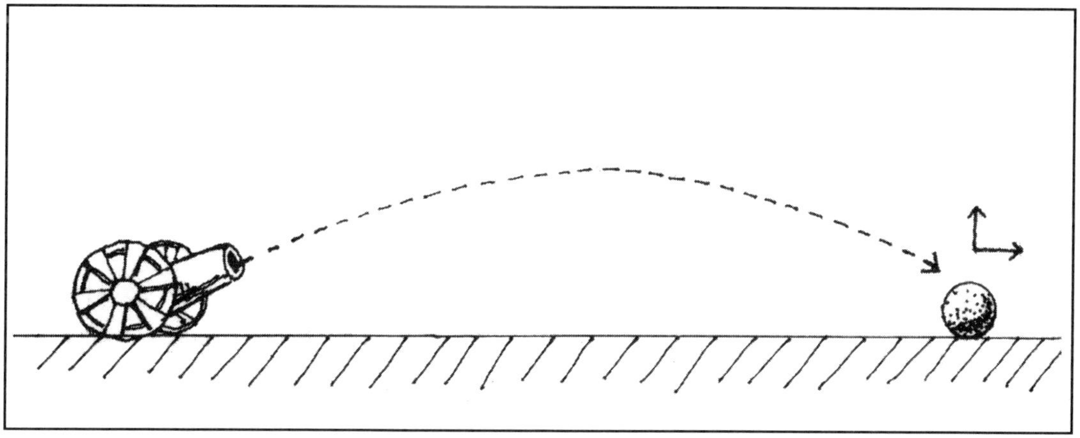

그림 3-1 포사체의 운동

자유낙하와 근본적으로 다름이 없는 운동임을 확인시켜 주었다(그림 2-2). 그는 또한 포사체(projectile)의 운동을 수평방향과 수직방향 운동으로 분해하여 생각하여, 수평방향 운동은 이 방향으로 작용하는 힘이 없으므로 등속도 직선운동, 수직방향 운동은 자유낙하와 같은 등가속도 운동이므로, 이 두 운동을 합성하여 운동의 궤적이 포물선이 됨을 보였다(그림 3-1). 또 그는 단진자(simple pendulum)의 운동을 고려하여, 단진자의 길이가 일정하면 진자의 운동주기는 추의 무게와 관계없이 항상 일정함을 증명하였다(그림 3-2). 한편 Kepler는 지구를 중심으로 하는 달의 운동, 또는 태양을 중심으로 하는 행성의 운동은 원운동으로 근사할 수 있음을 보였다[7](그림 3-3).

제 1 법칙과 관련하여 위의 결과들을 돌이켜 보면, 자유낙하, 경사면에서의 미끄럼 운동, 포사체의 수직방향 운동, 단진자의 주기운동, 달 또는 행성의 운동은 모두 등속도 직선운동이 아니므로 당연히 불균형 외력을 받고 있음을 알 수 있다. 그러나 이 불균형 외력의 원천 또는 그 성질이 제 1 법칙에 의해 주어지지는 않는다.

제 2 법칙에 의하면 이 불균형 외력의 방향은 가속도의 방향과 같은 연직하방, 즉 지구의 중심을 향하는 방향이어야만 하며, 위에서 예로 든 자유낙하, 경사면에서의 운동, 포사체의 수직방향 운동 등은 모두 등가속도 운동이므로 그 힘의 크기도

7) 물론 이 운동은 Kepler의 제1 법칙에 따라 달에 대해서는 지구가, 지구에 대해서는 태양이 하나의 촛점이 되는 타원 운동임은 잘 알려져 있으나, 여기서는 설명의 편의상 원운동으로 근사하기로 한다.

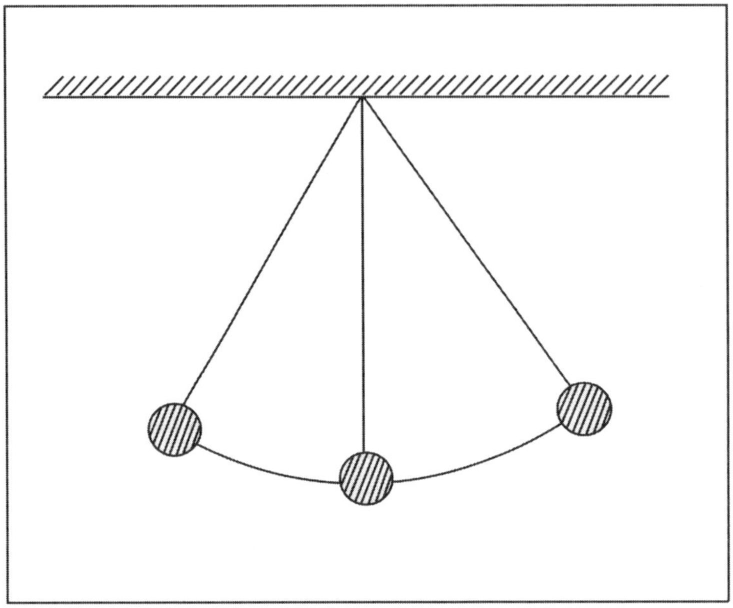

그림 3-2 단진자의 운동

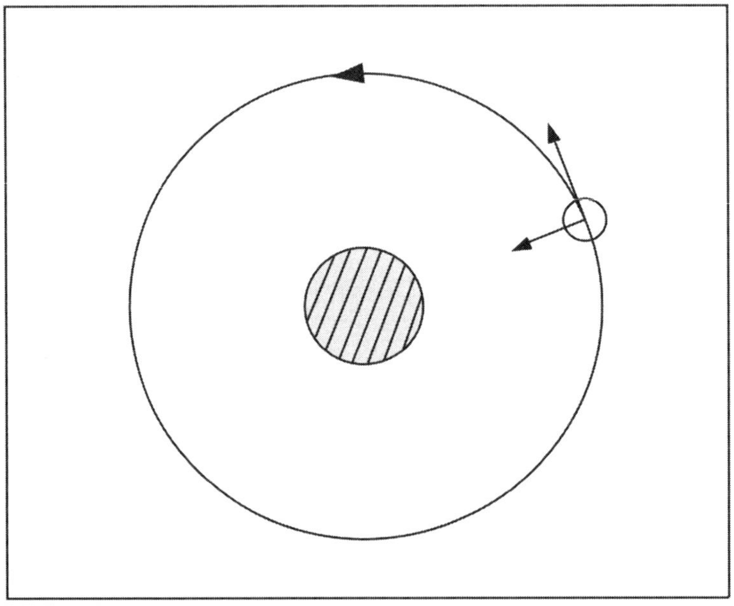

그림 3-3 태양을 중심으로 하는 지구의 공전

항상 일정해야 함을 뜻한다. 한편 원운동의 경우에는 각속도가 일정하면 구심가속도의 크기 또한 일정하고 그 방향은 항상 중심을 향하고 있으므로, 달은 지구의 중심을, 행성은 태양의 중심을 향하는 크기가 일정한 힘을 항상 받고 있다는 것을 뜻한다. 단진자의 경우에는 진자의 운동을 원주방향과 반경방향으로 분해하여 생각할 때, 반경방향 운동은, 줄이 줄어들거나 늘어 날 수 없어 그 길이가 일정하므로 금지되어 있고, 따라서 운동의 어느 순간에도 물체에 작용하는 반경방향 힘의 합은 영이 되어야 하며, 원주방향 운동은 연직방향으로부터 잰 각도에 따라 변화하는 힘을 받아야 함을 알 수 있다. 반경방향에 대한 고려는 줄의 장력의 크기를 결정해 주며, 원주방향에 대한 고려로부터 운동방정식을 얻는다. 한편 포사체 운동의 수평방향 성분은 등속도 직선운동이므로 물체가 수평방향으로는 힘을 받지 않고 있음을 뜻한다.

더구나 제 3 법칙에 따르면, 지구상의 모든 물체는 지구에 의해 항상 힘을 받음과 동시에 지구 의 모든 물체도 지구에 힘을 가하고 있으며, 나아가 달은 지구에 또 지구는 달에 각각 힘을 가하고 있고, 또 태양은 행성에, 행성은 태양에 힘을 가하고 있다는 것을 뜻하며, 이러한 관점의 연장선상에서 보면, 모든 경우에 두 물체는 두 물체의 질량에 비례하고 그 거리의 제곱에 역비례하는 힘을 받는다는 만유인력법칙[8]의 가능성을 이해할 수 있다.

돌이켜 보면 위에서 예로 든 자유낙하, 경사면에서의 운동, 포사체의 운동, 단진자의 주기운동, 지구를 중심으로 하는 달의 운동은 모두 동일한 원천, 즉 지구의 인력, 또는 중력(gravity) 때문에 발생하는 것이나, 중력의 존재가 알려져 있지 않은 상황에서 이러한 각각의 문제들의 해가 의미하는 바를 종합하여, 일반적으로 성립하는 운동법칙과 만유인력법칙을 구성해 낸다는 것은 Newton의 천재성과 노력에 힘입지 않고는 매우 힘들었을 것으로 생각되며, 이러한 면에서 Newton의 위대성이 이해되어야 할 것이다.

---

8) 두 물체의 질량을 m_1, m_2, 두 물체 사이의 거리를 r, 두 물체가 서로 작용하는 힘의 크기를 F라고 하면, 만유인력법칙은 다음과 같다.

$$F = \frac{G m_1 m_2}{r^2}$$

여기서 G는 만유인력상수이다.

중력의 존재를 알건 모르건 관계없이, 물체는 무게를 가진다는 것은 까마득한 옛날부터 경험적으로 확실하였으며, 압력의 존재를 알고 모름에 관계없이 Archimedes 이후 부력에 대해 많은 연구가 이루어 졌다. 중력과 압력의 개념은 Newton(1687)과 Euler(1753)에 의해 각각 확립되었으나, Galileo나 Archimedes의 공헌 또한 무시할 수 없을 것이며, 역학은 이와 같이 포괄적인 개념으로부터 보다 세분된 개념으로 분화 발전해 나가며 그 영역을 계속 확장해 왔고, 또 앞으로도 계속 확장해 나갈 것이라고 할 수 있다.

3.3 연속체에 대한 운동의 기하학(운동학)

Newton의 운동에 관한 제 2 법칙 또는 Newton의 운동방정식(equation of motion)을 벡터 형태로 쓰면 다음과 같다.

$$\underline{F} = m\underline{a} \tag{3.2}$$

질점의 운동을 기술하기 위해 이 식을 사용한다면, 가속도 벡터 $\underline{a}$는 변위 벡터 $\underline{x}(t)$를 시간에 대해 두 번 미분하여 얻어지므로, 힘 $\underline{F}$가 시간, 변위, 그리고 속도의 함수로 주어질 때, 즉 $\underline{F} = \underline{F}(t, \underline{x}, d\underline{x}/dt)$이면, 식 (3.2)는 변위 $\underline{x}(t)$에 대한 2계 미분방정식이 된다. 그러나 유체의 경우에는 무수히 많은 유체입자의 운동을 다루어야 하므로, 유체입자 하나하나의 운동을 기술해야 한다면 무수히 많은 수의 식 (3.2)와 같은 식을 풀어야 한다. Euler는 이러한 문제점을 인식하고 1752년에 발표한 그의 논문 'Principles of the motion of fluids'에서 유체의 운동학에 대한 고찰을 확고히 함으로써 이와 같은 문제를 해결하였다. 이하에서는 그의 해결책[9]에 대해 생각해 보기로 한다. 단지 논의를 간단히 하기 위해 2차원 유동, 다시 말하면 어떤 평면을 기준 평면으로 잡을 때, 기준 평면에 평행인 평면 내에서의 유동은 기

---

9) Euler는 일반적인 유체유동을 고려하였으므로 x, y, z축에 대한 3개의 편미분방정식을 얻었으나, 여기서는 보다 쉬운 2차원 평면운동에 대해 생각하기로 한다.

준 평면 내의 유동과 동일한 경우만을 다루기로 한다.

유체와 같은 연속체의 운동을 다루는 경우에는 유체입자 하나하나의 운동을 고려하는 것보다는 공간상의 각 점을 지나는 유체입자의 운동을 고려하는 것이 더욱 편리할 때가 많다. 다시 말하면 유체입자 하나하나의 변위를 시간의 함수로 구하는 것이 아니라, 매 순간 공간상의 각 점을 지나는 유체입자의 속도를 공간과 시간의 함수로 구하는 것이 더 편리할 수 있다는 뜻이다. 그러나 이런 방식을 취할 경우에는, 식 (3.2)의 우변에 있는 가속도를 어떻게 표현하느냐 하는 문제가 발생한다.

이와 관련하여 예를 들어 자유낙하 하는 물체가 초기 위치로부터 s만큼 떨어진 곳에 있다고 하면, 물체의 속도를 두 가지 방법으로 얻을 수 있는 점에 대해 먼저 생각해 본다. 첫 번째 방법은, 운동방정식을 풀어 초기 위치로부터의 변위 $x(t)$를 구하고 $x=s$를 만족하는 t_s를 구한 후, $u(t)$에 t_s를 대입하여 속도를 구할 수 있다. 두 번째 방법은 먼저 가속도를 약간 다른 방법으로 표현하기로 한다. 즉 속도를 시간의 함수가 아닌 위치의 함수, 즉 $u(x)$로 나타낸다면 가속도는 다음과 같이 나타낼 수도 있다.

$$a(t)=\frac{du}{dx}\frac{dx}{dt}=u\frac{du}{dx}=\frac{d}{dx}\left(\frac{1}{2}u^2\right) \tag{3.3}$$

자유낙하 하는 경우에는 $a=g$이므로, 초기 속도가 0이라면 식 (3.3)을 x에 대해 적분하여 다음을 얻으며,

$$\frac{1}{2}u^2=gx, \quad \therefore u=\sqrt{2gx} \tag{3.4}$$

이 식에 $x=s$를 대입하여 속도를 구할 수 있다.

첫 번째 방법은 질점의 위치를 시간의 함수로 보아 $\underline{x}(t)$를 구하는 방법으로, Newton의 운동법칙을 질점의 운동에 적용시켜 문제를 풀 때 대개 쓰는 방법이라고 할 수 있으며, 두 번째 방법은 유체역학 등에서 속도를 주요변수로 간주하고 $\underline{x}$는 유체입자의 위치를 나타내는 좌표계로 보는 방법과 본질적으로 같다고 할 수 있다.

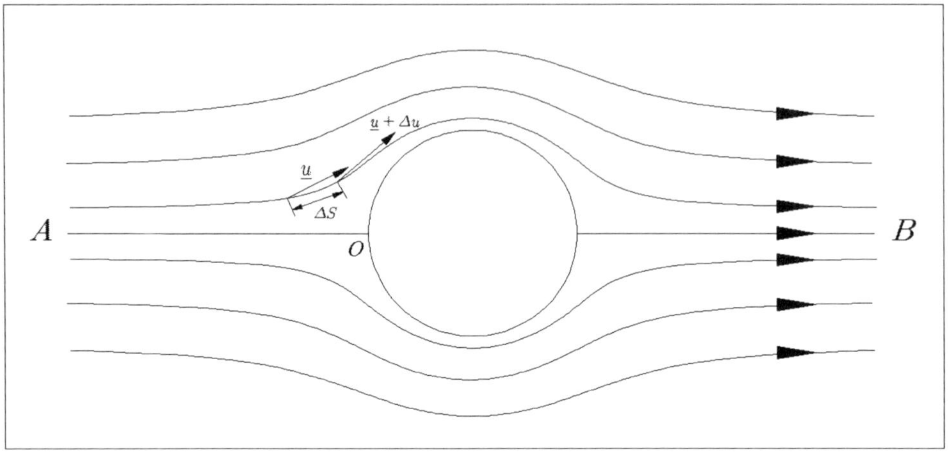

그림 3-4 균일유동 내의 원기둥

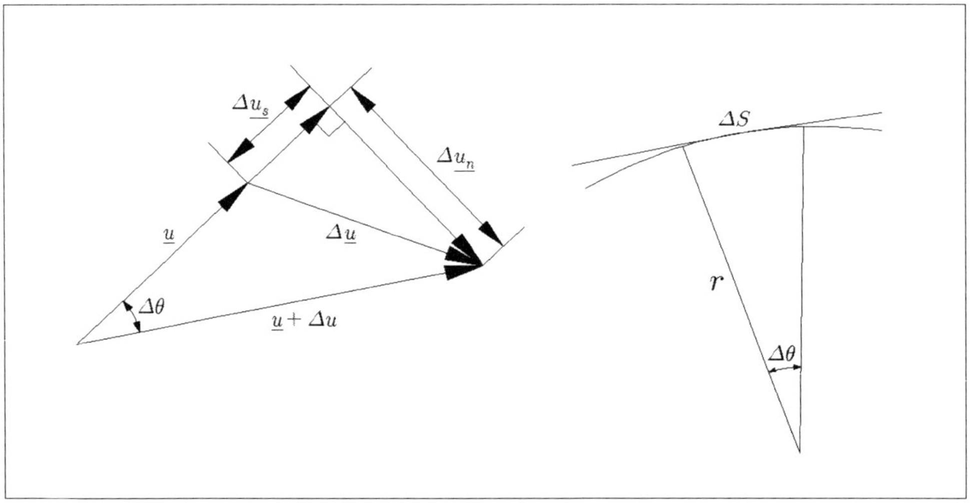

그림 3-5 유체입자의 가속도

다시 원래 문제로 돌아가 유체 유동을 기술함에 있어 유체입자의 가속도를 어떻게 나타낼 것인가에 대해 생각하는데, 유체의 운동에 관련된 모든 변수, 즉 밀도, 속도, 압력, 온도 등의 모든 변수들이 시간에 따라 변화하지 않는 경우, 다시 말하면 정상유동(steady flow)에 대해 생각하기로 하자. 예를 들어 균일유동(uniform flow) 내에 원기둥(circular cylinder)이 놓여 있을 때, 유체의 점성을 무시하고 유체입자의 궤적(pathline)을 그리면, 그림 3-4와 같이 나타낼 수 있다.

원기둥으로부터 멀리 떨어진 상류와 하류에서는 물체의 존재를 거의 느끼지 못할 것이며 유체입자의 궤적은 거의 직선이 된다. 그러나 물체 주위에서는 유체입자의 궤적이 물체 때문에, 물체의 앞쪽에서는 y가 양(음)이면 원기둥의 위쪽(아래쪽)으로, 물체의 뒤쪽에서는 아래쪽(위쪽)으로 휠 것이다. 곡선 AB 상의 한 점에 대해서 생각해 보기로 하면(그림 3-5), 시간 t일 때의 입자의 속도는 $\underline{u}$, $t+\Delta t$일 때의 속도는 $\underline{u}+\Delta\underline{u}$라고 쓸 수 있다. 시간 Δt 사이의 운동이 등속도 직선운동이 아니므로 명백히 가속도는 영이 아니며, 이 가속도는 유체입자의 궤적에 대한 접선방향과 법선방향의 두 성분으로 나누어 생각할 수 있다. 접선방향을 s로, 법선방향(내접원의 중심을 향하는 방향을 양으로 취한다)을 n으로 표시하기로 하고, 가속도의 접선방향 성분을 a_s, 법선방향 성분을 a_n이라고 하자. 또 $\Delta\underline{u}$의 접선방향 성분을 Δu_s라고 하면, Δt 사이에 움직인 거리는 Δs라고 쓸 수 있으므로, Δt 사이의 s방향 속도 증분은 다음과 같이 쓸 수 있고[10],

$$a_s \Delta t = \frac{\partial u_s}{\partial s}\Delta s \tag{3.5}$$

따라서 다음을 얻는다.

$$a_s = \lim_{\Delta t \to 0}\frac{\partial u_s}{\partial s}\frac{\Delta s}{\Delta t} = \frac{\partial u_s}{\partial s}u = \frac{\partial}{\partial s}(\frac{1}{2}u^2) \tag{3.6}$$

여기서 u는 $\underline{u}$의 크기이며, $u_s = u$임을 사용하였다. 한편 $\Delta\underline{u}$의 법선방향 성분을 Δu_n이라고 하면, Δt 사이의 n방향 속도 증분은 다음과 같고,

$$a_n \Delta t = \frac{\partial u_n}{\partial s}\Delta s \tag{3.7}$$

10) 여기서 $\underline{u}$는 시간의 함수가 아니고 위치만의 함수인 점을 다시 한 번 유의한다.

따라서 다음을 얻는다.

$$a_n = \lim_{\Delta t \to 0} \frac{\partial u_n}{\partial s} \frac{\Delta s}{\Delta t} = u \frac{\partial u_n}{\partial s} = u \frac{u}{r} = \frac{u^2}{r} \tag{3.8}$$

여기서 r은 궤적의 곡률반경(radius of curvature)[11]이며, 세 번째 등호는 다음과 같은 관계에 의해 구해진다. 즉 그림 3-5에 보인 바와 같이 다음을 얻을 수 있으므로,

$$r\Delta\theta = \Delta s\,, \qquad u\Delta\theta = \Delta u_n \tag{3.9}$$

이들을 $\Delta\theta$에 대하여 정리하여 다음을 얻고,

$$\Delta\theta = \frac{\Delta s}{r} = \frac{\Delta u_n}{u} \tag{3.10}$$

따라서 식 (3.8)에서 사용한 다음 결과를 얻는다.

$$\frac{\partial u_n}{\partial s} = \frac{u}{r} \tag{3.11}$$

식 (3.6), (3.8)에 의해 주어지는 가속도는, 유체 유동장이 시간에 따라 변하지 않는다고 하더라도, 어떤 점에 있던 유체입자가 다른 점으로 이동할 때 각 점에서의 속도 벡터의 크기, 방향이 다르기 때문에 발생하므로, 유체의 운동에 기인하는 가속도이며, 통상 대류가속도(convective acceleration)라고 불리고, 각각 속도 벡터의 크기의 증가, 궤적의 곡률 변화에 따른 가속도 성분을 나타내고 있다. 식 (3.8)에 따르면, 유체가 등속 원운동을 하는 경우에는 a_n이 바로 구심가속도이며, 일반적인 곡선운동을 하는 경우에는 원의 반경이 내접원의 반경으로 대치되는 점만

11) 내접원의 반경.

다른 것을 알 수 있다.

유체의 운동에 관련된 모든 변수, 즉 밀도, 속도, 압력, 온도 등의 변수들이 시간에 따라 변화하는 경우, 즉 비정상유동(unsteady flow)에 대해서는 지금까지 우리가 생각해 온 유체입자의 궤적은 그 유용성을 잃어버린다. 왜냐하면 유체입자 A의 궤적은, 시간에 따라 변화하는 유체입자 A의 위치를 연결하여 얻은 것이므로, 어느 한 순간에 유체입자 A의 궤적 상에 있는 다른 유체입자 B의 속도가 어느 방향인지에 대해 어떤 정보도 제공하지 않기 때문이다(그림 3-6).

위에서 유도한 대류가속도는, 정상유동의 경우에는 궤적 상에서의 유체입자의 속도 벡터의 방향이 궤적의 접선과 동일한 방향인 점을 이용하여 구하여 졌으므로, 이들을 비정상유동의 경우에도 그대로 적용시키기 위해서는, 매 순간마다 유체입자의 속도의 방향이 유체입자가 위치한 점을 지나는 어떤 곡선의 접선방향과 일치하는, 그러한 곡선의 개념이 필요하다. 유동장의 어떤 곡선 상에서, 유체입자의 속도 방향이 그 곡선의 접선방향과 일치한다면 이를 유선(streamline)[12)]이라고 정의하

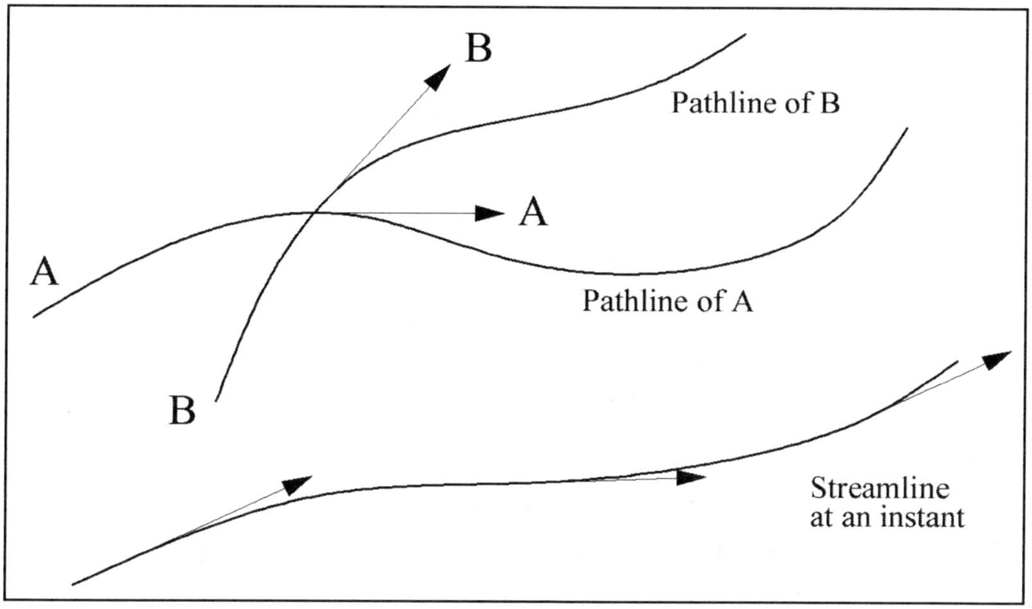

그림 3-6 궤적과 유선

12) 이 개념은 1745년 Euler에 의해 'New Principle of Gunnery' 라는 번역서에서 최초로 사용되었다.

며, 따라서 유선 상에서는 법선방향 속도 성분은 영이 된다. 또 정상유동의 경우에는, 같은 점을 다른 시각에 지나는 두 유체입자의 궤적이 동일해야 하므로, 궤적과 유선은 일치한다. 또 위에서 얻은 대류가속도는 비정상유동의 가속도를 시간과 공간의 함수로 볼 때, 시간을 고정시키고, 다시 말하면 어느 한 순간에 본, 공간의 변화에 따른 가속도로 볼 수 있다. 비정상유동의 경우에는 대류가속도 이외에도, 공간을 고정시켰을 때, 다시 말하면 동일한 점에서의 시간에 따른 속도 변화를 부가적으로 고려해야 한다. 따라서 일반적인 유동, 즉 비정상유동에 대해서 다음과 같이 쓸 수 있으며,

$$a_s = \frac{du_s}{dt} = \frac{\partial u_s}{\partial t} + \frac{\partial}{\partial s}\left(\frac{1}{2}u^2\right) \tag{3.12a}$$

$$a_n = \frac{du_n}{dt} = \frac{\partial u_n}{\partial t} + \frac{u^2}{r} \tag{3.12b}$$

위 식에서 s, n은 각각 유선에 대해 접선 및 법선방향을 뜻한다. 또 시간에 대한 편미분 항들은, 공간에 고정된 한 점에서의 시간에 따른 속도 변화를 나타내고 있으며, 유체입자의 위치가 변화하지 않는다고 하더라도 시간에 따른 한 점에서의 속도 변화 때문에 생기는 가속도이므로, 국부가속도(local acceleration)라고 불린다.

식 (3.2)의 우변에 식 (3.12)를 사용하고, 좌변인 $\underline{F}$를 적절히 나타낼 수 있다면, Newton의 운동방정식을 유체에 적용하여 유체에 대한 운동방정식을 쉽게 얻을 수 있다. 그러나 실제유체(real fluid)의 경우에 유체 내부에서 작용하는 응력의 일반적인 형태를 기술하기 위해서는 대학원 이상의 수학 수준을 요구하므로 학사 과정에서는 다루기 곤란하며[13], 역사적으로도 이러한 작업은 1822년이 되서야 Cauchy (1789−1857, France)에 의해 이루어졌다. 단지 유체의 점성과 압축성을 무시할 수 있는 경우, 즉 비점성 비압축성유체(inviscid incompressible fluid)인 경우, 다시 말하면 이상유체(ideal fluid)에 대해서는, Euler가 1752년에 유도했던 대로 압력과 중력만을 고려하여 그리 어렵지 않게 운동방정식을 유도할 수 있다. 이 식은 Euler의 운동방정식으로 불리며, 이에 대해서는 다음 절에서 생각하기로 한다.

13) §5.1에서 2차원 정상유동에 대한 비압축성 점성유체의 운동방정식에 대해 생각할 것이다.

◉ 예제 3-2

정상유동 내부의 어떤 유체입자의 궤적을 생각하자. 이 궤적 상의 한 점에서의 곡률반경이 $0.5m$, 속력은 $15m/s$, 또 그 변화율은 $30s^{-1}$이다. 가속도의 방향과 크기를 구하시오.

▶ 답

정상유동이므로 한 점에서의 모든 물리량은 시간에 따라 변화하지 않는다. 따라서 궤적에 접선방향과 법선방향의 가속도 성분을 생각하면 된다. 접선방향 성분 a_s는 식 (3.6)을 사용하면 다음과 같다.

$$a_s = u\frac{du}{ds} = 15 \times 30 = 450m/s^2. \qquad (예3.1)$$

또 법선방향 성분 a_n은 식 (3.8)을 사용하여 다음과 같이 얻는다.

$$a_n = \frac{u^2}{r} = \frac{15^2}{0.5} = 450m/s^2. \qquad (예3.2)$$

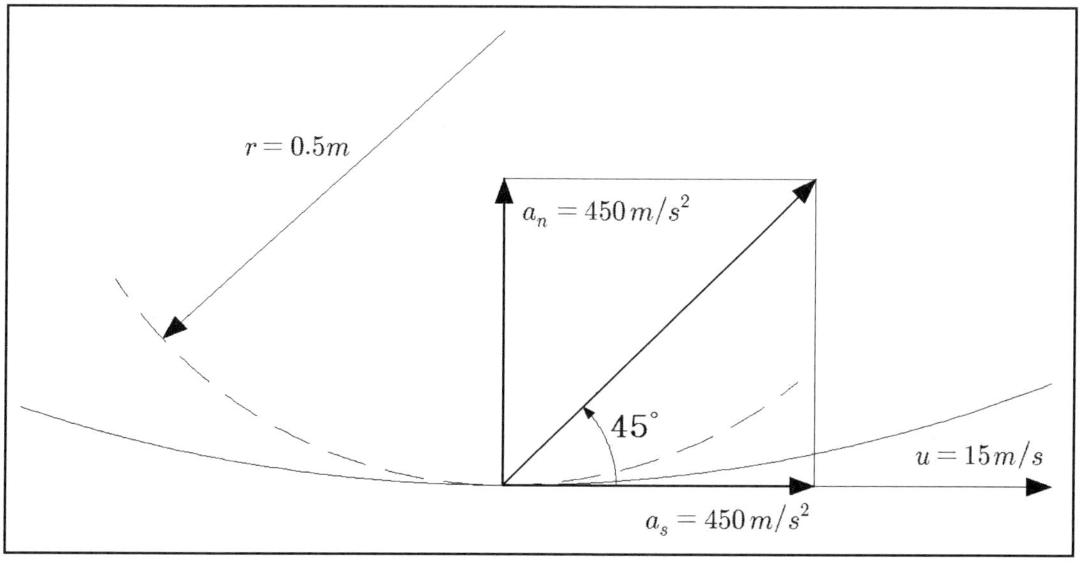

그림 예3-1

따라서 가속도의 방향은 그림 예3-1에 보인 바와 같이 접선방향으로부터 법선방향으로 $45°$ 인 방향이며, 크기는 $450\sqrt{2} = 636.4$이다.

◉ 예제 3-3

속도장이 다음과 같은 유동장이 있다.

$$\underline{u} = (u,v) = (x,-y) \tag{예3.3}$$

$y > 0$인 영역에서의 유선을 구하시오.

▶ 답

유선 상에서는 접선방향과 유체입자의 속도 방향이 일치해야 하므로, 유선 상에서의 접선방향 벡터를 $(dx,\ dy)$로 나타내면, 따라서 다음이 만족되어야 한다.

$$\frac{dy}{dx} = \frac{v}{u} \tag{예3.4}$$

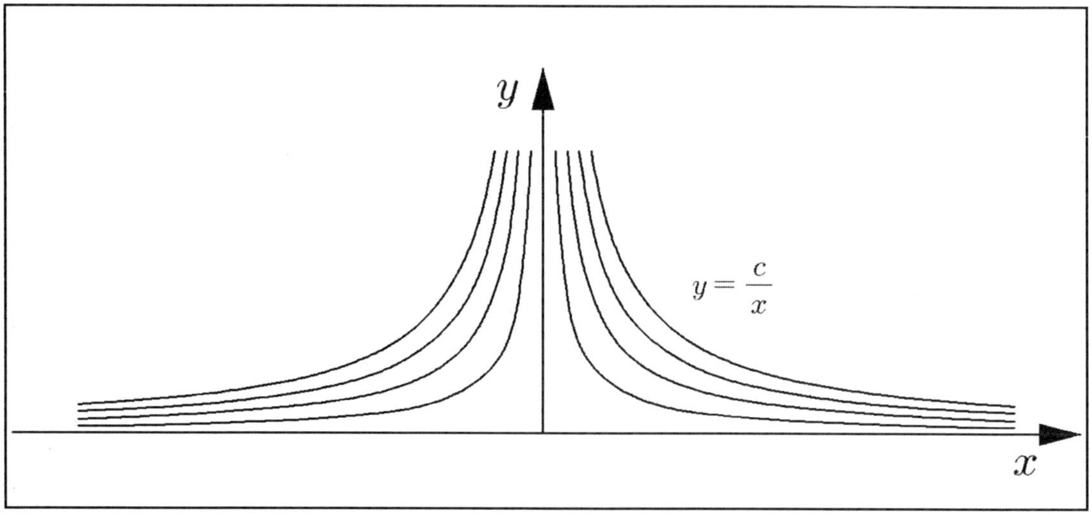

그림 예3-2

여기에 식 (예3.3)을 대입하면 다음을 얻고,

$$\frac{dy}{dx} = -\frac{y}{x} \tag{예3.5}$$

양변을 y로 나누어 주고 x에 대해 적분하면 다음을 얻는다.

$$\ln xy = c, \quad c = \text{상수} \tag{예3.6}$$

따라서 유선의 방정식은 다음과 같으며, 이들을 그림 예3-2에 도시하였다.

$$y = \frac{c_1}{x}, \quad c_1 = \text{상수} \tag{예3.7}$$

3.4 Euler의 운동방정식과 Bernoulli 방정식

앞 절에서 논의하였듯이, 식 (3.2)의 우변은(2차원 유동의 경우) 유선에 대해 접선방향과 법선방향으로 나누어 식 (3.12a, b)로 각각 주어지므로, 좌변의 힘을 어떻게 표현하느냐 하는 것만 알면 운동방정식은 쉽게 유도할 수 있다. 강체의 운동을 생각할 때는 $\underline{F}$가 단순히 외력의 합으로 주어지지만, 유체처럼 연속체의 운동을 생각할 때는 외력뿐만 아니라 고려 중인 유체입자 또는 유체의 한 부분이 그것을 둘러싸고 있는 유체의 다른 부분에 의해 받는 힘, 다시 말하면 유체 내부의 힘, 즉 내력(internal force)도 생각해야 한다. §2.2에서 밝힌 바와 같이 정지해 있는 유체의 평형조건은 중력과 압력만을 고려하여 얻을 수 있었는데[14], 운동 중인 유체에 대해서도 마찬가지로 외력으로서는 중력, 내력으로서는 압력 이외의 작용은 무

14) 운동 중인 유체에 대한 운동방정식이 1752년, 정지해 있는 유체에 대한 평형방정식이 1753년에 각각 발표되어, 정역학적인 문제가 오히려 더 나중에 다루어지고 있는 점에 유의하기 바란다. 이러한 사실을 통해서도 역학 발전의 초기에 개념에 대한 확실성이 얼마나 요구되고 있었는지를 짐작할 수 있다.

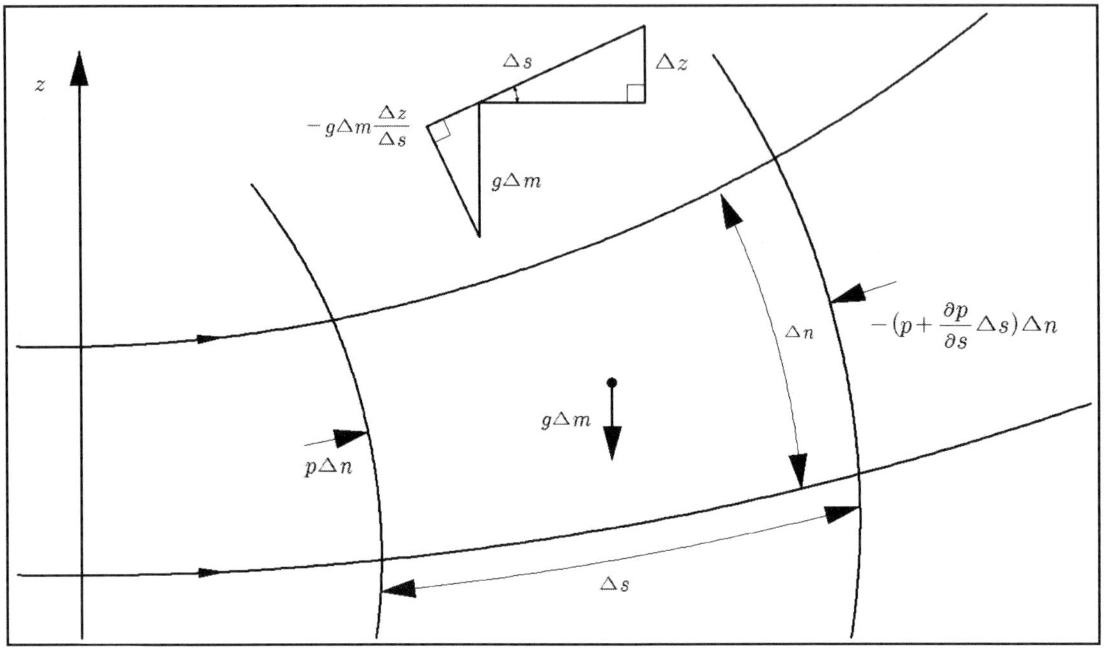

그림 3-7 미소요소 $\Delta s\,\Delta n$

시하기로 한다[15]. 또한 유체 내부의 미소요소를 취하여, 이 요소에 대해 Newton의운동법칙을 적용하기로 한다. 그림 3-7에 보인 바와 같이 접선 및 법선방향으로 잰 한 변의 길이가 Δs, Δn인 미소요소를 취하기로 하며, z는 연직상방을 양으로 하는 좌표축이고, Δm은 고려 중인 미소요소의 질량이라고 하자. 또 유체역학의 전통에 따라 가속도와 관련된 항을 좌변에, 힘과 관련된 항을 우변에 쓰기로 하고, 접선방향에 대해 먼저 생각하기로 한다. 미소요소의 왼쪽과 오른쪽 변에 작용하는 압력차에 기인하는 힘은 $-\Delta n\Delta s\,\partial p/\partial s$, 미소요소에 작용하는 중력에 기인하는 힘의 접선방향 성분은 $-g\Delta m\,\partial z/\partial s$이므로 다음을 얻는다.

$$\Delta m[\frac{\partial u_s}{\partial t}+\frac{\partial}{\partial s}(\frac{1}{2}u^2)]=-\Delta n\,\Delta s\frac{\partial p}{\partial s}-g\Delta m\frac{\partial z}{\partial s} \qquad (3.13)$$

15) 여기서는 점성의 영향을 고려하고 있지 않으며, 점성의 영향을 이해하고 이를 수학적으로 표현하기 위해서는 또 다른 주요한 개념들의 도입이 필요하며, 실제로 이 작업은 Euler의 저술(1752년) 이후에도 약 70년의 시간이 소요되었다.

여기서 유체의 밀도를 ρ라고 하면 $\Delta m = \rho \Delta n \Delta s$ 이므로, 위 식을 Δm으로 나누어 다음을 얻는다.

$$\frac{\partial u_s}{\partial t} + \frac{\partial}{\partial s}\left(\frac{1}{2}u^2\right) = -\frac{1}{\rho}\frac{\partial p}{\partial s} - g\frac{\partial z}{\partial s} \tag{3.14}$$

같은 방법으로 법선방향에 대해서는 다음을 얻는다.

$$\frac{\partial u_n}{\partial t} + \frac{u^2}{r} = -\frac{1}{\rho}\frac{\partial p}{\partial n} - g\frac{\partial z}{\partial n} \tag{3.15}$$

식 (3.14) (3.15)는 2차원 유동에 대한 Euler의 운동방정식으로 부를 수 있다. 이를 주어진 유동에 대해 풀어서 속도를 구하는 작업은 편미분방정식을 푸는 것을 의미하므로 그렇게 쉬운 일이 아니며, 또 식 (3.14), (3.15)는 유동장에 대한 정보를 쉽게 얻어 낼 수 있는 형태가 아니다. 식 (3.14), (3.15)를 시간 또는 공간에 대해 한번 적분할 수 있다면, u, p, z 사이의 매우 일반적인 관계식을 얻어 낼 수 있을 것이다.

먼저 식 (3.14)를 보면, 국부가속도 항을 제외하고는 모두 s에 대한 편미분이므로, 정상유동에 대해서는 유선을 따라 적분할 수 있음을 알 수 있다. 따라서 정상유동인 경우, 유선을 따라 식 (3.14)를 적분하면 다음을 얻는다.

$$\frac{1}{2}u^2 + \frac{p}{\rho} + gz = C \tag{3.16}$$

우변의 C는 상수이며 동일한 유선(또는 궤적)에 대해서는 일정한 값을 가지지만, 다른 유선에 대해서는 다른 값을 가질 수 있다. 식 (3.16)은 Bernoulli 방정식으로 알려져 있으며[16], 운동방정식을 한번 적분하여 얻은 식이므로 그 적용 범위가 매우

16) 이 식을 최초로 유도한 사람은 Euler이며, 여기서의 Bernoulli는 Daniel Bernoulli(1700−1782, Switzerland)를 뜻한다. 그는 1738년 'Hydrodynamica'라는 책을 저술하였는데, hydrodynamics(수동력학)라는 명칭은 바로 이 책의 제목으로부터 연유되었다.

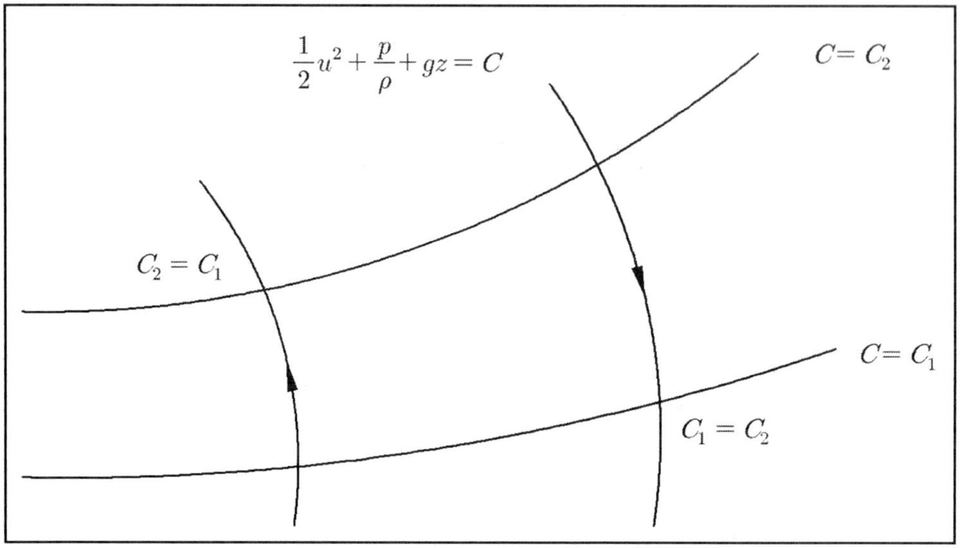

그림 3-8 비회전성 정상유동에 대한 Bernoulli 방정식

넓어 유체역학에서 가장 기초적인 방정식의 하나이다.

정상유동의 경우에는 한 걸음 더 나아가서 식 (3.15)도 n을 따라 적분할 수 있는 경우가 있다. 법선방향에 대해서도 접선방향에 대해서와 동일한 형태의 가속도 항을 유도하기 위해 식 (3.8)을 사용하면 다음을 얻는다.

$$\frac{u^2}{r}=u\frac{\partial u_n}{\partial s}=u(\frac{\partial u_n}{\partial s}-\frac{\partial u_s}{\partial n})+u\frac{\partial u_s}{\partial n} \tag{3.17}$$

만약 이 식의 괄호 안의 양이 유동장의 모든 점에서 영이면, 원하던 대로 식 (3.15)는 다음과 같이 쓸 수 있으며,

$$\frac{\partial}{\partial n}(\frac{1}{2}u^2)=-\frac{1}{\rho}\frac{\partial p}{\partial n}-g\frac{\partial z}{\partial n} \tag{3.18}$$

위 식을 법선방향을 따라 적분하면 이미 얻은 바 있는 식 (3.16), 즉 Bernoulli 방정식과 동일한 식을 얻는다. 단 이제 Bernoulli 방정식의 우변은 하나의 유선 상

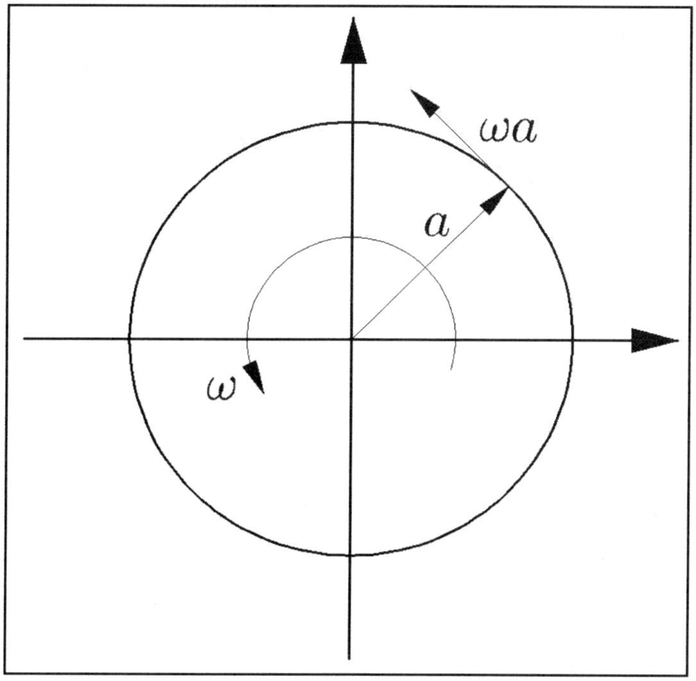

그림 3-9 각속도 ω로 강체처럼 회전하는 유체

에서만이 아니고 하나의 법선 상에서도 일정해야 하므로 결국 유동장의 모든 점에서 일정해야 한다(그림 3-8). 식 (3.17)의 우변의 괄호 안의 양이 유동장의 모든 점에서 항상 영이면 그 유동은 비회전성유동(irrotational flow)이라고 부른다. 따라서 비회전성 정상유동의 Bernoulli 방정식은 그 형태는 식 (3.16)과 동일하나, 우변의 C가 유동장 전체에 대해 하나 밖에 없는 상수가 되는 점에 유의하기 바란다.

비회전성유동의 성질을 알아보기 위해서 다음을 생각한다. 만약 유체가 강체처럼 각속도(angular velocity) ω로 회전하고 있다면, 유선은 회전축을 중심으로 하는 원이 될 것이며, 법선은 중심을 지나고 중심을 향하는 직선이 된다(그림 3-9). 따라서 중심으로부터 a 만큼 떨어진 곳에서의 괄호 안의 양은 다음과 같다.

$$\frac{\partial u_n}{\partial s} - \frac{\partial u_s}{\partial n} = \frac{u}{a} + \frac{\partial u_s}{\partial a} = \omega + \omega = 2\omega \tag{3.19}$$

이 식의 첫 번째 등호는 식 (3.11)을, 두 번째 등호는 $u=u_s=\omega a$임을 각각 사용하여 얻었다. 다시 말하면 식 (3.17)의 괄호 안의 양이 영이라고 하는 것은 ω가 영인 것을 의미하며, 따라서 비회전성이라고 하는 명칭 또한 타당하다고 할 수 있다. 식 (3.16)의 양변을 중력가속도 g로 나누어 다음을 얻는데,

$$\frac{u^2}{2g}+\frac{p}{\gamma}+z=H \tag{3.20}$$

좌변의 각 항은 길이의 차원(dimension)을 가지므로 수두(head)라고 부르기도 한다. 개별적으로 첫째 항은 속도수두(velocity head), 둘째 항은 압력수두(pressure head), 또 둘째 항과 셋째 항의 합은 피에조미터 수두(piezometric head)[17], 우변은 전체수두(total head)라고 부른다.

식 (3.16) 또는 식 (3.20)은 실험 및 계측 시에 대단히 자주 사용되는 식이므로 이 식의 응용에 대해 생각해 보기로 하자. 먼저 유체가 정지해 있는 경우를 생각해 보자. 압력은 대기압을 기준으로 하는 계기압력을 사용하고, $z=0$는 정수면에 취하기로 하면, 정수면에 대해 $H=0$을 얻는데, 비회전성유동이므로 $H=0$는 전체 유동장에 대해 성립한다. 정지해 있는 유체의 속도수두는 영이며, $z=-h$이므로, 따라서 §2.2에서 얻은 식 (2.1) ($p=\gamma h$)은 식 (3.16) 또는 식 (3.20)의 특수한 경우임을 알 수 있다.

또한 물체가 균일유동 중에 놓여 있을 때, 식 (3.16)에서의 상수 C는 통상 물체로부터 멀리 떨어진 상류에서의 유동 상태로부터 얻어진다. 물체로부터 멀리 떨어진 상류에서의 균일유동의 속도를 U, 압력을 p_0라고 하고, $z=0$에서의 C의 값을 구하면 다음을 얻는다.

$$C=\frac{U^2}{2}+\frac{p_0}{\rho} \tag{3.21}$$

17) 통상 h로 표시하며, 피에조미터에 대해서는 §2.2를 참조하기 바란다.

이 식을 식 (3.16)에 대입하여 정리하면 다음을 얻고,

$$\frac{p-p_0}{\rho}=\frac{U^2-u^2}{2}+gz=\frac{U^2}{2}\left\{1-\left(\frac{u}{U}\right)^2\right\}+gz, \qquad (3.22)$$

이 식을 사용하면, 어떤 점의 연직위치, 그 점에서의 유체의 속도를 알 때, 그 점에서의 압력을 구할 수 있다.

예를 들어 다음을 생각해 보자. 먼저 유동장 내부 또는 물체 경계면에서 유속이 영인 점은 정체점(stagnation point), 또 이 점에서의 압력은 정체압(stagnation pressure)이라고 부르는데, 그림 3-4에 보인 균일유동 내에 놓인 원기둥의 경우에는, 점 O에서의 유속이 영이므로, 점 O가 정체점이다. 유동이 z가 동일한 평면[18) 내에서 일어나고 있다면, 정체압 p_s는 식 (3.22)를 사용하여 다음과 같이 얻는다.

$$p_s=p_0+\frac{\rho U^2}{2} \qquad (3.23)$$

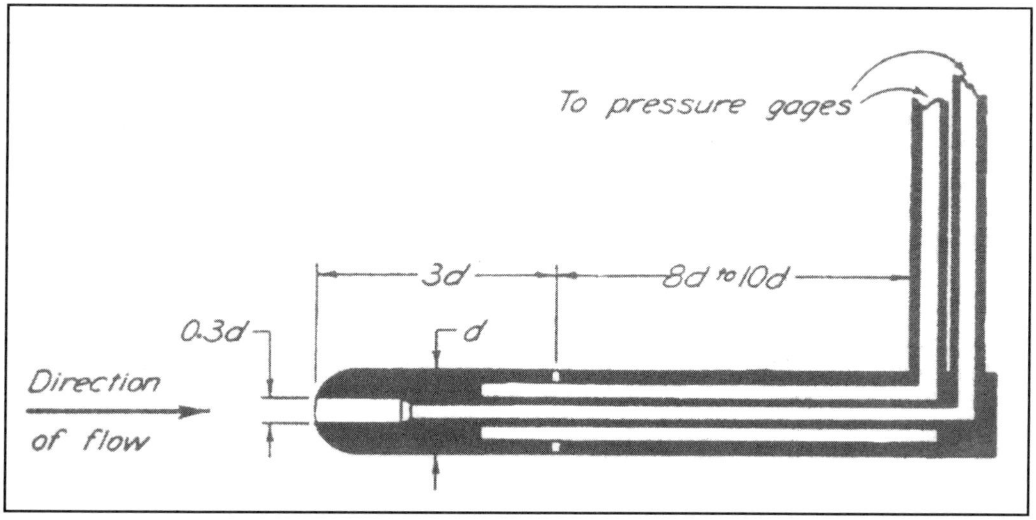

그림 3-10 Prandtl에 따른 Pitot관

18) 편의상 z의 값을 영으로 취하자.

이 식은 유속을 계측할 때 응용되는데, 그림 3-10에 유속계측기인 Pitot 관[19]을 보였다. Pitot 관을 균일유동[20]의 유동 방향에 평행하게 놓으면, Pitot 관의 앞쪽 끝점은 그림 3-4의 점 O에 해당하는 정체점이 되며, 이 부분에 연결된 관을 통해서는 정체압 p_s가 전달된다. 한편 점 O로부터 약간 떨어진 곳에 구멍을 뚫고 여기에 관을 연결하면, 이 관을 통해서는 압력 p_0가 전달된다. 이들 두 관을 밀도 ρ_m의 액체로 채워진 액주계에 연결하면, 식 (2.1)에 따라 $p_s - p_0 = \rho_m gh$를 만족할 것이므로, 식 (3.23)으로부터 다음을 얻는다.

$$U = \sqrt{\frac{\rho_m}{\rho} 2gh} \tag{3.24}$$

이 식은 유동장의 속도 계측에 널리 활용되고 있다.

◉ 예제 3-4

정상유동이고 중력의 영향을 무시할 수 있는 경우, 궤적이 직선일 때, 법선방향으로의 압력구배(압력의 변화율)를 구하시오.

▶ 답

식 (3.15)를 사용하면 정상유동이고 중력의 영향을 무시할 수 있는 경우에 대해 다음을 얻는다.

$$\frac{u^2}{r} = -\frac{1}{\rho}\frac{\partial p}{\partial n} \tag{예3.8}$$

또 궤적이 직선이면, 곡률반경 $r = \infty$ 이므로, 식 (예3.8)로부터 법선방향으로의 압력구배는 영임을 얻는다.

---

19) Pitot(1695-1771, France, 1732)에 의해 그 원리가 처음으로 알려졌으며, 그의 이름에 따라 명명되었다.
20) 반드시 균일유동장일 필요는 없으며, 유속이 일정하지 않은 유동장 내부의 유속을 측정하는 경우에는, 단지 불균일성에 비해 Pitot관의 상대적인 크기가 작아야 할 것이다.

◉ 예제 3-5

그림 3-4에 보인 바와 같이 속도 U인 균일유동 내에 반경 a인 원기둥이 놓여 있을 때, 유동장 각 점에서의 속도 벡터 $\underline{u}$의 크기가 다음과 같이 주어진다고 하자.

$$|\underline{u}| = U\sqrt{1+\frac{a^4}{r^4}-2\frac{a^2}{r^2}\cos 2\theta} \qquad \text{(예3.9)}$$

원기둥의 중심에 원점을 가진 극좌표계 (r,θ)를 사용하며, θ는 균일유동의 방향으로부터 반시계 방향으로 재고, 또 중력의 영향은 무시하기로 한다. $(r,\theta)=(2a,\pi/2)$인 점 P에서의 $|\underline{u}|$와 압력을 구하시오.

▶ 답

식 (예3.9)에 점 P의 좌표를 대입하면 다음을 얻는다.

$$|\underline{u}| = U\sqrt{1+\frac{1}{16}-\frac{1}{2}\cos\pi} = U\sqrt{\frac{25}{16}} = 1.25\,U \qquad \text{(예3.10)}$$

또 중력의 영향을 무시하면 식 (3.22)로부터 점 P에서의 압력을 다음과 같이 얻는다.

$$\frac{p-p_0}{\rho U^2/2} = \left\{1-\left(\frac{u}{U}\right)^2\right\} = \left\{1-1.25^2\right\} = -0.5625 \qquad \text{(예3.11)}$$

즉 점 P를 지나는 유체는 원기둥으로부터 상당히 먼 상류에서의 유동 속도인 U보다 큰 크기의 속도를 가지며, 따라서 점 P에서의 압력은 p_0보다 더 작으므로, 상대압력으로 나타 낼 때는 음의 값을 가짐을 알 수 있다.

◉ 예제 3-6

강물의 속도를 재기 위해 Pitot관을 사용한다. Pitot관에 연결된 액주계의 높이 차이는 $0.1\,m$, 액주계를 채우고 있는 유체의 밀도는 $5000\,kg/m^3$일 때, 강물의 속도를 구하시오.

▶ **답**

식 (3.24)를 사용하여 다음을 얻는다.

$$U = \sqrt{\frac{\rho_m}{\rho}2gh} = \sqrt{\frac{5,000}{1,000}\times 2\times 9.8\times 0.1} = 3.13m/s \qquad (예3.12)$$

3.5 질량보존법칙과 연속방정식

질점이 아닌 유체와 같은 연속체의 운동을 생각할 때 반드시 고려해야 할 사항이 또 하나 있다. 즉, 앞절에서 구한 운동방정식 또는 Bernoulli 방정식을 사용하여 유동장에 대한 속도장(velocity field)을 구하려고 할 경우, 속도장은 유동장의 각 점에서 질량이 보존되도록 결정되어야 한다는 점이다. 일반적인 경우에 대해서는 Euler(1752)에 의해 최초로 유도된 바 있으며, 이 식 역시 복잡한 편미분방정식으로 주어지므로, 여기서는 유체의 압축성을 무시할 수 있는 경우에 대해 생각한 D'Alembert(1717-1783, France; 1750)를 따라 보다 간단한 비압축성유체[21]의 유동에 대해 생각하기로 한다.

우선 관유동(pipe flow)을 생각해 보면, 비압축성유체만을 다루기로 하였으므로 유체입자의 밀도 변화는 없을 것이며, 따라서 다음 식으로 정의되는 질량유량(mass flow rate) Q_m은 모든 단면에서 동일해야 할 것이다.

$$Q_m = \rho\int_A u\, dA \qquad (3.25)$$

왜냐하면, 관을 따라 임의의 두 단면을 잡아 상류 쪽을 단면 1, 하류 쪽을 단면 2라고 할 때(그림 3-11), 만약 두 단면에서의 유량이 같지 않다고 하면, 단면 1과 2 사이의 어느 곳에선가 유체가 더 생기거나 없어져야 할 것이기 때문이다. 이 사

21) 정확하게는 모든 곳에서 밀도가 동일한 비압축성유체라고 해야 하며, 이하에서도 같은 뜻으로 사용하기로 한다.

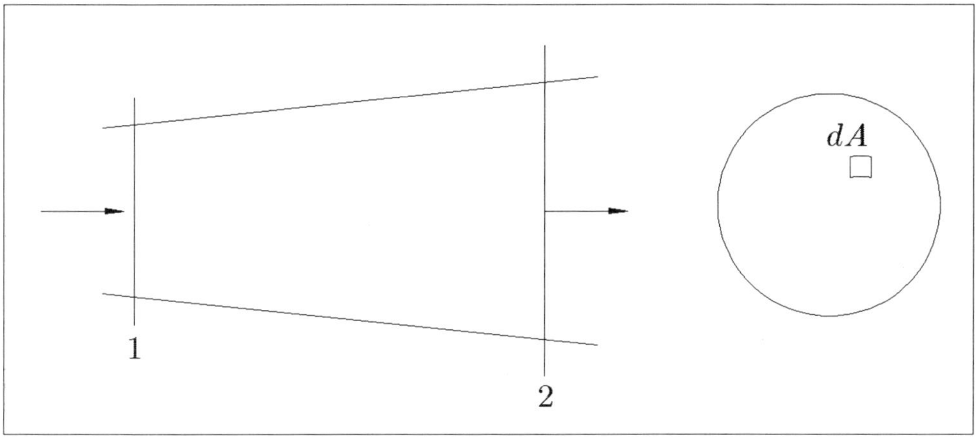

그림 3-11 관유동의 질량보존

실은 횡단면 면적의 균일 여부에 관계없이 항상 성립해야 하며, 식 (3.25)는 질량보존법칙의 가장 기본적인 응용 예이고 또한 가장 간단한 형태의 연속방정식(equation of continuity)이다. 관의 횡단면적을 A라고 하면, 각 단면에서의 평균 유속(mean flow velocity) U는 다음과 같이 정의되며,

$$U = \frac{1}{A}\int_A u\,dA \tag{3.26}$$

질량보존법칙은 따라서 다음과 같이 쓸 수 있다.

$$Q_m = \rho U A = C, \quad C = \text{상수} \tag{3.27}$$

질량보존의 법칙을 일반적인 2차원 유동에 대해, 유선의 개념을 도입하여 적용시키면, 유선을 따라서는 법선방향으로의 속도 성분이 없으므로, 두 유선 사이의 유동은 관유동과 마찬가지로 간주할 수 있으며, 따라서 임의의 두 유선 사이의 유동에 대해서도 식 (3.27)은 그대로 성립해야 한다(그림 3-12). 체적유량(volume flow rate) Q를 다음과 같이 정의하고,

$$Q = \frac{Q_m}{\rho} \tag{3.28}$$

유동장의 모든 곳에서 밀도가 일정하다고 하면, Q는 모든 단면에서 일정해야 하므로 다음을 얻는다.

$$Q = UA = \int_A u dA = C, \quad C = \text{상수} \tag{3.29}$$

유선의 개념을 도입하지 않고, 질량보존법칙을 적용하여 연속방정식을 유도하기 위해서는 유체 내부의 한 변의 길이가 각각 Δx, Δy인 미소요소를 생각하기로 한다(그림 3-13). 비압축성유체에 대해서 미소요소 내부의 질량이 보존되기 위해서는, 각 변을 통하여 미소요소로 들어오고 나가는 체적유량(이하 유량)이 같아야 하므로, $x = x$인 변과 $y = y$인 변을 통해서 들어온 유량인 $u\Delta y + v\Delta x$는 $x = x + \Delta x$인 변과 $y = y + \Delta y$인 변을 통해서 나간 유량 $[u + \frac{\partial u}{\partial x}\Delta x]\Delta y + [v + \frac{\partial v}{\partial y}\Delta y]\Delta x$와 같아야 한다.

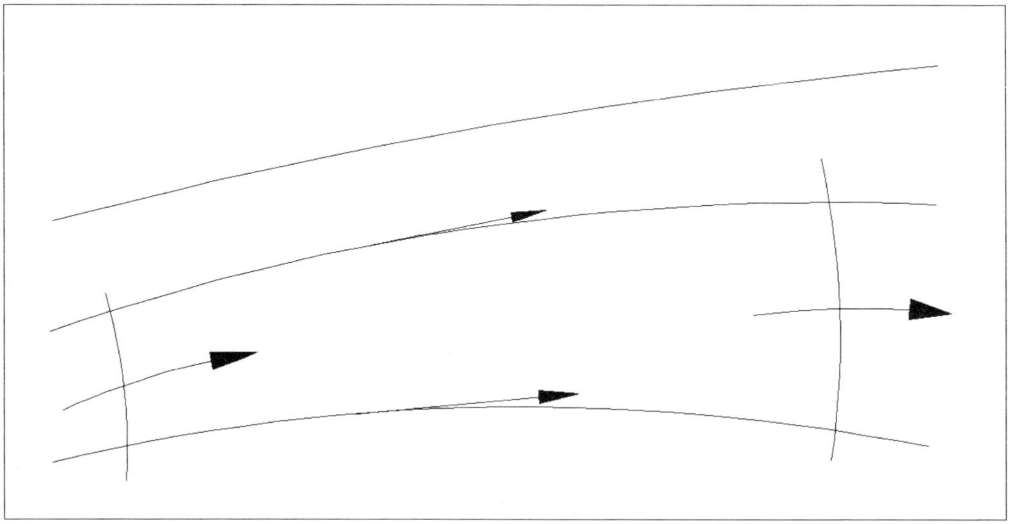

그림 3-12 유선을 따라서의 질량보존

이들을 등치하고 $\Delta x \Delta y$ 로 나누어 다음을 얻는다.

$$\frac{\partial u}{\partial x} + \frac{\partial v}{\partial y} = 0 \tag{3.30}$$

이 식은 비압축성유체의 2차원 유동에 대한 연속방정식으로, 벡터 미분연산자 (vector differential operator)인 div를 사용하여 나타내면 다음과 같이 간단히 나타낼 수도 있다[22].

$$div\,\underline{u} = 0 \tag{3.31}$$

이 식 또는 식 (3.30)에 따르면, 비압축성유체의 질량보존이 이루어지기 위해서는 유동장의 각 점에서, 속도의 x방향 성분과 y방향 성분이 서로 독립적으로

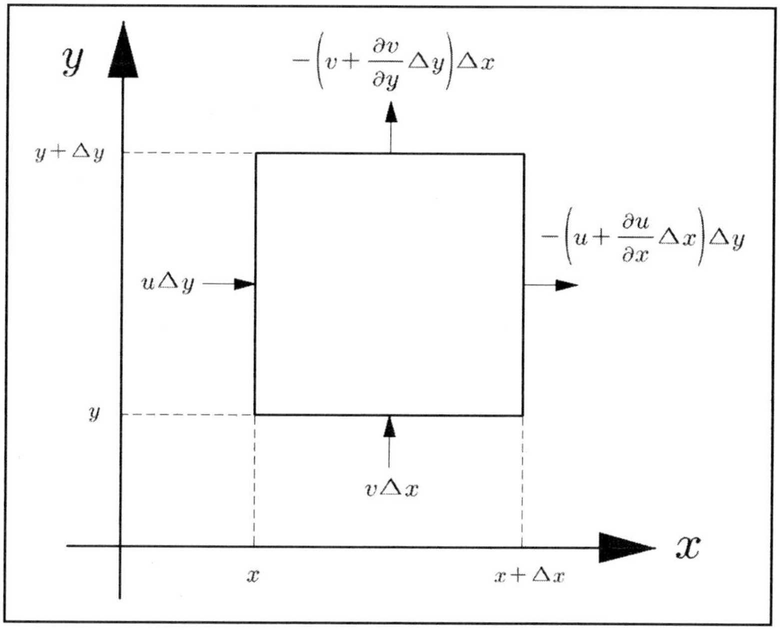

그림 3-13 미소요소 $\Delta x \Delta y$에 대한 질량보존

22) 식 (3.31)은 div를 3차원 벡터 미분연산자로 보면, 비압축성유체의 3차원 정상유동에 대해서도 그대로 적용할 수 있다. 벡터의 미적분에 대해서는 [4]를 참고하기 바란다.

변화할 수 없으며, u의 x방향 변화율은 v의 y방향 변화율과 그 크기는 같고 부호는 반대이어야 한다. 한편, 식 (3.30) 또는 (3.31)의 유도 과정을 살펴보면, 속도 벡터의 div는 유체 내부의 미소요소에 유입되는 체적유량을 미소요소의 체적[23]으로 나누어 준 양이다. 따라서 속도 벡터의 div는 단위 체적 당 유입되는 체적유량, 즉 단위 체적 당, 단위 시간 당 체적증가량으로 볼 수 있으므로, 통상 간단히 줄여서 체적팽창율(dilation)로 불린다.

◉ 예제 3-7

그림 예3-3에 보인 바와 같은 원형단면의 관유동에 대해 생각해 보자. 유체는 비압축성으로 밀도는 $2500\,kg/m^3$이며, 단면 1에서의 반경은 $0.2\,m$, 평균유속 $U_1 = 10\,m/s$, 압력 $p_1 = 2\,MPa$이고, 단면 2에서의 반경은 $0.1\,m$이다. 단면 2에서의 평균유속 U_2와 압력 p_2를 구하시오. 단 단면 1, 2 사이에 연직위치의 변화는 없는 것으로 가정한다.

▶ 답

단면 1, 2 에서의 단면적을 각각 A_1, A_2라고 하면, 식 (3.29)를 사용하여 U_2를 다음과 같이 얻는다.

$$U_2 = \frac{C}{A_2} = \frac{U_1 A_1}{A_2} = \frac{10 \times \pi \times 0.2^2}{\pi \times 0.1^2} = 40\,m/s \qquad (예3.13)$$

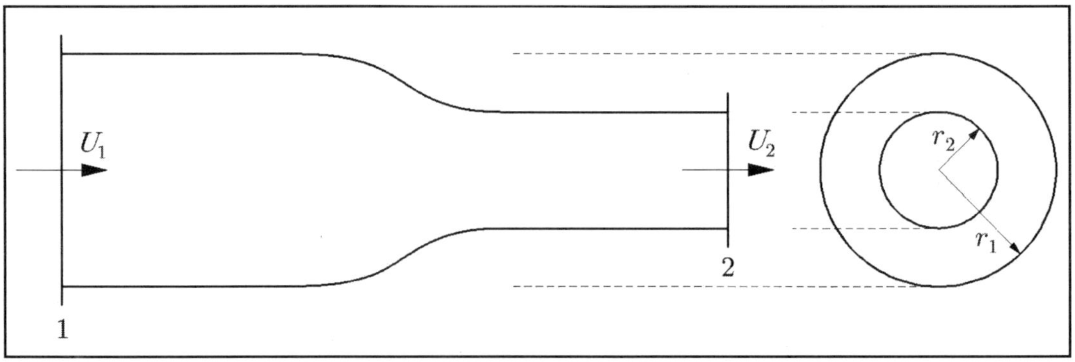

그림 예3-3

23) $\Delta x\,\Delta y$로 나누어 주었는데, 이 양은 2차원 평면유동의 경우에는 체적에 해당한다.

또 식 (3.16)을 사용하면 p_2를 다음과 같이 얻는다.

$$
\begin{aligned}
p_2 &= \frac{\rho}{2}(U_1^2 - U_2^2) + p_1 = \frac{2,500}{2}(10^2 - 40^2) + 2 \times 10^6 \\
&= 1.25 \times 10^3 \times (-1.5 \times 10^3) + 2 \times 10^6 \\
&= (-1.875 + 2) \times 10^6 = 0.125 MPa
\end{aligned}
\quad (예3.14)
$$

식 (예3.13), (예3.14)로부터, 비압축성유체가 단면적이 넓은 곳으로부터 좁은 곳으로 이동할 때, 평균유속은 증가하고, 압력은 감소함을 알 수 있다.

◉ 예제 3-8

속도장이 다음과 같은 유동장이 있다.

$$
\underline{u} = (u, v) = \left(\frac{x}{x^2 + y^2}, \frac{y}{x^2 + y^2} \right) \quad (예3.15)
$$

이 유동장의 체적팽창율을 구하시오.

▶ 답

체적팽창율은 식 (3.31) 아래에서 설명한 바와 같이 $div\underline{u}$로 주어지므로 다음과 같이 얻는다.

$$
\begin{aligned}
div\underline{u} &= \frac{\partial u}{\partial x} + \frac{\partial v}{\partial y} \\
&= \frac{\partial}{\partial x}\left(\frac{x}{x^2 + y^2} \right) + \frac{\partial}{\partial y}\left(\frac{y}{x^2 + y^2} \right) \\
&= \frac{-x^2 + y^2}{(x^2 + y^2)^2} + \frac{x^2 - y^2}{(x^2 + y^2)^2} = 0
\end{aligned}
\quad (예3.16)
$$

즉 식 (예3.15)로 주어지는 유동장은 원점을 제외한 유동장의 모든 곳에서 체적팽창율이 영이며, 따라서 비압축성유체의 유동장임을 알 수 있다.

연습문제

1. 스프링-질량 계는 스프링상수 k인 스프링에 질량 m인 물체가 매달려 있는 계를 뜻한다(그림 연3-1). 이 계의 질량에 연직하방으로 힘을 가하여 변위가 x_0일 때, 질량을 살짝 놓았다. Newton의 운동법칙을 이용하여 스프링-질량 계의 거동을 예측하기 위한 운동방정식으로 2계 미분방정식을 세우고, 그 해가 다음과 같음을 보이시오.

$$x(t) = x_0 \cos \omega t \tag{연3.1}$$

여기서 $\omega = \sqrt{k/m}$ 이며, 이 계의 고유진동수(natural frequency)라고 부른다.

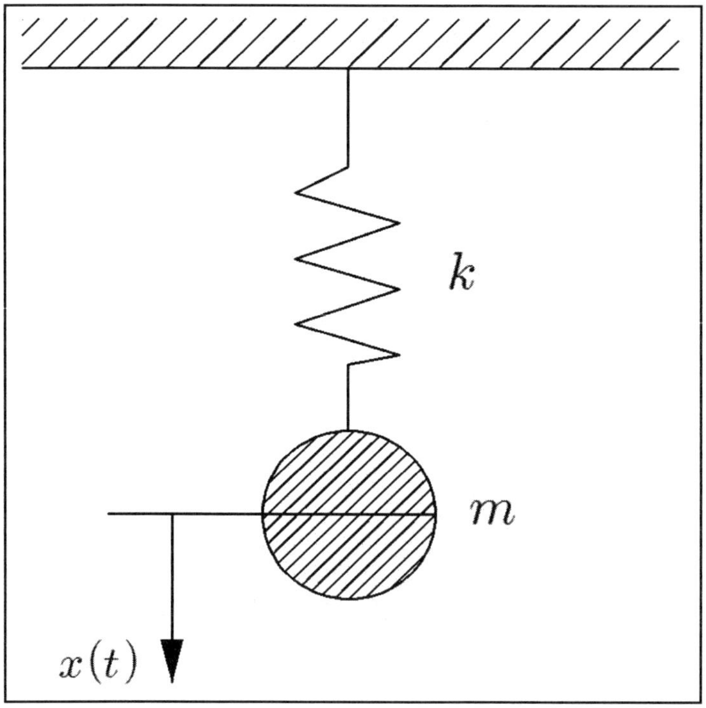

그림 연3-1

2. 위의 문제 1에서 Newton의 운동법칙을 적용할 때, 가속도를 식 (3.3)으로 나타내어 운동방정식을 얻으면 위에서와는 달리 $u(x)$에 대한 1계 미분방정식으로 운동방정식을 얻으며, 이 식으로부터 다음 결과를 얻을 수 있음을 보이시오.

$$u^2(x) = \omega^2\left(x_0^2 - x^2\right) \quad \text{(연3.2)}$$

3. 길이가 l로 일정한 줄의 끝에 질량 m인 물체가 매달려 있는 계를 단진자(simple pendulum)라고 한다(그림 연3-2). 이 계의 질량을 오른 쪽으로 각변위가 θ_0가 되도록 한 후, 살짝 놓았다. Newton의 운동법칙을 원주방향으로 적용하여 운동방정식을 세우고, $\theta_0 \ll 1$일 때는 다음과 같은 근사해를 얻을 수 있음을 보이시오.

$$\theta(t) = \theta_0 \cos\omega t \quad \text{(연3.3)}$$

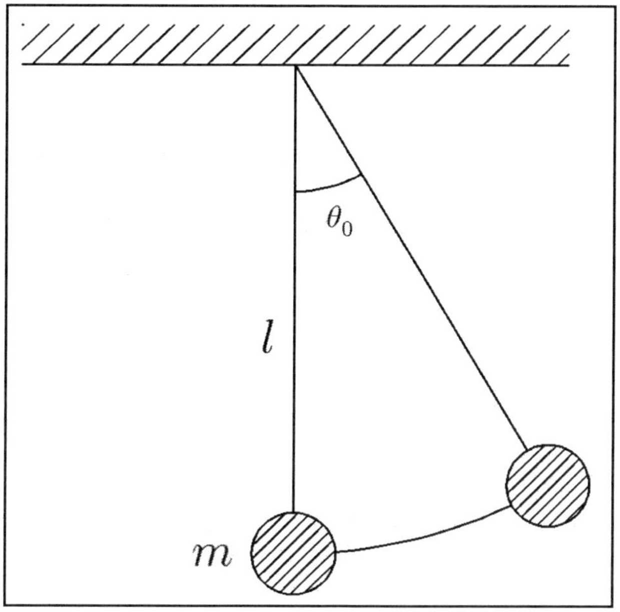

그림 연3-2

여기서 $\omega = \sqrt{g/l}$ 이고, 이 계의 고유진동수이며 물체의 질량 m에 무관함에 유의한다.

4. 정상유동장 내부의 한 점에서 다음이 성립한다. 단 $\hat{i}$, $\hat{j}$는 각각 x축, y축 방향의 단위벡터이다.

$$\hat{e}_s = \hat{i}\,,\ \underline{a} = 2(\hat{i} + \hat{j})m/s^2 \tag{연3.4}$$

곡률반경이 $2m$라고 할 때, 이 점에서의 접선방향의 속력 변화율 $\partial u/\partial s$를 구하시오.

5. 정상유동장 내부의 어떤 유선 상의 한 점에서 곡률반경이 $5m$이고, 속도는 직각좌표계로 나타낼 때, $(10,0)m/s$이다. 가속도 벡터의 크기가 $25m/s^2$일 때, 접선방향의 속력 변화율 $\partial u/\partial s$와 가속도 벡터의 방향을 구하시오.

6. 속도 벡터가 다음과 같이 주어지는 2차원 유동장의 유선을 구하시오.

$$\underline{u}(\underline{x}) = (u, v) = e^y(\cos x,\ \sin x) \tag{연3.5}$$

7. 속도 $\underline{u}(x,y) = \left(\dfrac{-y}{x^2+y^2}, \dfrac{x}{x^2+y^2}\right)$인 유동장의 유선은 원점에 중심을 둔 동심원으로 주어짐을 보이시오. 또 유체입자의 가속도의 방향은 원의 중심을 향하며, 그 크기는 $1/r^3$임을 보이시오. 여기서 r은 원점으로부터의 거리이고 중력의 영향은 무시하기로 한다.

8. 이상유체의 2차원 정상유동을 생각하자. 유선 상의 한 점 A에서 접선의 기울기는 $\pi/6$, 속력은 $10\,m/s$이다. 또 유선을 따라 $0.1m$ 떨어진 곳에서의 속력이 $11\,m/s$라고 할 때, 점 A에서의 유선 방향의 압력 변화율을 구하시오. 단 유체의 밀도는 $1000\,kg/m^3$이다.

9. 이상유체의 2차원 정상유동을 생각하자. 유선 상의 한 점에서 접선방향의 압력 변화율이 $20\,kPa/m$, 접선의 기울기는 2이다. 이 점에서 속력 제곱의 접선방향 변화율을 구하시오. 또 유선 상의 한 점 A에서 속력이 $20\,m/s$, 압력이 $120\,kPa$이다. 점 A보다 $5m$ 더 높은 동일한 유선 상의 다른 점 B에서의 압력이 $60\,kPa$일 때, 점 B에서의 속력을 구하시오.

10. 비점성유체의 정상유동에 대한 법선방향 Euler 운동방정식은 식 (3.15)로부터 다음과 같이 얻는다.

$$\frac{u^2}{r} = -\frac{1}{\rho}\frac{\partial p}{\partial n} - g\frac{\partial z}{\partial n} \qquad \text{(연3.6)}$$

1) $|\partial z/\partial n| < 1$에 대해 설명하시오.
2) $\rho = 1.2\,kg/m^3$, $u = \sqrt{5}\,m/s$, $r = 1\,m/s$라고 할 때, $\partial p/\partial n$의 범위를 구하시오.

11. 이상유체의 2차원 정상유동에 대해 $xy-$좌표계를 사용하여 Euler 방정식을 유도하면 다음 결과를 얻음을 보이시오. 단 y축은 연직상방으로 잡고 g는 중력가속도이다.

$$u\frac{\partial u}{\partial x} + v\frac{\partial u}{\partial y} = -\frac{1}{\rho}\frac{\partial p}{\partial x} \qquad \text{(연3.7)}$$

$$u\frac{\partial v}{\partial x} + v\frac{\partial v}{\partial y} = -\frac{1}{\rho}\frac{\partial p}{\partial y} - g \qquad \text{(연3.8)}$$

12. 관유동(pipe flow)을 1차원 정상유동으로 가정하고, 관을 따라 단면 1과 단면 2를 생각하는데, 하류 쪽의 단면 2에서의 속도는 $20\,m/s$, 압력은 대기압이라고 하고, 중력가속도의 영향은 무시한다.
1) 단면 2에서의 압력이 단면 1에서의 압력의 반으로 감소할 때, 단면 1에서의 속도를 구하시오.

2) 단면 2에서의 속도가 단면 1에서의 속도의 2배로 증가하였을 때, 단면 1에서의 압력을 구하시오.

13. 관유동을 1차원 정상유동이라고 가정하자. 관을 따라 지상 $20\,m$인 곳에서의 압력이 $1\,bar$, 관의 직경이 $5\,cm$, 체적유량이 $0.01\,m^3/s$이면, 지표면 상에서의 관의 직경이 $2.5\,cm$일 때, 이 단면에서의 체적유량과 압력을 구하시오. 단 유체의 밀도는 $1000\,kg/m^3$이다.

14. 한번 분지(branch)할 때마다 반경이 반으로 줄어드는 이상유체의 관유동에 대해 생각하자. 분지 전의 유체의 속도가 $1\,m/s$라면, 3번 분지한 이후 유체의 속도를 구하고, 분지하기 전의 압력과 비교하여 상대적인 압력감소를 구하시오. 단 유체의 밀도는 $1200\,kg/m^3$이고, 중력의 영향은 무시한다.

15. 그림 3-4에 보인 바와 같이 속도 U인 균일유동 내에 반경 a인 원기둥이 놓여 있다. 비회전성유동장임을 가정하면, 이 원기둥의 표면 상에서의 속도의 크기는 식 (예3.9)로부터 $2U|\sin\theta|$ 임을 얻는다.

1) 중력의 영향을 무시하고, Bernoulli 방정식을 이용하여 원기둥 표면에서의 압력(수동압) 분포와, 압력이 최대, 최소인 점을 구하시오. 또 압력의 절대값이 가장 큰 점을 구하시오.
2) 위에서 구한 압력 분포의 x방향 및 y방향 성분을 원기둥에 대해 적분하여 원기둥이 받는 힘의 각 방향 성분을 구하고, 얻어진 결과의 타당성에 대해 논의하시오. 단 y방향은 $\theta=\pi/2$인 방향이다.
3) 위에서 얻은 압력 분포는 $\theta\in(\pi-\pi/4, \pi+\pi/4)$일 때만 쓸 수 있고 그 외의 점에 대해서는 $\theta=\pi-\pi/4$일 때의 압력과 같다고 가정할 때 원기둥 상의 압력 분포를 구하고, 이 압력 분포에 기인하여 원기둥이 받는 저항을 구하시오.

16. 2차원 정상유동장 내부의 인접한 두 유선이 서로 평행한 직선이다. 두 직선 사이의 거리는 d, 좌표계의 x축은 아래쪽 유선과 일치하게 잡고, y축은 두 유선

에 대해 법선방향으로 잡는다. 두 유선 사이의 속도 분포가 다음과 같을 때, 체적유량과 평균속도를 구하시오.

$$u(y) = \frac{4u_{\max}}{d^2} y(d-y) \qquad (연3.9)$$

17. 비회전성 2차원 정상유동을 가정하고, 두 인접한 유선을 따라 단면 1과 단면 2를 생각한다. 유선 사이의 수직 거리가 단면 2에서 상류에 있는 단면 1의 반으로 감소하였을 때, 단면 1에서의 속도와 압력이 주어진 경우, 단면 2에서의 속도와 압력을 구하시오. 단 중력의 영향은 무시한다.

18. 그림 예3-3과 같은 관유동에 대해, 이상유체의 정상유동을 가정하고 다음을 생각하자. 단면 2에서의 압력을 단면 1에서의 압력의 1/10로 낮추기 위해서는 반경을 얼마나 줄여야 하는지 구하시오. 단면 1에서 압력은 $p_1 = 5\rho U_1^2$으로 주어지며, 중력의 영향은 무시한다.

19. 공기의 유속을 재기 위해 Pitot관을 사용하고, 이를 액주계에 연결하였다. 액주계에 사용하는 액체의 밀도가 공기의 100배라고 할 때, 액주계의 액면의 높이 차 h와 유속 U 사이의 관계를 구하시오.

20. 비압축성유체의 2차원 유동에 대해 극좌표계(polar coordinate system)를 사용하여 다음 연속방정식을 유도하시오.

$$\frac{\partial u_r}{\partial r} + \frac{u_r}{r} + \frac{1}{r}\frac{\partial u_\theta}{\partial \theta} = 0 \qquad (연3.10)$$

21. 원점을 중심으로 각속도 ω로 회전하는 비압축성유체의 정상유동을 생각한

다. 이 유동이 식 (연3.10)으로 주어지는 연속방정식을 만족하는지 보이고, 이에 대한 결론이 상식과 부합하는지에 대해 논하시오.

22. 비압축성 유체의 3차원 유동에 대한 다음 연속방정식을 유도하시오.

$$\frac{\partial u}{\partial x}+\frac{\partial v}{\partial y}+\frac{\partial w}{\partial z}=0 \qquad (연3.11)$$

여기서 $\underline{u}=(u, v, w)$이다.

23. $f(x,y)=e^{ky}\sin kx$에 대해 $grad f=\nabla f=(\partial f/\partial x, \partial f/\partial y)$를 구하고, $y=0$일 때, $|\nabla f|=\sqrt{(\partial f/\partial x)^2+(\partial f/\partial y)^2}=k$임을 보이시오. 또 s방향의 단위벡터 $\hat{e_s}=(\cos\pi/4, \sin\pi/4)$일 때, $(x, y)=(\pi/4k, 0)$인 점에서 함수 f의 s방향으로의 변화율 $\partial f/\partial s=\hat{e}_s\cdot\nabla f=k$임을 보이시오. 여기서 k는 양의 실수이다.

4장 점성, 층류 및 난류 그리고 관유동

압력과 중력의 개념은 유체 내부에 정지해 있는 물체에 작용하는 부력을 설명하는 데는 충분하였으나, 유체 중에서 운동하는 물체가 유체로부터 받는 힘을 제대로 설명할 수 있기 위해서는 아직도 많은 새로운 개념들이 필요하였다. Euler는 점성을 무시하고 운동방정식을 유도하였으나, 점성을 고려할 때 점성과 관련된 힘이 운동방정식에서 어떻게 표현되어야 하는가에 대해서는 Euler 사후에도 약 40년의 연구 끝에 Cauchy(1822)에 의해서 결말을 보았다. 오늘날 Navier-Stokes 방정식(NS 방정식)으로 불리는 점성유체에 대한 운동방정식이 이런 과정을 거쳐 유도된 후에도, 대형 고속 전산기가 없었던 그 당시의 계산력으로는, 복잡한 형태의 편미분방정식을 푸는 것은 거의 불가능에 가까웠으므로, NS 방정식을 대단히 간단한 형태로 만들 수 있는 몇 가지 경우를 제외하고는 NS 방정식을 푸는 일은 생각하기도 힘들었다. 19세기 전반을 통하여 수행된 유체에 관련된 이론적인 연구, 즉 수동역학(hydrodynamics)의 대부분은 점성을 무시해도 좋은 경우에 대한 연구라고 해도 과언이 아니며, 이런 관점에서 Hagen(1797-1884, Germany), Poiseuille(1799-1869, France), Reynolds(1842-1912, UK)의 점성유체에 대한 실험적 연구는 더욱 빛을 발한다고 할 수 있다.

19세기의 초기 및 중기에 점성유동을 실험적으로 연구하던 사람들이 먼저 극복해야 할 과제 중의 하나는 실험 결과를 제시하는 방법을 통일하는 것이었다. 다시 말하면 다른 사람의 실험 결과를 원하는 사람이면 누구라도 다시 얻어낼 수 있게 하기 위해서는 모든 연구자들이 사용하는 단위(unit)의 표준화가 필요하다는 인식을 가지게 된 것이며, 나아가서 사용하는 단위가 다르다고 하더라도 차원이 없는 숫자(또는 무차원상수, dimensionless number)를 이용하면 통일된 방법으로 실험결과를 비교할 수 있다는 사실을 체득하게 된 것이다.

19세기 중반까지만 하더라도 실제유동(real flow)을 관찰할 때 쉽게 볼 수 있는 층류(laminar flow)와 난류(turbulent flow)의 구분이 이루어지고 있지 않았으며, 이러한 유동의 근본적인 차이점을 인식하지 못한 것에 기인하여 다른 사람의 실험 결과에 대한 불신이 커졌다. 실제적으로 많은 관(pipe)과 수로(channel)를 설계해야 했던 Hagen(1839)은 정확하게 수행된 수많은 실험을 통해 관유동이 크게 두 종류로 대별된다는 점을 확실히 인식하고 그에 대한 연구를 수행한 바 있었으며, 내과 의사였던 Poiseuille(1840)은 혈관 내의 피의 유동에 대한 관심으로부터 관유동에 있어서의 유량과 관의 저항에 대한 관계를 알아내기 위한 실험을 수행하고 온도에 따른 유동의 변화[1]를 계측 보고하였다. 그러나 이들의 실험 결과는 아직도 무엇인가 통일된 척도를 사용하여 정리되고 있지 않았으므로[2], Hagen과 Poiseuille 본인들도 서로의 실험 결과가 자신들의 실험 결과와 어떻게 비교되는지 또는 무엇을 의미하는지조차도 확실히 알기 힘든 상태였다.

이러한 시점에 수행된 Reynolds(1883)의 실험과 그의 이름을 따라 명명된 무차원상수[Reynolds 수(Reynolds number), Rn]의 도입은 그 때까지의 모든 실험 결과를 하나의 척도를 통하여 볼 수 있게 하였으며, 그의 이러한 무차원상수에 대한 개념은 이후의 역학 전반에 걸쳐 지대한 영향을 끼쳤다.

4.1 점성과 Newton

Newton은 그의 'Principia'에서 마찰응력과 물체 벽면에서의 유체의 속도구배 사이의 비례상수로서 유체의 점성계수라는 개념을 도입하였다. 즉 평면인 벽 위로 유체가 흐를 때, 벽면에서 유체의 점성에 기인하는 마찰응력(frictional stress) 또는 전단응력(shear stress) τ는 비례상수 μ를 사용하여 다음과 같이 얻을 수 있다고 생각하였다.

$$\tau = \mu \frac{\partial u}{\partial y} \tag{4.1}$$

1) 사실은 온도에 따른 점성계수의 변화이지만 그 당시에는 주로 온도차에 기인하는 변화로 받아들여졌으며, 이러한 초기의 혼동은 시간이 지난 후에도 많은 연구자들을 미궁에 빠지게 했다.
2) 심지어는 그들이 사용하고 있던 단위도 서로 같지 않았으므로 문제의 심각성은 한결 더 하였다.

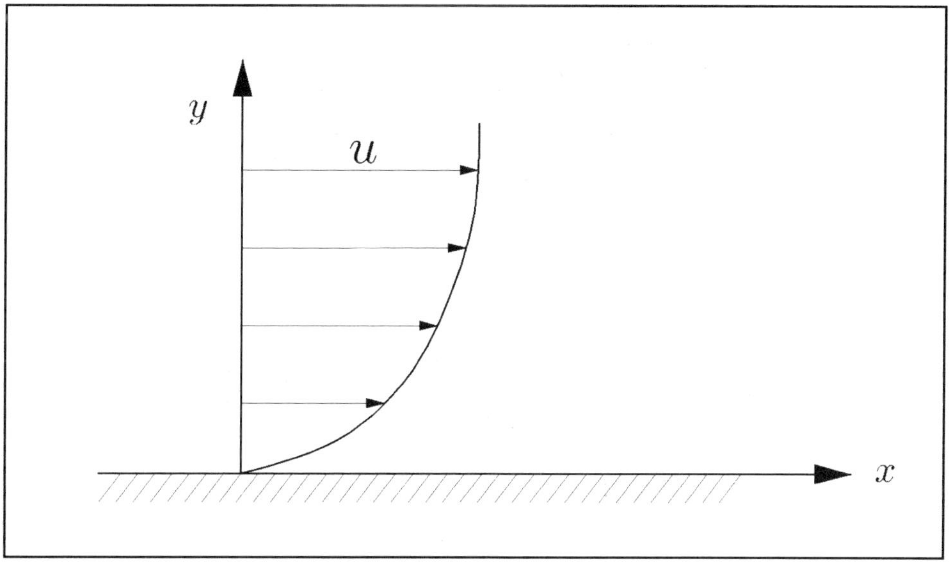

그림 4-1 벽 부근에서의 유속 분포

여기서 u는 벽과 평행한 방향으로의 유체의 속도이고, y는 벽에 수직한 방향으로의 좌표계이다(그림 4-1). μ는 유체의 동점성계수(dynamic viscosity) 또는 간단히 줄여서 점성계수로 불리며 물, 공기, 원유에 대한 자료를 표 1-1에 보였다[3]. 식 (4.1)에서와 같이 마찰응력이 속도구배에 비례하는 유체는 Newton 유체로 불리며, 식 (4.1)은 Newton의 점성법칙으로 불린다. 속도구배와 응력 사이의 관계에 대한 보다 자세한 사항은 5장에서 다루기로 한다.

Newton 이후 70-80년 동안은 점성이 유체의 유동에 미치는 영향을 정량적으로 모형화하고자 하는 시도를 찾아보기 대단히 힘들다. 오히려 Euler의 시대(18세기 말)까지는 유체의 점성을 무시하고 비점성유체를 가정하여 얻어낼 수 있는 최대한의 지식을 알아내기 위해 노력한 시대로 볼 수 있다.

본질적으로 유체의 점성이 무엇인 가에 대해 생각해 보자. 인접해 있는 유체의 부분 사이에 상대운동이 있으면, 상대적으로 빨리 움직이는 부분은 상대적으로 느리게 움직이는 부분에 의해 운동이 지체되며, 이러한 상대운동에 대한 저항 현상을 연속체의 관점에서 정량화할 때 필요한 개념이 점성이라고 할 수 있다.

---

3) SI 단위계에서의 동점성계수의 단위는 $kg/ms = (kg/ms^2)s = Pa\,s$이며, 또 각주 4-4를 참조하기 바란다.

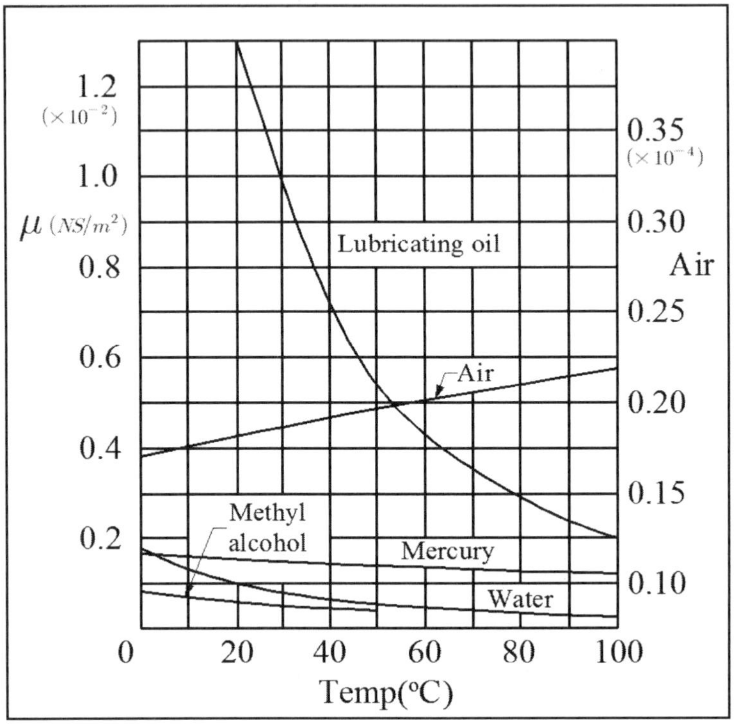

그림 4-2 온도에 따른 유체의 동점성계수의 변화

한편 그림 4-2에 몇 가지의 액체 및 기체의 동점성계수의 온도에 따른 변화를 보였다. 이에 따르면 기체의 점성계수는 온도에 따라 증가하며, 액체의 점성계수는 감소한다. 이와 같은 기체와 액체의 온도에 따른 점성계수의 변화를 이해하기 위해서는, 먼저 기체와 액체의 구분을 분자운동론적인 관점에서 보다 확실히 할 필요가 있다. 기체는 그 분자들 사이의 거리가 분자간의 힘이 미칠만한 거리보다는 훨씬 멀기 때문에 각 분자들이 자유스럽게 공간을 움직여 다닐 수 있으며, 상대운동에 대한 저항은 분자들의 직접적인 충돌에 의해 발생한다. 그러나 액체는 그 분자들 사이의 거리가 분자간의 힘이 미치는 거리와 비슷하므로 각 분자들은 평균 위치를 중심으로 상당한 크기의 진동을 하고 있으며, 또 액체 부분들 사이의 상대운동은 액체 분자의 위치 이동이 있을 때 가능한데, 온도가 높아지면 분자의 위치가 쉽게 바뀌어 오히려 상대운동을 더욱 쉽게 이루어지도록 도와준다. 이러한 차이 때문에 기체는 압력을 받으면 상당히 압축될 수 있지만, 액체는 그렇지 못하며, 또한 점성계수의 온도에 따른 변화도 상반되게 나타난다. 즉 기체의 경우에는, 온도가 증가하면 분자운동이 더욱 활발해져 기체 부분들 사이의 상대운동에 대한 저항이 더욱 커지므로 동점성계수는 증가하며, 액체의 경우에는, 온도가 높을수록 분자의 위치 이동이 보다 자유스럽고, 상대운동이 더욱 쉬워지며 따라서 상대운동에 대한 저항 즉 동점성계수는 감소한다.

물질에 대한 정량적 원자론적인 관점은 Dalton(1766−1844, UK)의 저서인 'A new system of chemical philosophy'(1808) 이후에야 확립된 것으로 볼 수 있으므로, 점성의 모형화는 19세기 초기까지만 해도 매우 어려운 일이었으며, 그 이후에도 점성이 유체의 유동에 미치는 영향을 정량화하는 데는 많은 실험과 그 실험 결과의 종합, 그리고 그 결과에 대한 이론적 해석이 필요하였다.

◉ 예제 4−1

그림 4-1에 보인 속도 분포가 다음과 같은 y의 2차 방정식으로 주어질 때, 점성에 기인하는 벽면에서의 마찰응력 τ_0를 구하시오.

$$u(y) = \alpha y(\beta - y) \tag{예4.1}$$

▶ 답

식 (4.1)을 사용하여 다음을 얻는다.

$$\begin{aligned} \tau_0 &= \mu \frac{\partial u(0)}{\partial y} = \mu \frac{\partial}{\partial y}\{\alpha y(\beta - y)\}|_{y=0} \\ &= \mu(\alpha\beta - 2\alpha y)|_{y=0} = \alpha\beta\mu \end{aligned} \tag{예4.2}$$

따라서 벽면에서의 마찰응력은 $\alpha\beta$에 비례한다.

4.2 Hagen-Poiseuille 법칙

유체역학에서 생각하는 문제들을 분류하는 방법은 여러 가지가 있다. 그 중의 하나는 유체와 물체의 상호작용을 생각할 때, 유체가 물체 내부에 있는 내부유동(internal flow)과 유체가 물체 외부에 있는 외부유동(external flow)으로 구분하는 방법이다. 내부유동의 대표적인 예로 관유동, 수로유동 등을 들 수 있으며, 외부 유동의 대표적인 예로 배(ship), 자동차 및 비행기 주위의 유동을 들 수 있다.

내부유동인 관유동 및 수로유동에 대한 연구는 인류 문명과 더불어 계속 발전하여 왔으나, 본격적인 연구는 19세기 이후에야 이루어진 것으로 보아야 할 것이다. 대규모 토목공사가 이루어지면서 토목 구조물의 주요한 요소인 관(pipe)에 대한 연구가 이루어 졌으며, 토목공학자인 Hagen은 1839년 관유동에 대한 대단히 중요한 실험적 논문을 발표하였다.

Hagen은 원형 단면의 관을 통해 흐르는 물의 온도에 따라 변화하는 유량과 수두 사이의 관계식을 실험적으로 구하였으나, 여기서는 점성에 기인하는 마찰력과 압력 사이의 평형 관계를 고려하여 유량과 관련된 변수 사이의 관계를 구하기로 한다.

반경 a, 길이 l인 관에 대해, 반경 $r(<a)$인 원기둥 모양의 유체에 작용하는 축방향의 힘을 생각하면(그림 4-3), 단면 1과 2에 작용하는 압력에 의한 힘과, 원기둥의 벽면에 작용하는 점성에 기인하는 마찰력이 서로 평형을 이루어야 하므로 다음을 얻는다.

$$(p_1 - p_2)\pi r^2 = \tau 2\pi r l \tag{4.2}$$

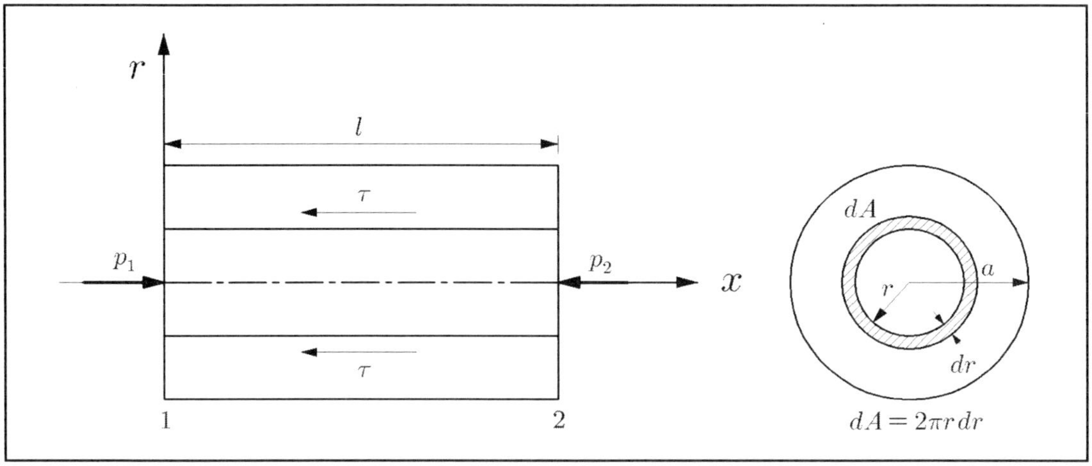

그림 4-3 관유동에서의 축방향 힘

$p_1 - p_2 = \Delta p$라고 하고, 양변을 $2\pi rl$로 나눈 후, 식 (4.1)에 $d/dy = -d/dr$($\because$ $y = a - r$)을 사용하면 다음을 얻으며,

$$\frac{du}{dr} = -\frac{\Delta p}{\mu l}\frac{r}{2} \tag{4.3}$$

벽면에서의 속도는 영이라는 사실을 이용하여 위 식을 적분하면 다음을 얻는다.

$$u(r) = \frac{\Delta p}{4\mu l}(a^2 - r^2) \tag{4.4}$$

따라서 관의 한 단면 상에서의 속도 분포는 포물면(paraboloid) 형태임을 알 수 있다. 체적유량과 압력구배($\Delta p/l$=단위 길이 당 압력감소) 사이의 관계는, 그림 4-3에 보인 바와 같이 $dA = 2\pi r dr$이므로 식 (3.20), (4.4)로부터 다음을 얻는다.

$$Q = \int_A u\,dA = \frac{\Delta p}{4\mu l}2\pi\int_0^a (a^2 - r^2) r\,dr = \frac{\pi a^4}{8\mu}\frac{\Delta p}{l} \tag{4.5}$$

식 (4.5)에 따르면 유량은 압력구배, 반경의 4승에 각각 비례하고, 동점성계수에 반비례하는데, 이 결과는 통상 Hagen-Poiseuille 법칙으로 불린다. 한편 체적유량과 평균유속의 관계식인 식 (3.29)를 식(4.5)에 대입하여, 압력구배를 관의 직경 d와 평균유속 U의 함수로 나타내면 다음을 얻으므로,

$$\frac{\Delta p}{l} = \frac{32\mu U}{d^2} \tag{4.6}$$

관유동에 있어, 관의 단위 길이 당 압력감소, 즉 압력구배는 동점성계수와 평균유속에 비례하고 관의 직경의 제곱에 반비례함을 알 수 있다.

그러나 Hagen 본인에 의해 지적된 바와 같이, 유속이 빨라지면 식 (4.5), (4.6)

은 실험 결과와 큰 차이를 보이며, 그 이유는 관내부의 유동이 마치 '유리봉(glass bar)'과 같이 규칙적인 균일유동 상태로부터 요동이 심한 불규칙한 상태로 변하기 때문이다.

한편, 내과의사인 Poiseuille(1840)[4]은 모세혈관 내의 피의 유동에 대해 큰 관심을 가지고 있었으며, Hagen과는 독립적으로, 매우 가는 관을 흐르는 물에 대한 실험을 수행하여, 유량은 압력구배와 반경의 4승에 각각 비례한다는 관계를 정확하게 얻었고, 또 관의 직경이 증가하면 유동 형태가 매우 불규칙적으로 변화하여 그의 관계가 더 이상 성립하지 않음을 보고하였다.

따라서 19세기 중반에는 관유동이 유속 또는 관의 직경에 따라 크게 두 가지의 다른 형태를 가지며, 이에 따라 동일한 압력구배에 대해 유량이 하나의 식으로 주어질 수 없음을 알았으나, 이러한 결과들을 통일된 시각에서 볼 수 있기까지는 보다 많은 실험 결과의 축적과 이 결과들에 대한 종합적인 통찰이 필요하였다.

◉ 예제 4-2

속도 분포가 식 (4.4)로 주어질 때, 벽면에서의 마찰응력 τ_0를 구하시오.

▶ 답

먼저 식 (4.1)을 사용하기 위해, 속도 분포인 식 (4.4)에 $r = a - y$를 대입하여 다음을 얻는다.

$$u(y) = \frac{\Delta p}{4\mu l} y(2a - y) \tag{예4.3}$$

이 결과를 예제 4-1의 식 (예4.2)와 비교하여 다음을 얻는다.

$$\tau_0 = \frac{\Delta p}{4\mu l} 2a\mu = \frac{\Delta p}{l} \frac{a}{2} \tag{예4.4}$$

따라서 벽면에서의 마찰응력은 단위 길이 당 압력 감소와 반경에 비례함을 알 수 있다.

---

4) 동점성계수의 단위로 종종 사용되는 $poise$ 는 그의 이름에 따라 명명된 것이며, $1\,poise$는 $10^{-1} kg/ms$ 이다.

4.3 층류와 난류, 그리고 Reynolds 수(Rn)

원형 단면의 관유동의 두 가지 유동 형태에 대한 연구는, Reynolds(1883)의 'An experimental investigation of the circumstances which determine whether the motion of water will be direct or sinuous, and of the law of resistance in parallel channels'라는 긴 제목의 논문 발표와 더불어 큰 전환점을 맞는다. 이 논문에서 그는 관유동의 두 가지 유동 형태와 관련하여 점성유체에 대한 운동방정식인 NS 방정식을 사용하였다. 그는 NS 방정식을 푸는 것은 대단히 힘든 작업이므로, 이를 풀지 않고서도 얻어낼 수 있는 정보가 무엇이며, 그러한 정보에 근거하여 유동 형태의 변화를 예측할 수 있는지 알아내고자 하였다.

유체에 작용하는 힘은 관성력, 중력, 압력, 점성에 기인하는 점성력 등으로 구분할 수 있다. 만약 이 힘 중 중력과 압력에 의한 영향에 의해 유동 형태의 변화가 야기되지 않는다면, 명백히 관성과 점성에 기인하는 힘들에 의해 그러한 변화가 생긴다고 볼 수 있을 것이다. 관유동의 경우 평균유속 U와 관의 직경 d를 유동을 대표하는 속도, 길이로 각각 볼 수 있다. 관성력은 대류가속도 항으로부터 얻는데, 대류가속도 $\partial(\frac{1}{2}u^2)/\partial s$는 U^2d^{-1}, 질량은 ρd^3에 의해 각각 대표되므로, 다음과 같이 얻을 수 있다.

$$(U^2d^{-1})\rho d^3 = \rho U^2 d^2 \tag{4.7}$$

또 점성력은 Newton의 점성법칙 식 (4.1)을 사용하여 얻을 수 있는데, 마찰응력 τ는 μUd^{-1}, 면적은 d^2에 의해 각각 대표되므로, 다음과 같이 얻을 수 있다.

$$\tau d^2 = (\mu Ud^{-1})d^2 = \mu Ud \tag{4.8}$$

식 (4.7)에서 구한 관성력을 식 (4.8)에서 얻은 점성력으로 나누어 무차원 비(dimensionless ratio)를 구하면 다음과 같다.

$$\frac{\text{관성력}}{\text{점성력}} = \frac{\rho U^2 d^2}{\mu U d} = \frac{\rho U d}{\mu} = \frac{U d}{\mu/\rho} = \frac{U d}{\nu} = Rn \tag{4.9}$$

Reynolds는 이 무차원량을[5] 중요한 변수로 인식하고 평균유속, 관의 직경 또는 유체의 온도[6] 등의 각각의 변화에 따른 유동 형태의 변화를 주목할 것이 아니라, 이들의 조합에 의해 계산되는 Rn의 크기의 변화에 따른 유동 형태의 변화를 주목해야 할 것을 지적하였다. 식 (4.9)의 μ/ρ는 이와 같이 조합된 형태로 자주 나오므로 이를 ν로 정의하여 운동학적 점성계수(kinematic viscosity)로 부르며, 표 1-1에 물, 공기, 원유에 대한 값을 보였다[7].

어떤 유동에 있어서도 Rn의 어떤 값을 기준으로 하여, Rn가 그 값보다 작으면 대단히 규칙적인 유동이 형성된다. 이 때 유체는 많은 수의 층(lamina)을 이루며 흐르는 것과 같이 보이므로 이 유동을 층류(laminar flow)라고 부르며, 또한 기준이 되는 Rn은 임계 Reynolds 수(Rn_c)라고 부른다. 관유동에 대해서는 Rn_c가 2000이며, 앞 절에서 유도한 Hagen-Poiseuille 법칙은 바로 이러한 층류에 대해서만 적용할 수 있다. Rn가 증가하여 Rn_c보다 커지면 유동은 규칙성을 잃고, 정상유동의 경우에도 한 점에서의 속도는 어떤 평균치를 중심으로 시간에 따라 급격하게 요동하며 변화하는 성질을 가지며(그림 4-4), 이러한 유동은 난류(turbulent flow)라고 부른다[8]. Reynolds는 많은 강의를 통해 층류가 난류로 변화하는 과정을 간단한 실험 장치를 사용하여 직접 보여 줌으로써 Rn의 유용성을 입증함과 아울러 실험의 중요성을 다시 한 번 일깨워 주었다. 그림 4-5에 보인 바와 같이, 그의 실험 장치는 큰 수조에 긴 투명한 시험관을 연결하고, 시험관의 출구 쪽에는 유속 조절용 밸브를 설치하며, 입구 쪽에는 잉크 등의 물감이 가는 모세관을 통해 유출되어 관유동과 같이 흘러갈 수 있도록 한 비교적 간단한 것이다. 밸브를 조금만 열어 유속이 작을 때의 유동을 관찰하면(그림4-6a), 모세관에서 나온 잉크는 한 직선을 따라 거의 퍼짐이 없이

5) 이 무차원상수는 1908년 Sommerfeld(1868-1952, Germany)의 제안에 따라 Reynolds 수(Reynolds numbers)라고 불리게 되었다.

6) 결과적으로 유체의 동점성계수를 변화시킨다.

7) SI 단위계에서 운동학적 점성계수의 단위는 m^2/s이며, Stokes(1819-1903, UK)를 기념하는 뜻에서 St(stoke로 읽음)를 사용하기도 하는데, $1\,St$는 $10^{-4}\,m^2/s$이다.

8) turbulence라는 명칭은 1887년 Kelvin(1824-1907, UK)에 의해 처음 사용되었다.

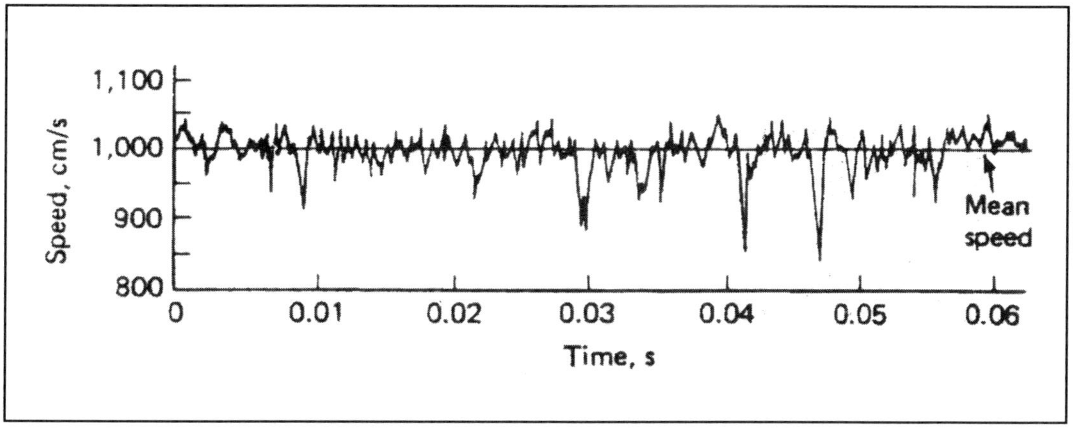

그림 4-4 난류에서의 급격한 속도 변화를 보여주는 열선 계측 자료

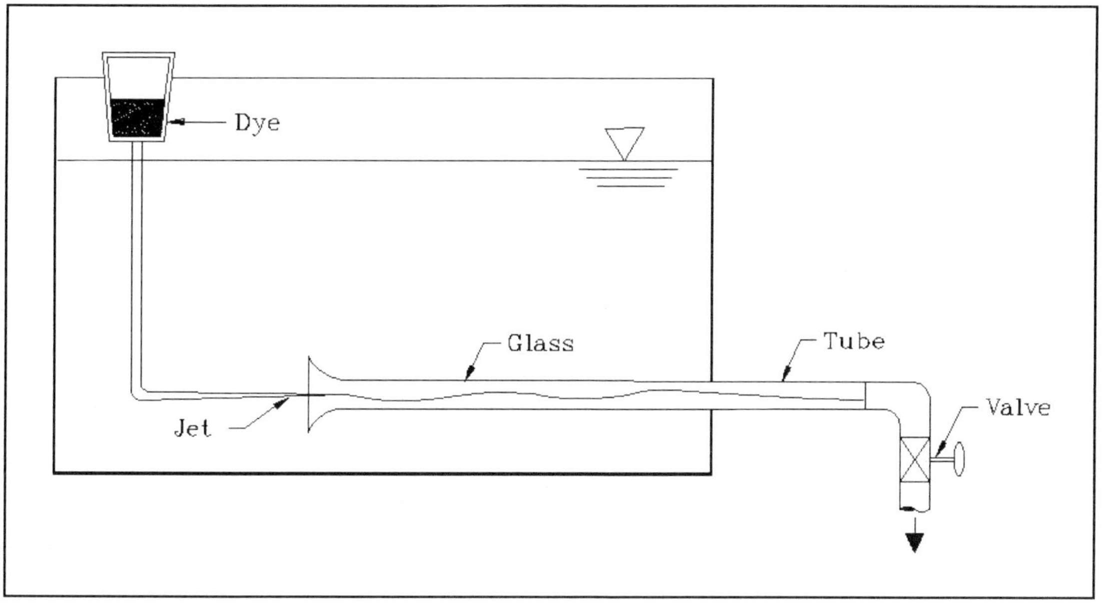

그림 4-5 Reynolds의 유동가시화 실험 장치

하류로 흘러가는 것을 볼 수 있고, 밸브를 크게 열어 유속이 증가하여 Rn_c보다 큰 Rn에 해당하는 유동을 관찰하면(그림 4-6b), 잉크가 모세관에서 나오자마자 관의 횡단면 전역에 퍼져서 하류는 관 전체가 잉크로 물들은 모습을 볼 수 있다.

그림 4-6 유리관 내부의 유동이 층류로부터 난류로 변화하는 모습; (a) 층류 (b) 난류

Reynolds는 1884년 'On the two manners of motion of water'라는 그의 논문을 발표하면서, 층류는 잘 훈련된 군대가 오와 열이 정연한 상태로 행진하는 것으로, 난류는 전혀 훈련되지 않은 군중이 서로를 방해하며 몰려가는 것에 비유하여 설명한 적이 있는데, 그의 강연에 참석했던 사람들이 그 당시 비교적 새로운 개념이었던 층류와 난류에 대해 그리 어렵지 않게 이해할 수 있었다고 한다. 역학적 현상을 실험을 통해 직접 확인시키고, 또 적절한 비유를 사용하여 그러한 현상의 영향을 설명하는 방법은 오늘날의 역학교육에 있어서도 매우 바람직한 것으로 여겨진다.

난류의 생성 기전(mechanism)과 그에 대한 수학적 모형을 세우기 위한 작업은 Reynolds 이래로 수 없이 많은 연구자들에 의해 수행되어 왔고 많은 결과를 주어

왔지만, 아직도 가장 근본적인 문제들에 대한 확실한 해답은 얻어지지 않은 것으로 보인다. 다만 실제적으로 중요한 몇 가지 문제에 대해서는 실험적 또는 이론적으로 많은 연구 결과가 축적되어 있으며, 이러한 결과를 이용하여 공학적 문제를 해결하는 데는 큰 어려움이 없다고 할 수 있다. 관유동은 이러한 문제에 속하는 것으로 볼 수 있으며, 다음 절에서 이에 대해 다루기로 한다.

◉ 예제 4-3

Reynolds의 실험에서 시험관의 직경이 0.1 m일 때, Rn_c에 상응하는 평균유속 U_c를 구하시오.

▶ 답

물의 운동학적 점성계수는 표1-1로부터 $1.145 \times 10^{-6}\ m^2/s$이며, Rn_c가 2000 이므로, U_c는 식 (4.9)를 사용하여 다음과 같이 얻는다.

$$U_c = \frac{Rn_c \nu}{d} = \frac{2 \times 10^3 \times 1.145 \times 10^{-6}}{0.1} = 2.29\ cm/s \qquad \text{(예4.5)}$$

이 결과에 따르면 우리 주변에서 볼 수 있는 난방용 관유동의 경우는 대부분 난류임을 알 수 있다.

◉ 예제 4-4

동점성계수가 0.04 $Pa \cdot s$, 밀도가 800 kg/m^3인 원유를 이송하는 송유관이 있다. 송유관의 직경이 1m일 때, Rn_c에 상응하는 평균유속을 구하고, Hagen-Poiseuille 법칙을 적용할 수 있는 최대 평균유속을 구하시오.

▶ 답

원유의 운동학적 점성계수는 다음과 같고,

$$\nu = \frac{\mu}{\rho} = \frac{0.04}{800} = 5 \times 10^{-5}\ m^2/s \qquad \text{(예4.6)}$$

따라서 U_c는 식 (4.9)를 사용하여 다음과 같이 얻는다.

$$U_c = \frac{Rn_c \nu}{d} = 2\times10^3\times5\times10^{-5} = 0.1\ m/s \tag{예4.7}$$

Hagen-Poiseuille 법칙을 적용할 수 있는 최대 평균유속은 U_c와 같으므로 $0.1\ m/s$ 임을 알 수 있다.

◉ 예제 4-5

Rn가 관성력과 점성력의 비라면, Fn는 관성력과 중력에 의한 힘의 비의 제곱근임을 보이시오.

▶ 답

생각하는 물체의 특성 길이를 L이라고 하면, 물체에 작용하는 관성력은 식 (4.7)로부터 $\rho U^2 L^2$이라고 할 수 있고, 또 중력에 의한 힘은 $\rho g L^3$이므로, 그 비를 구하면 다음을 얻는다.

$$\frac{\text{관성력}}{\text{중력에 의한 힘}} = \frac{\rho U^2 L^2}{\rho g L^3} = \frac{U^2}{gL} = Fn^2 \tag{예4.8}$$

4.4 관유동

층류인 관유동에 대해서는 §4.2에서 논의한 Hagen-Poiseuille 법칙을 사용하여 유동에 관련된 원하는 정보를 얻어 낼 수 있으나, 난류에 대해서는 점성유동에 대한 보다 근본적인 해석을 해야 할 필요가 있다. 단지 여기서는 저항계수 f를 도입하여 난류일 때의 원형 단면의 관유동에 있어서의 압력구배와 평균유속 사이의 관계를 구하고, 또 횡단면에서의 평균적인 속도 분포에 대해 알아보기로 한다.

Weisbach(1806-1871, Germany)는 1845년에 발간한 공업역학[9]에 관한 그

9) 'Lehrbuch der Ingenieur-und Maschinen-Mechanik' 이라는 제목의 저서인데, 실제적인 응용을 염두에 두고 쓰여졌으며, 그 이후의 모든 유체역학 교과서의 모델이 되었다고 할 수 있을 정도로 근대적인 내용을 담고 있었다.

의 저서에서 특히 무차원 계수의 사용을 주창하여 관유동의 저항공식에 저항계수를 도입하였고, 또 Darcy(1803-1858, France)는 관유동에 대한 실험을 수행하여 1857년에 한 논문을 발표하였는데, 여기서 그는 매끈한 벽면을 갖는 관유동에 대한 경험적인 저항공식[10]을 제안하였다. 관의 벽면에서의 마찰응력 τ_0를 무차원화하면 Darcy-Weisbach의 저항계수로 불리는 f를 다음과 같이 정의할 수 있다.

$$\frac{f}{4} = \frac{\tau_0}{\rho U^2/2} \tag{4.10}$$

난류의 경우에도 관에 걸린 압력구배에 의한 힘은 벽면에서의 마찰응력에 기인하는 힘과 평형을 이루어야 하므로, 직경 d, 길이 l인 관유동에 대해서 식 (4.2)는 층류에 대해서와 마찬가지로 성립해야 하며, 식 (4.2)를 약간 변형하여 다음과 같이 쓸 수 있다.

$$\Delta p \frac{\pi d^2}{4} = \tau_0 \pi d l \tag{4.11}$$

우변의 τ_0에 식 (4.10)을 대입하고 정리하면, Weisbach에 의해 최초로 제안된 바 있는 다음 식을 얻는다[11].

$$\Delta p = f \frac{l}{d} \frac{\rho U^2}{2} \tag{4.12}$$

먼저 층류에 대해 식 (4.12)를 적용시켜 보면, 식 (4.6)으로부터 다음을 얻으며,

$$f = \frac{64}{Rn} \tag{4.13}$$

10) 본질적으로는 식 (4.12)와 동일한 형태를 가진다고 볼 수 있다.
11) 식 (4.10)의 좌변 분모의 4는 식 (4.12)를 보다 간단한 형태로 하기 위해 도입되었을 뿐이다.

따라서 저항계수는 Rn만의 함수임을 확인할 수 있다.

난류 관유동에 대해서는 Blasius(1883-1970, Germany)와 Prandtl (1875-1953, Germany)[12]의 저항공식을 소개하기로 한다. 먼저 Blasius는 1911년에 그 때까지 수행되었던 많은 사람들의 실험 결과를 종합, f를 Rn만의 함수로 가정하여 식 (4.10)을 이용, 다음과 같은 경험식을 얻었다.

$$f = 0.3164\, Rn^{-1/4} \tag{4.14}$$

이 식은 통상 Blasius의 저항공식으로 불리며, Rn가 10^5 보다 작은 난류에 대해 실험 결과와 잘 일치하는 결과를 준다. 식 (4.14)를 식 (4.12)에 대입하여 다음을 얻는다.

$$\frac{\Delta p}{l} = 0.3164 \rho^{3/4} \mu^{1/4} U^{7/4} d^{-5/4} \tag{4.15}$$

즉 압력구배는 밀도의 3/4승, μ의 1/4승, 평균유속의 7/4승에 각각 비례하고, 직경의 5/4승에 반비례함을 알 수 있다. 층류에 대한 결과인 식 (4.6)과 비교하면 난류의 경우는 유체의 밀도가 압력구배에 영향을 주게 될 뿐만 아니라, 동점성계수, 평균유속, 직경의 영향 등이 매우 다르게 나타나고 있는 것을 알 수 있다. Blasius의 공식은 Rn가 10^5보다 커지면 실험치보다 좀 작은 값의 저항계수를 주므로, Prandtl은 1933년에 Rn가 보다 큰 유동에 대해서도 적용시킬 수 있는 다음 공식을 유도하였다[13].

$$\frac{1}{\sqrt{f}} = 2\log(Rn\sqrt{f}) - 0.8 \tag{4.16}$$

12) Prandtl에 대해서는 다음 장에서 보다 자세히 논의할 것이며, Blasius는 Prandtl의 첫 번째 박사과정 학생이었으나, 박사를 끝낸 후 6년 정도만 유체역학에 대한 연구를 수행하였고 그 후에는 교육 방면으로 진로를 바꾸었다.
13) 식 (4.16)의 유도 과정은 §5.3에서 다룰 것이다.

이 식은 통상 매끄러운 관에 대한 Prandtl의 일반 마찰법칙(universal law of friction)으로 불리며, Rn가 10^5보다 작은 난류에 대해서도 Blasius의 공식과 거의 일치하는 결과를 주고, Rn가 더 큰 경우에 대해서도 실험 결과와 잘 일치하는 결과를 주므로, 원형 단면을 가지는 매끈한 관의 난류에 대해 일반적으로 사용할 수 있는 저항공식이다.

그림 4-7에 식 (4.13), (4.14), (4.16)과 여러 사람들의 실험 결과를 비교 도시하였다. 이 그림에서는 횡축과 종축에 상용대수인 log 함수를 사용하였는데, 이러한 log-log평면은 저항계수의 표현에 많이 사용되므로 보다 자세히 생각해 보기로 한다. 만약 다음과 같이 나타낼 수 있는 함수가 있다고 하자.

$$y = cx^n \tag{4.17}$$

이를 log-log평면에 표시하면 $X = \log x$, $Y = \log y$이므로 식 (4.17)의 양변에 log를 취하면 다음을 얻는다.

$$Y = c_0 + nX, \quad c_0 = \log c \tag{4.18}$$

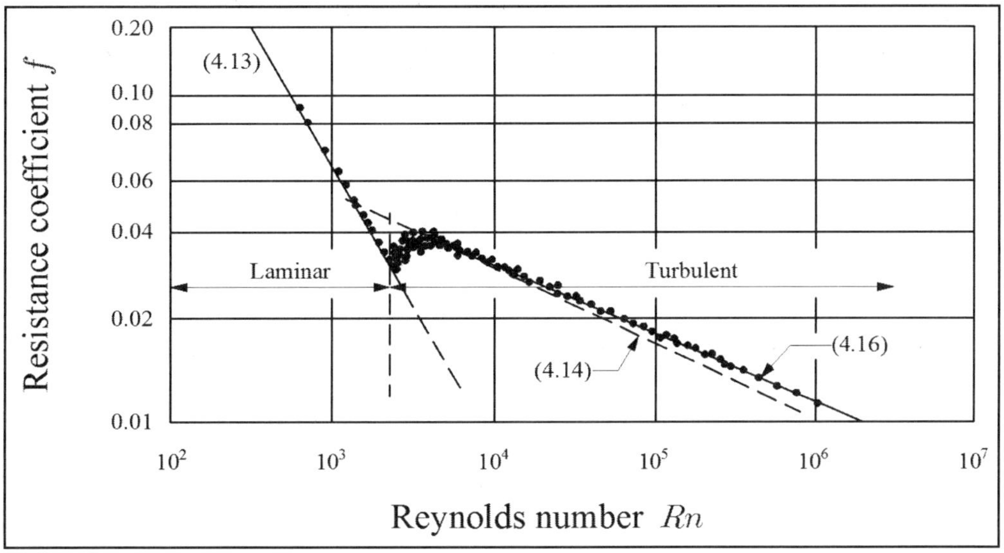

그림 4-7 관유동의 저항계수 f의 Rn에 따른 변화

즉 식 (4.17)을 xy 평면에 나타냈을 때는 곡선을 얻지만, 이 함수를 XY 평면에 나타내면 직선을 얻으며, 더욱 n의 크기를 직선의 기울기로부터 알아 낼 수 있다는 이점이 있다. 식 (4.13), (4.14)는 그림 4-7에서 각각 기울기가 -1, $-1/4$인 직선으로 나타나고 있는 점에 유의하기 바란다.

한편 Prandtl의 일반 마찰법칙 식 (4.16)은 f가 Rn만의 함수인 점은 Blasius의 저항공식 식 (4.14)와 같지만, 그 관계가 음함수적(implicit)[14]이기 때문에, 이를 식 (4.12)에 대입하여 압력구배와 다른 물리량들 사이의 관계를 얻어내기에는 적절한 형태가 아니다. 따라서 Rn가 10^5보다 큰 관유동에 대해서는 단위 길이 당 압력감소가 얼마나 생기는지에 대해 유체의 밀도, 동점성계수, 평균유속 그리고 관의 직경 등과 관련하여 식 (4.15)와 같은 표현식을 얻는 것은 곤란하다. 또한 식 (4.16)은 Rn가 주어진 경우에 대해서도 f를 구하기 위해서는 방정식을 풀어야 하는 번거러움이 있으므로, 다음과 같은 ±3%의 정확성을 갖는 근사식을 사용하기도 한다.

$$f = 1.02(\log Rn)^{-2.5} \tag{4.19}$$

횡단면에서의 속도 분포에 대해 논의하기 위해서는 다음 장에서 다룰 경계층(boundary layer)에 대한 개념을 이해해야 할 필요가 있으므로, 여기서는 단지 Blasius의 저항공식과 모순되지 않는 속도 분포는 어떤 형태를 가지는가에 대해서만 살펴보기로 한다. 먼저 마찰속도(friction velocity)[15] u_0를 다음과 같이 정의하자.

$$u_0 = \sqrt{\frac{\tau_0}{\rho}} \tag{4.20}$$

식 (4.10) 우변의 τ_0를 u_0로 나타내고, 좌변의 f에는 식 (4.14)를 대입한 후, 직경 d 대신에 반경 a를 사용하여 정리하면 다음을 얻고,

---

14) $y = g(x)$로 쓸 수 있으면, y는 x의 양함수(explicit function)이다. 그러나 $h(x,y) = 0$는 보다 일반적인 x, y 사이의 함수 관계라고 할 수 있는데, 이 식을 $y = g(x)$와 같은 형태로 고쳐 쓸 수 없는 경우, y는 x의 음함수(implicit function)라고 부른다.
15) 마찰속도에 대해서도 §5.3에서 보다 자세히 다루기로 한다.

$$\left(\frac{U}{u_0}\right)^{7/4} = \frac{1}{0.03325}\left(\frac{u_0 a}{\nu}\right)^{1/4} \tag{4.21}$$

이를 정리하여 다음을 얻는다.

$$\frac{U}{u_0} = 6.99\left(\frac{u_0 a}{\nu}\right)^{1/7} \tag{4.22}$$

한편 평균유속 U를 중심축 상에서의 속도, 즉 횡단면 상에서의 최대속도u_m으로 나타내 주기 위하여, 관의 횡단면 상에서 벽면으로부터 중심축 방향으로 잰 거리를 y라고 하고, 횡단면에서의 축방향 속도 u는 다음과 같다고 가정하자.

$$\frac{u}{u_m} = \left(\frac{y}{a}\right)^{1/n} \tag{4.23}$$

그러면 평균유속의 정의인 식 (3.26)과 $y = a - r$을 이용하여 다음을 얻으며,

$$\frac{U}{u_m} = \frac{1}{\pi a^2}\int_0^a \left(1 - \frac{r}{a}\right)^{1/n} 2\pi r\, dr \tag{4.24}$$

또 이 식을 부분적분하여 다음을 얻는다.

$$\frac{U}{u_m} = \frac{2n^2}{(n+1)(2n+1)} \tag{4.25}$$

즉 U는 u_m의 상수 배로 주어짐을 알 수 있다. 따라서 식 (4.22) 좌변의 U를 식 (4.25)를 사용하여 u_m을 써서 나타내면, 결국 최대속도 u_m은 반경 a의 1/7 승에

비례해야 한다. 이 관계를 모든 y에 대해서도 확장하여, 식 (4.22)에 보인 바와 같이 u는 y의 1/7승에 비례한다고 보면, $n=7$ 을 얻는다. 따라서 식 (4.22, (4.25)로부터 다음을 얻는데[16],

$$\frac{u}{u_0} = 8.74\left(\frac{u_0 y}{\nu}\right)^{1/7} \tag{4.26}$$

이 결과는 통상 1/7승-속도 분포 법칙으로 불리며, Rn가 10^5보다 작은 난류에 대해서는 실험 결과와 잘 일치하는 결과를 준다. 횡단면에서의 속도 분포를 층류와 난류에 대해 비교하여 그림 4-8에 보였다. 난류의 경우, 중앙부에서의 속도가 층류에 비해 훨씬 작으며, 벽면에 가까운 영역을 제외하고는 전반적으로 난류의 특성인 섞임(mixing)에 의해 속도 분포가 매우 균일해 짐을 알 수 있다. 또한 벽면에서의 속도의 변화가 층류보다는 난류의 경우에 훨씬 급격하므로, 유동이 층류에서 난류로 변화하면, 벽면에서의 마찰응력이 훨씬 증가할 것이다.

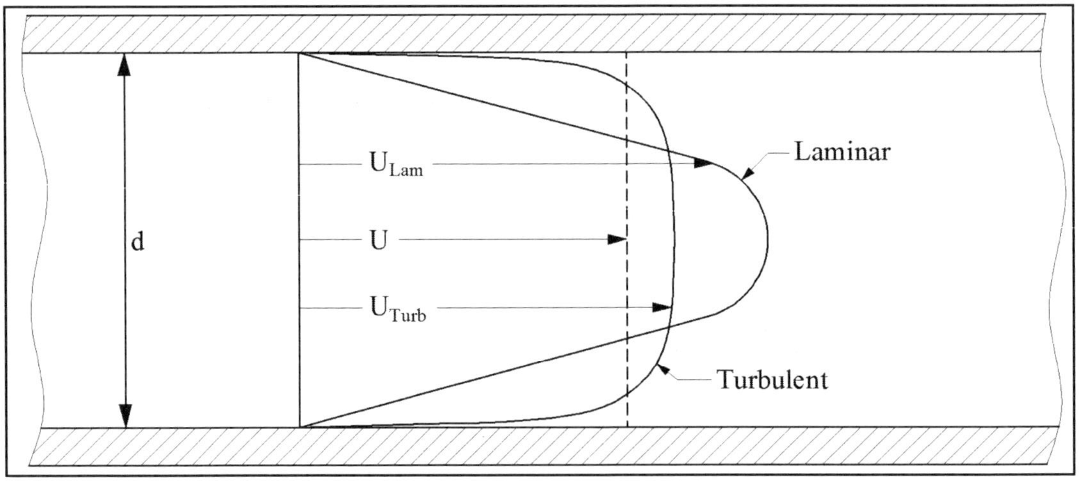

그림 4-8 층류와 난류 관유동의 단면에서의 속도 분포 비교

16) $n=7$이면 $U=0.817u_m$이지만, 여기서는 $U=0.8u_m$으로 근사하였다.

이상에서 본 바와 같이 19세기 말, 20세기 초에는 유체에 관한 실험과 이론이 한데 어우러져, 보다 실용적인 문제들에 대한 해를 제공하여, 그 이전과는 다른 새로운 양상을 보이게 되었다. 특히 유체의 점성을 무시할 수 없는 유동에 대해서는 실험적인 연구만이 실용적인 것이 될 수 있다는 오랫동안의 통념을 무너뜨리고, 이 시대에 있었던 여러 가지 발견, 새로운 개념의 정립 등에 따라 실험과 이론이라는 양쪽 바퀴를 가진 유체역학(fluid mechanics)의 탄생을 예고하게 되었다. 한편 비행기와 배에 관련된 연구는 국력 나아가서는 국가의 존망과 깊은 관련이 있는 일이었으므로, 각국이 다투어 과학 및 공학 관련 교육제도를 일신하고 연구 체재를 정비한 것도 이 시기의 일이었다.

◉ 예제 4-6

층류 관유동에 대해서도 마찰속도를 사용하여 식 (4-26)과 같이 양변이 무차원인 결과를 유도하시오.

▶ 답

관유동이 층류일 때, 벽면에서의 마찰응력 τ_0는 식 (예4.4)로 주어지므로, 마찰속도는 다음과 같이 나타낼 수 있으며,

$$u_0 = \sqrt{\frac{\tau_0}{\rho}} = \sqrt{\frac{1}{\rho}\frac{\Delta p}{l}\frac{a}{2}} \qquad \text{(예4.9)}$$

따라서 단위 길이 당 압력감소를 u_0로 나타내면 다음을 얻는다.

$$\frac{\Delta p}{l} = \frac{2}{a}\rho u_0^2 \qquad \text{(예4.10)}$$

층류 관유동의 속도 분포를 y로 나타낸 식 (예4.3)의 양변을 u_0로 나누어 주고 식 (예4.10)을 이용하여 정리하면 다음을 얻는다.

$$\begin{aligned}\frac{u}{u_0} &= \frac{1}{u_0}\left(\frac{1}{4\mu}\frac{2}{a}\rho u_0^2\right)y(2a-y) \\ &= \frac{u_0 y}{\nu}\frac{1}{2a}(2a-y) = \frac{u_0 y}{\nu}\left(1-\frac{y}{2a}\right)\end{aligned} \tag{예4.11}$$

이 결과와 식 (4.26)으로부터 관유동의 속도 분포는, 마찰속도와 벽면으로부터의 거리를 포함한 일종의 국부 Reynolds 수인 $u_0 y/\nu$와 y/a의 함수로 나타낼 수 있음을 알 수 있다.

◉ 예제 4-7

유체가 관을 따라 흐를 때, 유체의 점성에 기인하는 마찰응력이 관의 벽면에서 작용하므로, 유체 내부의 압력은 점차 감소한다. 따라서 관유동을 지속시키고자 하면, 이러한 압력구배를 외적인 방법으로 유지해 주어야 하며, 이러한 목적으로 펌프를 사용한다. 관유동의 평균유속이 일정할 때, 펌프의 일률 P와 저항계수 f, 유량 Q사이의 관계를 구하시오.

▶ 답

그림 4-3에 보인 바와 같은 관유동에 대해 생각해 보자. 단면 1, 2 사이의 유체에 단위 시간 당 펌프가 한 일을 고려하여 다음과 같이 쓸 수 있다.

$$P = (p_1 - p_2)AU = \Delta pQ \tag{예4.12}$$

즉 펌프의 일률은 압력감소량과 유량의 곱과 같다. 또 식 (4.12)를 사용하여 Δp를 f의 함수로 나타내면 다음을 얻는다.

$$P = f\frac{l}{d}\frac{\rho U^2}{2}Q \tag{예4.13}$$

따라서 펌프의 일률은, 평균유속이 일정하면 $Q \propto Ud^2$이므로 직경에 비례하며, 또는 유량이 일정하면 $U \propto Qd^{-2}$이므로 d^{-5}에 비례한다.

◉ 예제 4-8

예제 4-4에서 다루었던 송유관 문제를 다시 생각해보자. 평균유속이 $2\,m/s$일 때, Hagen-Poiseuille 법칙, Basius의 저항공식, Prandtl의 일반 마찰법칙 중, 어느 것을 사용해야 하는지를 밝히고, 예제 4-7의 결과인 식 (예4.13)에 근거하여, 다른 공식을 사용했을 때의 펌프의 일률에 대한 오차를 구하시오.

▶ 답

먼저 Rn를 구하면 다음과 같다.

$$Rn = \frac{Ud}{\nu} = \frac{2 \times 1}{5 \times 10^{-5}} = 4 \times 10^{4} \qquad (\text{예}4.14)$$

관유동의 Rn_c는 2,000 이므로 난류로 간주해야 하며, 따라서 Blasius의 저항공식 또는 Prandtl의 일반 마찰법칙을 사용하여 저항계수 또는 마찰응력을 계산해야 할 것이다. 먼저 Blasius의 저항공식을 사용하면 식 (4.14)로부터 다음을 얻는다.

$$\begin{aligned} f &= 0.3164 Rn^{-1/4} = 0.3164 \times (4 \times 10^{4})^{-1/4} \\ &= 0.3164 \times 0.0707 = 2.24 \times 10^{-2} \end{aligned} \qquad (\text{예}4.15)$$

관의 직경과 평균유속이 주어졌으므로, 유량은 일의적으로 결정되며, 펌프의 일률은 식 (예4.13)에 따라 저항계수 f에 비례한다. 만약 관유동을 층류로 가정하여 Hagen-Poiseuille 법칙을 사용한다면, 식 (4.16)으로부터 다음과 같은 결과를 얻는다.

$$f = \frac{64}{Rn} = \frac{64}{4 \times 10^{4}} = 1.6 \times 10^{-3} \qquad (\text{예}4.16)$$

또한 Prandtl의 일반 마찰법칙 식 (4.14)에 의한 결과를 구하기 위해 다음과 같은 반복법을 사용하기로 한다.

$$\frac{1}{\sqrt{f_{n+1}}} = 2\log(Rn\sqrt{f_n}) - 0.8, \quad n = 0, 1, \cdots \qquad (예4.17)$$

단 f_0는 식 (예4.15)에서 구한 Blasius의 결과를 사용하기로 하면, 한 두 번의 반복 끝에 다음 결과를 얻는다.

$$f = 2.20 \times 10^{-2} \qquad (예4.18)$$

식 (예4.15)에서 구한 Blasius의 결과를 가장 정확한 것으로 볼 수 있으므로, Hagen-Poiseuille 법칙과 Prandtl의 일반 마찰법칙을 사용했을 때, 펌프의 일률에 대한 오차를 각각 ϵ_{HP}, ϵ_P라고 하면 다음을 얻는다.

$$\epsilon_{HP} = \frac{1.6 \times 10^{-3} - 2.24 \times 10^{-2}}{2.24 \times 10^{-2}} = -93\% \qquad (예4.19)$$

$$\epsilon_P = \frac{2.20 \times 10^{-2} - 2.24 \times 10^{-2}}{2.24 \times 10^{-2}} = -2\% \qquad (예4.20)$$

식 (예4.19)는 관유동이 난류일 때, 층류에 비해 매우 큰 저항을 받는다는 것을 보여 주고 있으며, 식 (예4.20)은 Rn가 10^5보다 작을 때에도, Prandtl의 일반 마찰법칙이 Blasius의 저항공식과 그리 다르지 않은 결과를 준다는 것을 보여 주고 있다.

또한 실제 설계 시에는 관내부의 거칠기를 고려한 결과를 사용해야 하므로, 통상 위에서 얻은 식 (예4.15)의 결과보다 더 큰 값을 사용하며 이에 대해서는 [5]를 참고하기 바란다.

연습문제

1. 동점성계수(dynamic viscosity)와 운동학적 점성계수(kinematic viscoity)의 정의를 쓰고, 그 물리적 의미에 대해 논하시오. 또 물과 공기를 예로 들어 설명하시오.

2. 물의 2차원 유동을 생각하자. 좌표계의 x축을 벽면에 잡고, y축을 연직상방으로 잡는다. 벽면 부근에서의 속도 분포가 다음과 같을 때,

$$u(y) = ay^3 + by^2 + cy$$

벽면에서의 전단응력을 구하시오.

3. 벽면에서의 마찰응력이 $1kPa$, 반경이 $2m$인 관유동인 경우, 관을 따라서 단위 길이 당 압력강하를 구하시오.

4. 수평면에 대해 θ의 경사각을 가진 관내의 유체가 정상 상태로 흐르고 있다. 관내의 유동을 층류유동으로 가정하고 다음 물음에 답하시오.

1) 점성에 의한 힘과 중력에 의한 힘의 평형을 고려하여 $\tau = (r/2)\rho g \sin\theta$임을 보이시오. 단 τ는 전단응력, r은 관의 중심축으로부터 반경방향으로 잰 거리, ρ는 유체의 밀도, g는 중력가속도이다.
2) 유체 내부에서의 전단응력의 정의를 사용하여 유체의 축방향 속도는 포물면(paraboloid)형태로 주어짐을 보이시오. 단 관의 반경은 a, 유체의 점성계수는 μ이다.
3) 위에서 얻은 관계들을 이용하여 $\sin\theta$는 $Fn = U/\sqrt{ga}$와 $Rn = Ua/\nu$의 함수로 다음과 같은 형태로 주어짐을 보이시오. 단 ν는 유체의 운동학적 점성계수이다.

$$\sin\theta = 4Fn^2/Rn$$

5. 반경이 각각 r_i, r_o인 두 동심 원통 사이를 동점성계수가 μ인 비압축성 점성 유체가 채우고 있다. 안쪽의 원통은 중심을 지나는 축에 대해 각속도 ω로 회전하고 있고, 바깥쪽의 원통은 정지해 있다. 연습문제 3-18의 결과를 이용하여 위의 유동에 대한 다음 속도 분포가 연속방정식과 경계조건(boundary conditions)을 만족함을 보이시오.

$$u_r = 0, \quad u_\theta = \omega r_i \frac{r_o - r}{r_o - r_i}$$

6. 두 동심 원통에 대한 문제를 생각한다.

1) 두 원통 사이의 간격이 $0.2\,mm$이고, 안쪽 원통의 반경은 $1\,m$이다. 두 원통 사이를 동점성계수 $\mu = 0.1\,Pa \cdot s$인 SAE급 윤활유로 채우고, 바깥쪽 원통은 정지시킨 채, 안쪽 원통을 $100\,rps$로 회전시킨다. 원통의 길이가 $1\,m$일 때, 안쪽 원통에 작용하는 마찰력을 구하시오.

2) 두 원통 사이의 간격이 $0.1\,mm$이고, 안쪽 원통의 반경은 $0.5\,m$이다. 두 원통 사이를 동점성계수 $\mu = 0.5\,Pa \cdot s$인 윤활유로 채우고, 바깥쪽 원통은 고정시킨 채, 안쪽 원통을 $1000\,rpm$으로 회전시킨다. 원통의 길이는 $10\,m$일 때, 안쪽 원통에 작용하는 마찰력을 구하시오.

7. 다음과 같은 혈관 유동에 대해 답하시오. 단 피의 평균속도는 $0.1\,m/s$, 밀도는 $1.060 \times 10^3 kg/m^3$이다

1) 동점성계수가 $3.5 \times 10^{-3} Pa \cdot s$인 피가 직경 $10\,mm$인 동맥을 흐를 때, 이에 대한 Rn를 구하고 층류임을 확인하시오. 이 경우에 대해 유량과 압력구배를 구하시오.

2) 동점성계수 $5 \times 10^{-3} Pa \cdot s$인 피가 직경 $5\,mm$인 혈관을 흐를 때, Rn를 구하

고 혈관의 길이가 $1\,m$일 때, 양끝에서의 압력 차이를 구하시오.

8. 직경 $10\,cm$인 관을 흐르는 난방수의 Rn를 구하고 난류임을 확인하시오. 단 난방수의 동점성계수와 밀도는 청수의 값으로 간주하며, 평균속도 $0.3\,m/s$로 한다. 이 경우에 대해 유량과 압력구배를 구하시오.

9. 직경이 $1\,cm$, 길이가 $10\,m$인 관이 수평하게 놓여 있다. 관을 따라 흐르는 기름의 비중은 0.85, 운동학적 점성계수는 $6\times10^{-4}m^2/s$, 또 체적유량은 $0.1\,m^3/s$이다.

1) Rn를 구하여, 층류 또는 난류 유동인지를 밝히시오.
2) 기름을 한 시간 동안 통과시키는데 필요한 에너지를 구하시오.

10. 직경 $1m$의 관이 수평하게 놓여 있다. 관을 따라 흐르는 기름의 평균속도는 $1m/s$, 비중은 0.85, 운동학적 점성계수는 $6\times10^{-4}m^2/s$이다.

1) Rn를 구하여, 층류 또는 난류 유동인지를 밝히시오.
2) 길이 $100\,m$의 관을 통과하면서 발생하는 압력감소량을 구하시오.

11. 2차원 정상유동에 대한 운동방정식의 일부가 다음과 같다.

$$u\frac{\partial u}{\partial x}+v\frac{\partial u}{\partial y}=-\frac{1}{\rho}\frac{\partial p}{\partial x}+\nu\left(\frac{\partial^2 u}{\partial x^2}+\frac{\partial^2 u}{\partial y^2}\right)-g$$

단 $\underline{u}=(u,v)$는 속도 벡터, $\underline{x}=(x,y)$는 직각좌표계, ρ는 유체의 밀도, p는 압력, ν는 유체의 운동학적 점성계수, g는 중력가속도이다.

1) 속도는 특성 속도 U로, 좌표계는 특성 길이 L로, 압력은 기준 압력 p_0로 무차원화하여 위의 방정식을 다시 쓰면, 다음과 같은 무차원상수를 포함하는 것을 보이시오.

$$En = \frac{p_0}{\rho U^2/2}, \ Rn = \frac{UL}{\nu}, \ Fn = \frac{U}{\sqrt{gL}}$$

여기서 En은 Euler 수이다.

2) 무차원화된 방정식을 고려하여 위에 보인 세 무차원상수의 특성에 대해 논하시오.

12. 물을 저장하는 탱크의 용량이 $3\,m^3$이다. 이 탱크의 상부에 수평으로 관을 연결하여 물을 채우는데, 5분 안에 채울 수 있기 위한 관의 최소 반경을 구하시오. 단 유동의 평균 속도는 $1\,m/s$로 한다. 관의 길이를 $10\,m$, 관의 벽면에 작용하는 전단응력을 τ_0라고 하고, 최소 반경에 상응하는 펌프의 일률을 구하시오.

13. 청수를 공급하는 관의 직경이 $5\,cm$일 때, 관내의 유동이 난류로 변화하는 평균 유속을 구하시오. 평균 유속이 $10\,cm/s$일 때, 관유동의 저항계수 f를 구하고, $10\,m$ 길이의 수평관을 통해 물을 공급하기 위한 펌프의 일률을 구하시오.

5장 항력(Drag)

19세기 중엽의 유체역학자에게 유체 중에서 운동하는 물체가 받는 힘에 대해 질문을 했다고 가정하자. 그의 대답은 무엇일까? 아마도 질문을 받은 학자가 솔직하다면 잠시 머뭇거린 후에 '지금까지 우리의 지식으로는 아는 것이 별로 없습니다' 라고 대답할 것이다. Newton 이래로 Bernoulli, Euler, D'Alembert, Cauchy 등의 대학자들이 150년이 넘도록 유체에 대한 연구를 거듭해 왔으나, 몇 개의 방정식과 역설적인 사실만 밝혔을 뿐, 실용적인 측면에서 볼 때 정작 가치 있는 정보는 거의 제공할 수 없었던 것이다. Newton(1687)은 운동법칙, Bernoulli(1738)는 비점성 유체에 대한 운동방정식의 적분, Euler(1752)는 비점성유체의 운동방정식, Cauchy(1822)는 점성유체의 운동방정식과 관련하여 각각 지대한 공헌을 하였다. 이들과는 달리 D'Alembert(1750)는, '유체의 점성을 무시하는 경우, 무한히 넓은 유체 중에서 등속도 직선운동하는 물체는 유체로부터 어떠한 힘도 받지 않는다[1]는 역설적인 사실을 증명하여, 비점성유체에 대한 연구의 한계성을 준엄하게 지적하였다. 또한 4장 서론에서 이미 지적한 바와 같이 점성유체에 대한 운동방정식이 유도되었다 하더라도, 그것을 풀어서 실용적인 해를 얻는다는 것은 그 당시에는 거의 불가능한 일이었으므로, 19세기 중엽까지는 유체 중에서 운동하는 물체가 받는 힘에 대한 본질적인 이해가 이루어지지 못했다고 보아야 할 것이다.

물체가 유체 중에서 운동할 때 받는 힘은, Cayley(1773-1857, UK; 1810)에 의해서 최초로 제안된 바와 같이, 항력[2](drag)과 양력(lift)으로 분해할 수 있다. 항력은 물체의 운동 방향에 대해 반대 방향으로 작용하는 성분이며, 양력은 운동 방향에 대해 수직 방향으로 작용하는 성분을 뜻한다(그림 5-1). 양력에 대해서는 다음 장에서 다루기로 하고 이 장에서는 항력에 대해 먼저 생각해 보기로 한다. 정

1) 이러한 사실은 명백히 우리의 경험과 배치되므로 통상 D'Alembert의 역설(D'Alembert's paradox)이라고 불린다.
2) 저항(resistance)이라고도 한다.

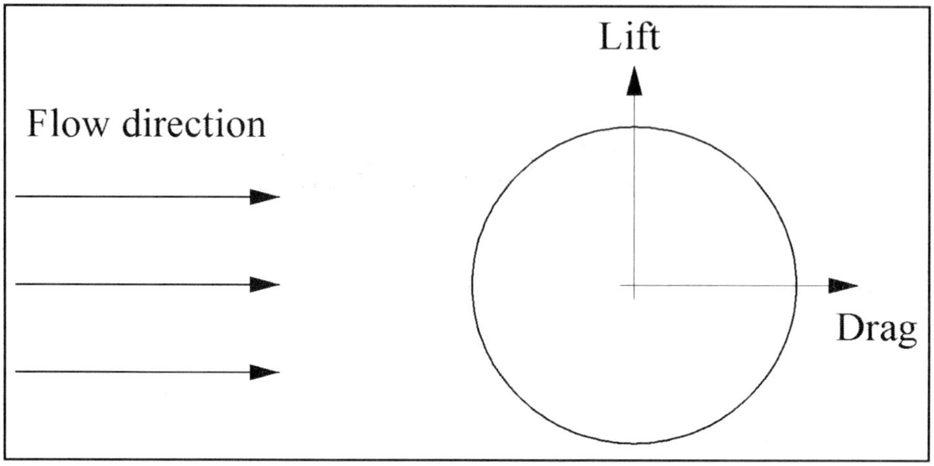

그림 5-1 유체 중에 있는 물체가 받는 힘의 성분, 항력과 양력

지해 있는 유체 중에서 물체가 일정한 속도로 운동할 때 받는 힘을 생각하는 경우, 즉 정속 U로 운동하는 물체에 대한 외부유동을 다루는 경우에는, 유체와 물체에 물체의 속도와 크기는 같고 방향은 반대인 속도 $-U$를 더해 줌으로써(그림 5-2), 다시 말하면 물체와 같이 움직이는 운동좌표계에서 관측함으로써, 시간에 따라 변화가 없는 정상(steady) 문제로 바꾸어 유체의 운동과 그 유동에 기인하는 힘을 구한다.

한편 물체로는 주로 평판(flat plate)과 원기둥(circular cylinder) 등을 생각하는데, 이는 이와 같은 형상의 물체들이 기하학적으로 가장 간단할 뿐만 아니라, 실제적으로도 매우 널리 쓰이고 있기 때문이다. 물체의 기하학적 성질은 얼마나 큰 면적을 가지고 있느냐와, 또 그 생김새, 다시 말하면 물체 표면상에서의 곡률이 어떻게 분포되어 있느냐로 특징지어 질 수 있을 것이다. 따라서 곡률반경이 무한대, 즉 곡률3)이 영인 평판은 곡률의 영향을 무시할 수 있으므로, 그 면적으로 특징지어 질 수 있으며, 가장 간단한 형상의 물체로 볼 수 있다. 물체가 유체 중에서 받는 힘을 이해하는 데는 무엇보다도 먼저 평판이 유체 중에서 받는 힘을 확실히 이해하는 것이 필수적이다. 역사적으로도 이러한 문제들이 가장 먼저 다루어져서 항력에 대한 기본적인 기전이 이해된 이후에야 다른 물체들에 대한 연구가 가능하였다. 그림

3) 곡률(curvature)은 곡률반경의 역수, 또 곡률반경은 내접원의 반경으로 각각 정의된다.

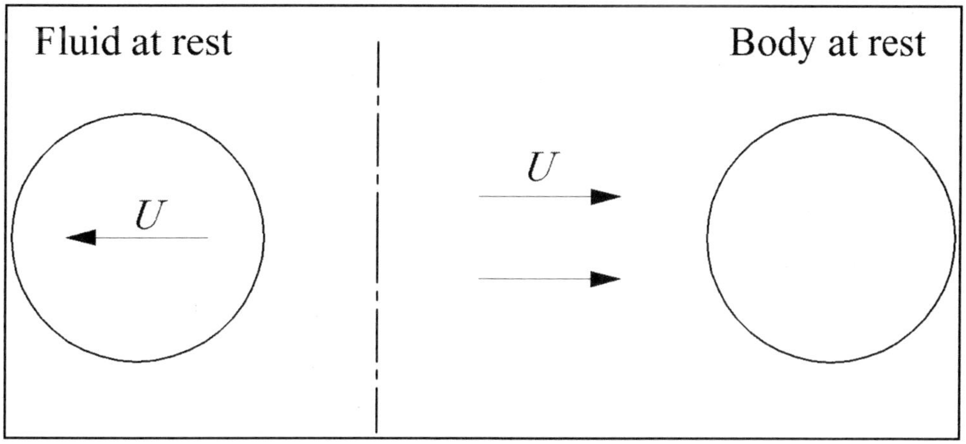

그림 5-2 정지해 있는 유체 중에서 운동하는 물체와 정지해 있는 물체 주위의 유체 유동

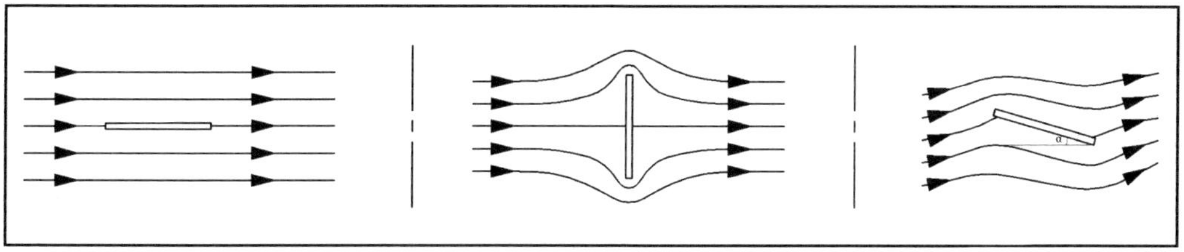

그림 5-3 평행평판, 수직평판, 경사평판 주위의 이상유체 유동의 유선

5-3에 평판이 유체의 흐름에 평행하게 놓인 경우와, 수직하게 놓인 경우, 또 흐름에 약간의 각도를 가지고 놓여 경사한 경우를 보였다. 이 세 문제는 앞으로 '평행평판', '수직평판', '경사평판' 등으로 각각 부르기로 하는데, 유체력에 관한 가장 중요한 세 개념, 즉 경계층과 관련된 마찰항력(frictional drag)[4], 박리(separation)와 관련된 압력항력(pressure drag)[5], 물체 주위의 순환(circulation)과 관련된 양력 등에 대한 가장 기본적인 사항들을 제공하며, 그림 5-3에는 점성을 무시했을 때의 각각의 경우에 대한 유선을 보였다. 세 경우 모두 다, 평판의 중심을 지나고 평판과 평행, 수직한 축에 대해 유선이 대칭이므로, Bernoulli정리에 따르면 평판에 작용하

4) 표면저항(surface resistance)이라고도 부른다.
5) 형상저항(form resistance)이라고도 부른다.

는 힘은 영이 될 수밖에 없는 점에 유의한다.

Cauchy(1822)에 의해서 점성유체에 대한 운동방정식의 기본적인 형태가 유도된 후에, 많은 사람들이 이 방정식을 실제 문제에 적용시키고자 노력하였으나, 누차 언급한 바와 같이 이 방정식을 푸는 것은 그 당시의 형편으로는 매우 힘든 일이었다. 그러나 운동방정식이 유도되기 전과 그 후의 유동에 관한 연구에는 근본적인 차이점이 있었다. 즉 Cauchy 이후에는 많은 연구자들이 유동 현상을 이제는 운동방정식을 통해서 이해하고자 노력하기 시작한 것이다. 앞장에서 논의한 Reynolds의 업적은 이러한 노력의 대표적인 것으로 볼 수 있고, 또한 Prandtl(1875-1953, Germany; 1904)의 경계층 이론에 대한 연구는 이러한 노력의 결정적인 산물이며 20세기 초기의 유체역학 탄생에 기폭제 역할을 하였다. 따라서 §5.1에서는 비압축성 점성유체의 2차원 정상유동에 대한 운동방정식을 우선 유도하여, 이후의 논의에 사용할 수 있도록 하고자 한다.

평판에 대한 논의는 시대적인 순서로만 보면 수직평판에 대한 문제를 고려하여 영이 아닌 항력을 구해 낸 Kirchhoff(1824-1887, Germany; 1869)의 연구가 먼저 고려되어야 하지만, 궁극적으로 수직평판에 대한 해는 평행평판에 대한 경계층의 개념을 사용하여 구해졌으므로, 평행평판을 먼저 다룬 후에, 수직평판을 다루기로 하며, 경사평판에 대해서는 양력과 관련하여 다음 장에서 다루기로 한다. 또한 압력항력과 관련하여서는 물체의 형상을 나타내는 기본적인 요소인 곡률의 영향을 알아보기 위해, 이 역시 곡률이 일정하여 가장 간단한 경우로 볼 수 있는 원기둥에 대해서 생각해 보기로 한다.

19세기 전반의 역학계에 대한 불란서 과학자들[6]의 영향은 가히 압도적이었으나, 19세기 중반 이후에는 유럽 전역의 학자들이 대등한 위치에 서게 된다. 특히 독일은 독특한 대학 및 교육제도를 통하여 수많은 대가를 배출하기 시작하였고, 영국은 Newton 이래 침체되었던 학문의 전통이 되살아나기 시작하며, 또한 미국과 러시아도 이때부터는 자체적인 학문 수준이 서서히 상기 국가들과 엇비슷한 수준으로 발전하기 시작한다. 특히 이하에서 논의할 평판과 관련된 세 문제는 Prandtl이 주도한 Göttingen 학파에 의해 주로 그 해결책이 제시되었다고 볼 수 있으며, 이런

6) Lagrange(1736-1813), Laplace(1749-1827), Fourier(1768-1830), Ampére(1775-1836), Poisson(1781-1840), Cauchy(1789-1857) 등의 학자들이 이 시대의 불란서 과학계를 대표하고 있었다.

의미에서 Prandtl은 근대 유체역학의 아버지라고 불리고 있다.

5.1 점성유체의 운동방정식과 Cauchy

점성유체에 대한 운동방정식은 Cauchy(1822)에 의해 그 근본적인 형태가 제공되었다. 그는 점성이 있는 유체 내부에 작용하는 내력의 일반적인 상태를 나타내기 위해 traction과 응력 tensor라는 개념을 도입하여 대단히 일반적인 형태의 운동방정식을 유도하였다. 이하에서는 학사 과정에서 다루기 힘든 부분은 제외하고 중력의 영향을 무시할 수 있다는 가정 하에, 그의 방법을 좇아 비압축성 점성유체에 대한 운동방정식을 유도하기로 한다.

밀도가 모든 곳에서 일정한 비압축성 Newton 유체의 2차원 정상유동에 대한 운동방정식을 유도하기 위해서, 유체 내부에 한 변의 길이가 각각 Δx, Δy인 사각형 미소요소를 취하여(그림 5-4), 이 요소에 x방향으로 작용하는 힘들을 먼저 생각해 보자[7]. 이와 같은 유체 내부의 미소요소에 작용하는 힘은 이 요소와 접촉해 있는 모든 유체에 의해 가해진다. §3.4에서 언급한 바와 같이 이러한 힘은 내력(internal force)이라고 불리며, 또 단위 면적 당 내력은 traction이라고 불린다. 미소요소의 운동에 의해 발생하는 주위 유체와의 상대적인 변위(단위 시간 당)에 따라, traction의 크기가 결정될 것이며, traction은 일반적으로 그 작용면에 평행한 방향과 수직한 방향의 성분을 모두 가질 것이다. 이 성분 중, 작용면에 수직한 방향의 성분은 법선응력(normal stress)으로 불리며, 압력은 법선응력의 한 성분으로 가장 먼저 개념화된 것으로 볼 수 있다. 비점성유체의 경우에는 유체 부분들 사이의 상대적인 운동에 아무런 저항이 없으므로, 압력 이외의 응력 성분은 존재하지 않는다.

작용면에 평행한 방향의 성분은 접선응력(tangential stress) 또는 전단응력(shear stress)으로 불리며, 점성유체의 경우에 추가적으로 고려되어야 하는 성분

7) §3.4에서 고려했던 Δs, Δn으로 이루어진 미소요소는 유체로 구성되어 유체와 같이 움직이는 요소였지만, 여기에서 고려하는 Δx, Δy로 이루어진 미소요소는 공간에 고정되어 있다는 점에서 차이점이 있으며, 유동에 따라 미소요소로 들어오고 나가는 운동량에 대한 추가적인 고려를 해야 한다.

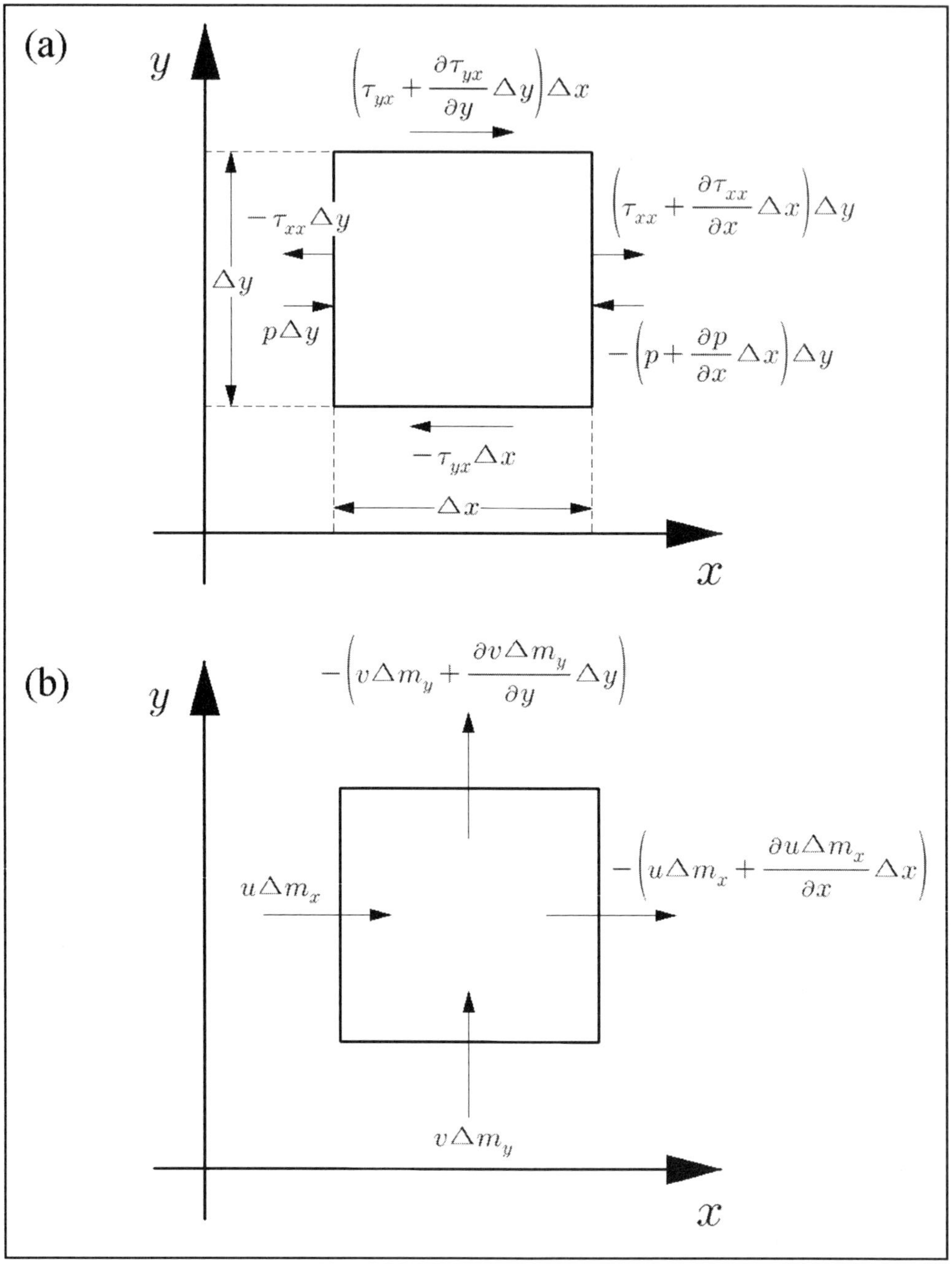

그림 5-4 (a) 미소요소 에 작용하는 점성응력과 압력에 기인하는 힘
(b) 미소요소의 경계면을 통한 유동에 따른 운동량의 변화

인데, 바로 비점성유체와 점성유체의 이러한 차이점을 정량화하여 모형화함에 있어 Cauchy(1822)의 기여가 결정적이었던 것이다. 점성에 기인하는 응력은 일반적으로 법선 및 접선방향 성분을 모두 가지는데, 지금 생각하고 있는 미소요소에 대해서는 x가 일정한 변에 작용하는 법선응력 τ_{xx}[8], 또 y가 일정한 변에 작용하는 접선응력 τ_{yx}에 기인하는 힘을 고려해야 할 것이다. x가 일정한 두 변에 작용하는 법선응력에 기인하는 x방향 힘은 다음과 같고,

$$-\tau_{xx}\Delta y+\left(\tau_{xx}+\frac{\partial\tau_{xx}}{\partial x}\Delta x\right)\Delta y \tag{5.1}$$

y가 일정한 두 변에 작용하는 접선응력에 기인하는 x방향 힘은 다음과 같으며,

$$-\tau_{yx}\Delta x+\left(\tau_{yx}+\frac{\partial\tau_{yx}}{\partial y}\Delta y\right)\Delta x \tag{5.2}$$

또 x가 일정한 두 변에 작용하는 압력에 기인하는 x방향 힘은 다음과 같다.

$$p\Delta y-\left(p+\frac{\partial p}{\partial x}\Delta x\right)\Delta y \tag{5.3}$$

한편 속도장의 불균일성에 기인하는 미소요소 내부의 단위 시간 당 x방향 운동량 변화는, x축과 y축에 평행한 변들을 통해 들어오고 나간 질량이 가지고 있는 x방향 운동량에 따라 결정된다. x가 일정한 두 변을 통과하는 질량의 x방향 운동량은 다음과 같고,

$$u\Delta m_x-\left\{u\Delta m_x+\frac{\partial(u\Delta m_x)}{\partial x}\Delta x\right\},\quad \Delta m_x=\rho u\Delta y \tag{5.4}$$

8) 하첨자 중 앞의 x는 x가 일정한 면에 작용한다는 것을, 뒤의 x는 응력의 방향이 x방향인 것을 나타낸다.

y가 일정한 두 변을 통과하는 질량의 x방향 운동량은 다음과 같다.

$$u\Delta m_y - \left\{u\Delta m_y + \frac{\partial(u\Delta m_y)}{\partial y}\Delta y\right\}, \quad \Delta m_y = \rho v \Delta x \tag{5.5}$$

정상유동의 경우에는 미소요소 내부의 운동량 변화가 없으므로, 위에서 구한 운동량 변화 및 압력과 점성에 기인하는 힘의 전체 합은 영이 되어야 한다. 이들을 모두 더하고 식 전체를 $\rho\Delta x\,\Delta y$로 나누어주면 다음을 얻는다.

$$0 = -\left\{\frac{\partial u^2}{\partial x} + \frac{\partial(uv)}{\partial y}\right\} - \frac{1}{\rho}\frac{\partial p}{\partial x} + \frac{1}{\rho}\left(\frac{\partial \tau_{xx}}{\partial x} + \frac{\partial \tau_{yx}}{\partial y}\right) \tag{5.6}$$

우변 첫항은 좌변으로 이항하고, 또 다음과 같이 전개할 수 있다.

$$\frac{\partial u^2}{\partial x} + \frac{\partial(uv)}{\partial y} = u\left(\frac{\partial u}{\partial x} + \frac{\partial v}{\partial y}\right) + \left(u\frac{\partial u}{\partial x} + v\frac{\partial u}{\partial y}\right) \tag{5.7}$$

첫 번째 괄호 안의 양은 비압축성유체에 대한 연속방정식 식 (3.30)에 의해 영이 된다. 또 Newton유체의 점성에 기인하는 응력 성분들은 각각 다음과 같은 방식으로 속도구배에 비례하므로[9],

$$\tau_{xx} = 2\mu\frac{\partial u}{\partial x}, \qquad \tau_{yx} = \mu\left(\frac{\partial u}{\partial y} + \frac{\partial v}{\partial x}\right) \tag{5.8}$$

이들을 이용하고 식 (4.9)에서 정의된 $\nu = \mu/\rho$를 사용하여 식 (5.6)을 간단히 하면 다음을 얻는다.

9) 보다 일반적인 응력과 속도구배 사이의 관계는 대학원 수준에서 다루는 것이 적절한 것으로 보여 여기서는 논의하지 않으며, 이에 대해서는 [6]을 참고하기 바란다.

$$u\frac{\partial u}{\partial x}+v\frac{\partial u}{\partial y} = -\frac{1}{\rho}\frac{\partial p}{\partial x}+\nu\left\{2\frac{\partial^2 u}{\partial x^2}+\frac{\partial}{\partial y}\left(\frac{\partial u}{\partial y}+\frac{\partial v}{\partial x}\right)\right\} \tag{5.9}$$

또 우변의 괄호 안은 다음과 같이 쓸 수 있는데,

$$2\frac{\partial^2 u}{\partial x^2}+\frac{\partial}{\partial y}\left(\frac{\partial u}{\partial y}+\frac{\partial v}{\partial x}\right)= \frac{\partial^2 u}{\partial x^2}+\frac{\partial^2 u}{\partial y^2}+\left(\frac{\partial^2 u}{\partial x^2}+\frac{\partial^2 v}{\partial x \partial y}\right) \tag{5.10}$$

우변 끝의 괄호 안은 연속방정식인 식 (3.30)을 x에 대해 한번 편미분한 식이므로 영이 되어, 결국 다음과 같은 x방향 운동방정식을 얻는다.

$$u\frac{\partial u}{\partial x}+v\frac{\partial u}{\partial y} = -\frac{1}{\rho}\frac{\partial p}{\partial x}+\nu\left(\frac{\partial^2 u}{\partial x^2}+\frac{\partial^2 u}{\partial y^2}\right) \tag{5.11}$$

한편 같은 방법으로 y방향으로 작용하는 힘과 미소요소 내의 단위 시간 당 y방향 운동량 증가를 고려하고, 또 Newton유체에 대한 다음 관계식을 이용하여,

$$\tau_{yy}= 2\mu\frac{\partial v}{\partial y}, \qquad \tau_{xy}= \mu\left(\frac{\partial v}{\partial x}+\frac{\partial u}{\partial y}\right)= \tau_{yx} \tag{5.12}$$

다음과 같은 y방향 운동방정식을 얻는다.

$$u\frac{\partial v}{\partial x}+v\frac{\partial v}{\partial y} = -\frac{1}{\rho}\frac{\partial p}{\partial y}+\nu\left(\frac{\partial^2 v}{\partial x^2}+\frac{\partial^2 v}{\partial y^2}\right) \tag{5.13}$$

식 (5.11), (5.13)은 유동장의 모든 점에서 만족되어야 하며, 일반적인 비압축성 Newton유체의 정상유동에 대한 Navier-Stokes(NS) 방정식의 한 형태이다. 단 식 (5.11), (5.13)이 포함하는 세 개의 미지함수 (u, v, p)는 운동방정식인 식 (5.11), (5.13) 뿐만 아니라 다음과 같이 주어지는 질량보존법칙인 연속방정식 식

(3.30) 또한 만족하도록 결정되어야 한다.

$$\frac{\partial u}{\partial x}+\frac{\partial v}{\partial y}=0 \tag{3.30}$$

한편 식 (3.30), (5.11), (5.13)은 편미분방정식이므로 이들을 푸는 데는 적절한 경계조건(boundary condition)을 고려해야 한다. 먼저 점성유체 중에서 운동하는 물체에 대해서는, 물체 표면상에서 '유체의 속도 $\underline{u}$와 물체의 속도 $\underline{U}$는 같아야 한다'는 조건, 즉 무활(無滑, no-slip)조건이 만족되어야 한다.

$$\underline{u}=\underline{U} \tag{5.14}$$

그러나 비점성유체의 경우에는 $\nu=0$ 이므로, 식 (5.11), (5.13)으로부터 다음을 얻는다.

$$u\frac{\partial u}{\partial x}+v\frac{\partial u}{\partial y}=-\frac{1}{\rho}\frac{\partial p}{\partial x} \tag{5.15}$$

$$u\frac{\partial v}{\partial x}+v\frac{\partial v}{\partial y}=-\frac{1}{\rho}\frac{\partial p}{\partial y} \tag{5.16}$$

식 (5.15), (5.16)은 중력이 유동에 미치는 영향이 없을 때, 비점성 비압축성유체(또는 이상유체)의 정상유동에 대한 운동방정식으로, Euler 방정식의 한 형태이다[10]. 식 (5.15), (5.16)을 보면 식 (5.11), (5.13)의 최고차 항인 우변의 2계 편미분 항들이 없어 졌는데, 이에 기인하여, 식 (5.14)의 경계조건을 그대로 적용할 수 없고, 식 (5.14)의 일부분만 적용하게 된다. 즉 비점성유체와 점성유체를 다룰 때는 운동방정식뿐만 아니라, 경계조건 또한 다른 형태를 적용하며, 비점성유체 중에서 운동하는 물체 표면 상에서는, 유체입자가 물체 표면을 따라 미끄러질 수 있

10) §3.4에서는 유선의 개념을 도입하여 운동방정식을 유도하였으나, 1752년 Euler가 발표한 방정식은 식 (5.15), (5.16)과 같은 형태의 직각좌표계를 사용한 식이었다.

다는 소위 유활(有滑, slip) 상태를 허용하게 된다. 한편 이상유체의 경우에도, 물체 표면상에서 유체가 물체 안으로 뚫고 들어 갈 수는 없으므로, '유체입자의 속도 $\underline{u}$와 물체의 속도 $\underline{U}$의 법선방향 성분은 같아야 한다'는 소위 비침투(impermeability) 조건을 적용한다.

$$\underline{u} \cdot \hat{n} = \underline{U} \cdot \hat{n} \tag{5.17}$$

여기서 $\hat{n}$은 물체 표면에 법선방향인 단위벡터이다.

◉ 예제 5-1

예제 3-3에서 고려했던 다음과 같은 속도장은, 정체점을 원점으로 잡았을 때, 정체점 주위의 유동장을 근사하는데 자주 쓰인다.

$$\underline{u} = (u, v) = (x, -y) \qquad \text{(예3.1)}$$

$y > 0$인 영역 내부의 각 점에서의 응력 성분과, $y = 0$인 벽면에서의 전단응력 τ_{yx}를 구하시오.

▶ 답

식 (5.8), (5.12)에 주어진 식을 사용하면, 유동장의 각점에서의 응력 성분 τ_{xx}, τ_{xy}, τ_{yy}를 각각 다음과 같이 얻는다.

$$\tau_{xx} = 2\mu\frac{\partial u}{\partial x} = 2\mu \qquad \text{(예5.1)}$$

$$\tau_{xy} = \mu\left(\frac{\partial u}{\partial y} + \frac{\partial v}{\partial x}\right) = 0 \qquad \text{(예5.2)}$$

$$\tau_{yy} = 2\mu\frac{\partial v}{\partial y} = -2\mu \qquad \text{(예5.3)}$$

전단응력 $\tau_{yx}(=\tau_{xy})$는 식 (예5.2)에 보인 바와 같이 벽면에서 뿐만 아니라, 유동장 전역에서 영이다.

◉ 예제 5-2

예제 5-1에서 생각한 속도장 식 (예3.1)에 대해, Euler 방정식과Navier-Stokes(NS) 방정식을 만족하는 압력 분포를 구하시오.

▶ 답

Euler 방정식과 NS 방정식의 차이는 우변의 운동학적 점성계수에 비례하는 속도 성분 u, v의 2계 편도함수로 이루어진 항들인데, 식 (예3.1)로 주어진 속도 성분의 2계 편도함수는 모두 영이므로, 식 (예3.1)의 속도장에 대해서는 두 방정식이 동일하다고 볼 수 있으며, 아래에서는 따라서 Euler 방정식에 대해서 생각하기로 한다. 식 (5.15), (5.16)에 주어진 속도장의 식 (예3.1)을 대입하면 다음을 얻고,

$$\frac{\partial p}{\partial x} = -\rho x, \quad \frac{\partial p}{\partial y} = -\rho y \tag{예5.4}$$

원점에서의 압력이 정체압 p_s인 점을 고려하여 이들을 적분하면 다음 결과를 얻는다.

$$p = p_s - \frac{\rho}{2}\left(x^2 + y^2\right) \tag{예5.5}$$

즉 정체점 부근에서의 압력은 정체점으로부터의 거리 제곱에 비례하여 감소한다.

5.2 평행평판 주위의 층류경계층과 Prandtl

4장에서 논의된 바와 같이 주로 실험적인 연구를 통해 관유동 등에 대해 저항계수를 산정하고, 또 층류와 난류의 존재를 확인하는 등, 많은 성과를 올릴 수 있었지만, 일반적인 물체와 그에 관련된 유동에 대해, 유체에 의해 물체에 가해지는 힘을 구할 수 있기 위해서는, 점성의 역할을 설명할 수 있는 보다 기본적인 기전에 대한 이해가 필요하였다. 19세기를 통해 여러 사람들에 의해 많은 연구들이 이루어 졌으나, 결국 유체의 점성에 기인하는 마찰항력에 대한 기본적인 이해는 1904년에 발

표된 Prandtl의 'Motion of fluids with very low viscosity'라는 논문을 통해서 얻어졌으며, 이하에서는 Prandtl과 그의 학생이었던 Blasius(1908)의 연구 결과에 대해 알아보기로 한다.

평행평판의 경우에는(그림 5-5), 압력의 x및 y방향 구배는 모두 영으로 취할 수 있으며, 또 유동장의 대부분에서 y방향의 유동은 x방향보다는 매우 작을 것이므로 y방향 운동방정식인 식 (5.13)은 고려할 필요가 없다. x방향 운동방정식인 식 (5.11)을 고려할 때, u는 유동장의 대부분에서 유입되는 유동의 속도 U와 거의 비슷하나, 평판 표면 상($y=0$)에서의 값 영으로부터, 평판에서 멀지 않은 유동장 ($y \ll 1$) 에서의 값 U까지 대단히 작은 영역 내에서 급격하게 증가해야 하므로 u의 y방향 변화가 심하며 따라서 이 영역 내부에서의 $\partial u/\partial y, \partial^2 u/\partial y^2$의 값은 ν가 대단히 작은 경우에도 무시할 수 없는 영향을 끼칠 수 있다[11]. 식 (5.11) 우변의 마지막 항은 점성에 기인하는 힘을 나타내는데, 운동학적 점성계수 ν가 대단히 작을 때는, u가 급격히 변화하여 u의 y방향 2계 편도함수 값이 대단히 큰 경우를 제외하고는, 유동장의 대부분 영역에서 점성의 영향을 무시할 수 있을 것이다. Prandtl은 이렇게 물체에 바로 인접한, 속도의 변화가 급격하게 일어나는 영역을 경계층(boundary layer)이라고 부르고[12], 이외의 유체 영역에서는 점성의 영향을 무시할 것을 제안하였으며, 경계층에 대해서는 식 (5.11)로부터 압력구배와 점성과 관련된 항 중

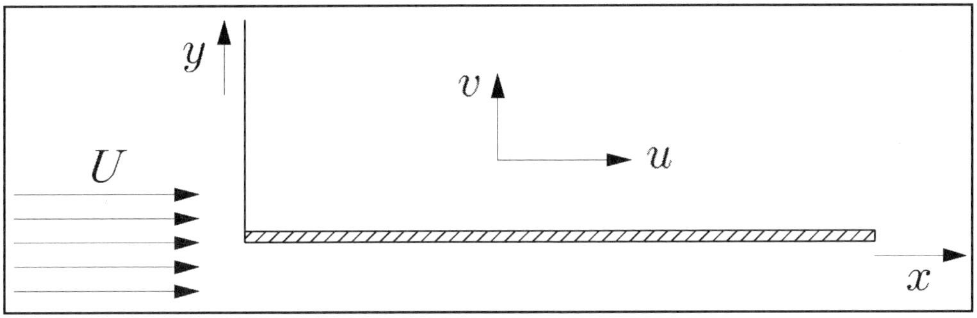

그림 5-5 평행평판 주위의 유동

11) $\partial^2 u/\partial x^2$의 값은 상대적으로 대단히 작아 무시할 수 있다.
12) Prandtl 자신은 속도 변화가 심한 영역이라는 뜻에서 천이층(transition layer)이라고 부르는 것이 타당하다고 생각하였으나, Blasius의 논문 제목인 'Boundary layer in fluids with small viscosity'에서 유래한 경계층이라는 명칭이 더욱 보편화되어 오늘날에 이르게 되었다.

$\partial^2 u/\partial x^2$을 무시하여 다음과 같은 식을 얻었다.

$$u\frac{\partial u}{\partial x}+v\frac{\partial u}{\partial y} = \nu\frac{\partial^2 u}{\partial y^2} \tag{5.18}$$

식 (5.18), (3.30)은 정상유동에 대한 Prandtl의 경계층 방정식(boundary layer equation)으로 불린다. Blasius는 이들 편미분 방정식을 상미분 방정식으로 변환하여 급수해를 구하였으며, 그림 5-6, 5-7에 그가 구한 해 (u, v)를 적절한 무차원 변수를 사용하여 각각 도시하였다.

경계층의 크기를 보다 명확하게 정의하기 위해서 경계층의 두께(boundary layer thickness) δ를 다음과 같이 정의한다.

$$u(y=\delta) = \frac{99}{100}U \tag{5.19}$$

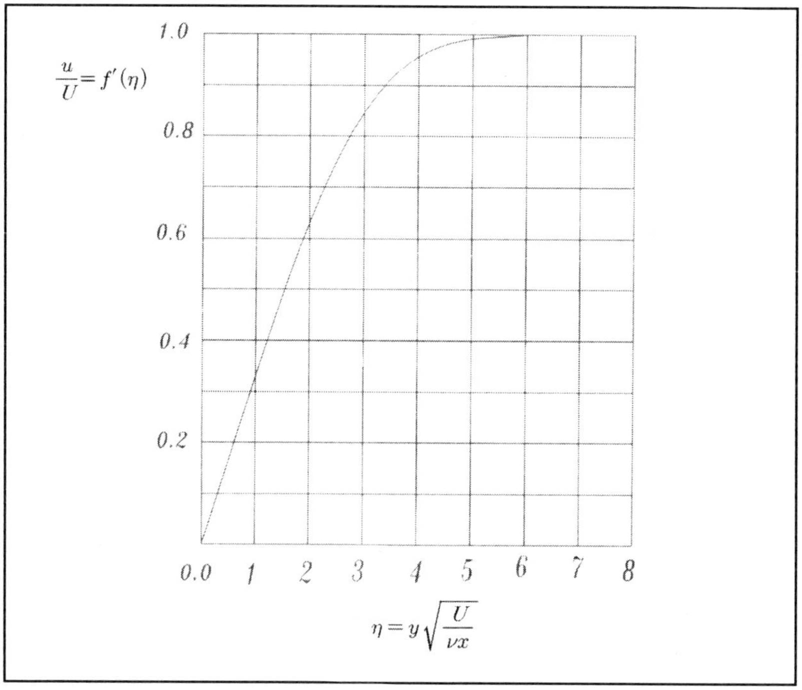

그림 5-6 평행평판에 대한 경계층 내부의 속도 분포, Blasius 해

그림 5-6을 보면 수평축은 $\eta = y\sqrt{U/\nu x}$, 수직축은 u/U이므로, 다음과 같이 주어지는 $\eta=$ 상수인 곡선 상에서는 u/U가 같은 값을 가짐을 알 수 있다.

$$y = c\sqrt{x}, \quad c = \text{상수} \tag{5.20}$$

x에 따른 속도 분포의 변화를 보이기 위해, 그림 5-8에 x가 일정한 단면 몇 곳에서의 u의 분포를 도시하였다.

식 (5.19)에서 정의한 바와 같이 δ는 u/U가 일정한 값(= 0.99)을 가지는 y에 의해 결정되므로, δ는 $\sqrt{x}$에 비례하여 증가하며, 그림 5-6으로부터 종축의 값 0.99에 상응하는 η의 값은 5.0이므로 다음을 얻는다.

$$\delta = 5\sqrt{\frac{\nu x}{U}} \tag{5.21}$$

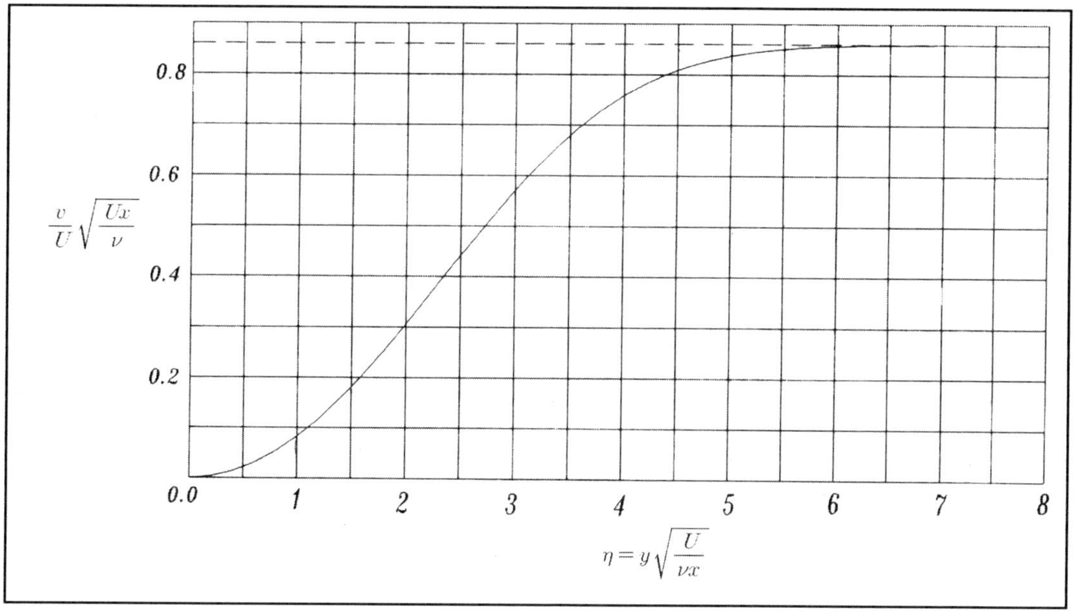

그림 5-7 평행평판에 대한 경계층 내부의 횡방향 속도 분포, Blasius 해

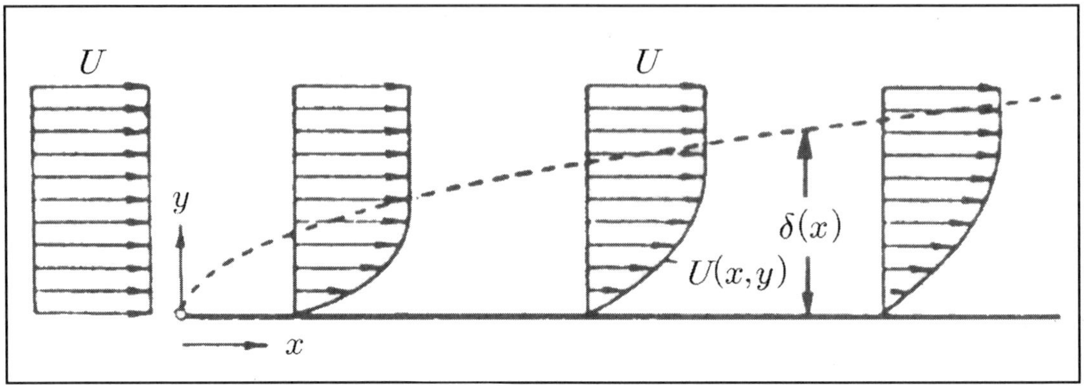

그림 5-8 평행평판에 대한 경계층 내부 속도의 변화

한편 다음과 같이 국부 Reynolds 수, Rn_x를 정의하면,

$$Rn_x = \frac{Ux}{\nu} \qquad (5.22)$$

식 (5.21)의 양변을 x로 나누어, 무차원 변수인 δ/x와 Rn_x사이의 관계를 다음과 같이 얻을 수 있다.

$$\frac{\delta}{x} = 5Rn_x^{-1/2} \qquad (5.23)$$

점성에 기인하여 평판에 작용하는 마찰응력을 구하기 위해, 평판 즉 $y=0$에서의 속도구배를 생각해 보자. $y=0$에서의 $\partial u/\partial y$의 대략적인 크기는 U/δ와 비슷할 것으로 기대할 수 있으며, 정확한 값을 구하기 위해 그림 5-6을 이용하기로 한다. 먼저 각 변수들 사이의 관계로부터 다음을 얻고,

$$\frac{\partial u}{\partial y} = \frac{du}{d\eta}\frac{\partial \eta}{\partial y} = U\frac{d}{d\eta}\left(\frac{u}{U}\right)\sqrt{\frac{U}{\nu x}} \qquad (5.24)$$

여기에 식 (5.21)을 대입하면 다음을 얻으며,

$$\frac{\partial u}{\partial y} = 5\frac{U}{\delta}\frac{d}{d\eta}\left(\frac{u}{U}\right) \tag{5.25}$$

그림 5-6에 보인 곡선의 원점에서의 기울기는 0.33 이므로 다음을 얻는다.

$$\left.\frac{\partial u}{\partial y}\right|_{y=0} = C\frac{U}{\delta,} \qquad C = 1.66 \tag{5.26}$$

이를 식 (5.8)의 τ_{yx}에 대한 식에 대입하고, 또 식 (5.21)을 사용하면, 평판의 표면상에 작용하는 마찰에 기인하는 전단응력 $\tau_0(=\tau_{yx})$를 다음과 같이 구할 수 있다.

$$\tau_0 = \mu\left.\frac{\partial u}{\partial y}\right|_{y=0} = \frac{C\mu U}{\delta} = \frac{C}{5}\mu U\sqrt{\frac{U}{\nu x}} \tag{5.27}$$

이 식에 따르면 마찰응력은 $\sqrt{x}$에 반비례하므로 평판의 뒤쪽으로 갈수록 감소해야 하며, 이는 δ가 평판의 뒤쪽으로 갈수록 증가하는 것과 일관된 결과이다. 정체압을 이용하여 무차원량인 마찰응력계수 또는 국부마찰계수 c_f를 다음과 같이 정의하고,

$$c_f = \frac{\tau_0}{\rho U^2/2} \tag{5.28}$$

이 식에 식 (5.27)을 대입하여 다음을 얻는다.

$$c_f = \frac{2C}{5}Rn_x^{-1/2} = 0.664Rn_x^{-1/2} \tag{5.29}$$

따라서 길이가 l 이고 폭이 b인 평판의 한쪽 면에 작용하는 마찰항력(frictional drag) D_f 는 τ_0를 전체 표면에 걸쳐 적분하여 다음을 얻는다.

$$D_f = b\int_0^l \tau_0 \, dx = \frac{2C}{5} b\mu U \sqrt{\frac{Ul}{\nu}} = 0.664\, \rho^{1/2} \mu^{1/2} U^{3/2} b l^{1/2} \tag{5.30}$$

또 무차원량인 마찰항력계수 C_f 도 정체압과 평판의 면적을 이용하여 다음과 같이 정의하고,

$$C_f = \frac{D_f}{bl\rho U^2/2} \tag{5.31}$$

이 식에 식 (5.30)을 대입하여 다음을 얻는다.

$$C_f = \frac{4C}{5}\sqrt{\frac{\nu}{Ul}} = 1.328\, Rn^{-1/2} \tag{5.32}$$

이 식은 점성유체 중의 물체가 받는 마찰항력에 대해 얻어진 최초의 공식으로, 유체역학의 역사에 큰 획을 그었던 결과이며, 통상 Blasius의 마찰항력공식으로 불린다. 또 식 (5.30)에 따르면, 마찰항력은 속도의 3/2승, 또 평판의 길이의 1/2승에 각각 비례하는데, 이는 평판의 뒤쪽으로 갈수록 경계층의 두께가 커지므로(그림 5-8 참조) 평판 상에서의 속도구배가 작아지며, 따라서 평판의 앞쪽과 비교하여 상대적으로 작은 항력을 받게 되는 것에 기인하는 결과이다.

식 (5.23), (5.29), (5.32)에 따르면, 경계층의 두께, 마찰응력, 마찰항력 등을 적절히 무차원화하면 모두 Rn만의 함수로 주어지는 것을 알 수 있으며, 점성과 관련된 물리현상을 이해함에 있어 Rn의 중요성을 여실히 보여 주고 있다.

한편 4장에서 관유동과 관련하여 논의한 바와 마찬가지로, 평판유동에 있어서도 Rn가 증가하여 임계 Rn (Rn_c)보다 커지면, 경계층 내부의 유동이 층류로부터 난류

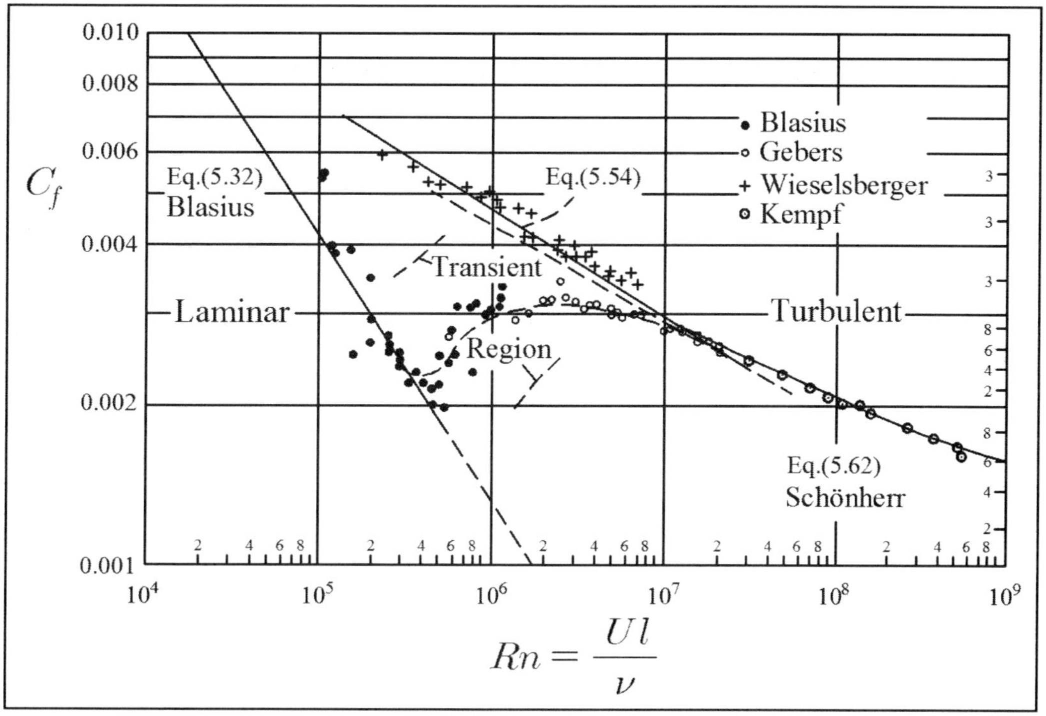

그림 5-9 평행평판의 마찰항력계수 C_f 의 Rn에 따른 변화

로 변화하여 위에서 구한 층류경계층(laminar boundary layer)에 대한 결과는 더 이상 성립하지 않는다. 그림 5-9에 보인 바와 같이 여러 사람들의 실험 결과로부터 평행평판에 대한 Rn_c는 2×10^5으로 알려져 있다. 다음 절에서는 층류로부터 난류로의 변화, 난류경계층(turbulent boundary layer) 내부의 속도 분포, 그에 따른 마찰항력계수 등에 대해 생각하기로 한다.

◉ 예제 5-3

속도 $1m/s$인 물과 공기 중에, 길이 $1m$, 폭 $1m$인 평판이 흐름에 평행하게 놓여 있을 때 다음을 구하시오.

1) 층류경계층의 끝점의 위치,

2) 그 점에서의 경계층의 두께,

3) Blasius의 마찰항력공식에 따른 평판의 한쪽 면에 작용하는 마찰항력.

▶ **답**

1) 먼저 물과 공기에 대해 평행평판의 길이 l을 사용하여 Rn를 계산하면 표 1-1의 자료를 사용하여 다음을 얻는다.

$$Rn_w = \frac{Ul}{\nu_w} = \frac{1}{1.145\times10^{-6}} = 8.73\times10^5 \qquad (예5.6)$$

$$Rn_a = \frac{Ul}{\nu_a} = \frac{1}{1.458\times10^{-5}} = 6.86\times10^4 \qquad (예5.7)$$

여기서 하첨자 w, a는 각각 물과 공기를 뜻한다. 평행평판에 대한 Rn_c는 2×10^5이므로, 공기 중의 평판은 그 뒷끝까지 층류경계층으로 덮여있지만, 물속의 평판은 국부 Rn가 Rn_c와 같은 점까지만 층류경계층으로 덮여있고, 그 뒷쪽 부분에는 난류경계층이 형성된다. 따라서 물속에 있는 평판의 층류경계층의 끝점의 위치 x_c는 다음과 같다.

$$x_c = \frac{Rn_c\nu_w}{U} = 2\times10^5\times1.145\times10^{-6} = 0.229\,m \qquad (예5.8)$$

2) 층류경계층의 끝점에서의 경계층의 두께는 식 (5.23)에 $Rn_x = Rn_c$를 대입하고, 식 (예5.8)을 사용하여 각각 다음과 같이 얻는다.

$$\delta_w = x_c\times5Rn_c^{-1/2} = 0.229\times5\times(2\times10^5)^{-1/2} = 2.56\,mm \qquad (예5.9)$$

$$\delta_a = l\times5Rn_c^{-1/2} = 5\times(2\times10^5)^{-1/2} = 1.12\,cm \qquad (예5.10)$$

식 (5.21)에 따르면 경계층의 두께는 유체의 운동학적 점성계수의 제곱근에 비례하므로, 운동학적 점성계수가 더 큰 공기 중에서의 경계층이 물속에서의 경계층 보다 더 두꺼울 것이다. 참고로 공기 중의 평판에 대해 $x = x_c$에서의 경계층의 두께 δ_{ac}를 식 (5.21)을 사용하여 구하면 다음과 같다.

$$\delta_{ac} = 5\sqrt{\frac{\nu_a x_c}{U}} = 5\sqrt{1.458\times10^{-5}\times0.229} = 9.14\,mm \qquad (예5.11)$$

3) 먼저 Blasius의 마찰항력공식 식 (5.32)를 사용하여 평판에 작용하는 항력을 구하면 다음과 같다.

$$D_{fw} = \frac{1}{2}\rho_w U^2 b l C_{fw} = \frac{1}{2}\rho_w U^2 b l \times (1.328 Rn_w^{-1/2})$$

$$= 0.5 \times 10^3 \times (1.42 \times 10^{-3}) = 0.71\ N \qquad (예5.12)$$

$$D_{fa} = \frac{1}{2}\rho_a U^2 b l C_{fa} = \frac{1}{2}\rho_a U^2 b l \times (1.328 Rn_a^{-1/2})$$

$$= 0.5 \times 1.224 \times (5.07 \times 10^{-3}) = 0.31 \times 10^{-2}\ N \qquad (예5.13)$$

평판의 한쪽 면에 작용하는 마찰항력을 구함에 있어, Blasius의 마찰항력공식을 사용할 수 있기 위해서는, 평판의 전체 길이에 걸쳐 층류경계층이 형성되어야 한다. 따라서 공기 중의 평판에 대해서는 Blasius의 공식을 사용하여 구한 식 (예5.13)의 값이 얻고자 하는 결과이지만, 물속의 평판에 대해서 얻은 식 (예5.12)의 값은 실제로 평판에 작용하는 마찰항력이라고 볼 수 없으며, 원하는 값을 구하기 위해서는 다음 절의 난류경계층에 대한 결과를 사용하여야 한다.

5.3 평행평판 주위의 난류경계층

평판의 길이가 길어져서, 평판 뒤쪽에서의 국부 Reynolds 수 Rn_x가 Rn_c보다 커지면 이 부분에서의 경계층은 난류의 영향에 의해 속도 분포 및 마찰응력에 변화가 생긴다(그림 5-10). 실험 시에 얻어지는 Rn_c는 실험 조건, 예를 들면 유입되는 유동의 균일성, 난류강도 등에 따라 크게 달라질 수 있다. Rn가 증가함에 따라 유동의 패턴이 층류로부터 난류로 변화하는, 즉 천이(transition) 현상에 대한 이유, 또 그 기전에 대한 확실한 이해는 아직도 이루어지지 않고 있으며, 아마도 21세기 유체역학자들에게 숙제로 넘겨질 것으로 보인다.

Rayleigh(1842-1919, UK; 1880)의 비점성유체 모형을 사용한 유동의 불안정성에 대한 연구 이래, 지금까지 이루어진 천이에 대한 대부분의 연구는 유동의 불안정성(instability)에 대한 고려를 통해 천이 과정을 설명하고자 하는 것으로 볼 수 있으며, 그림 5-11에 평행평판 상에서의 천이 과정에 대한 개략도를 보였다. 이에 따르면, 여러 가지의 다른 기전이 관련되어 최종적으로 난류가 형성되는 것을

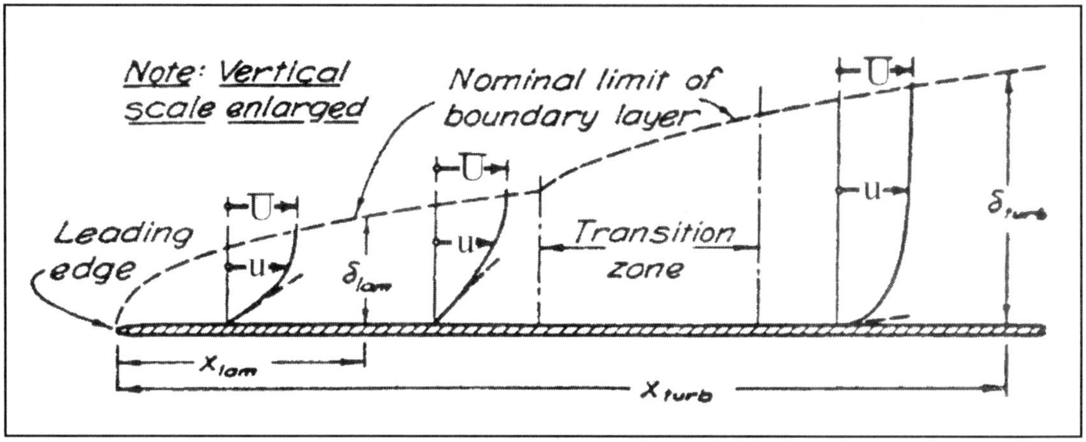

그림 5-10 평행평판을 따라서 형성되는 경계층의 개략도

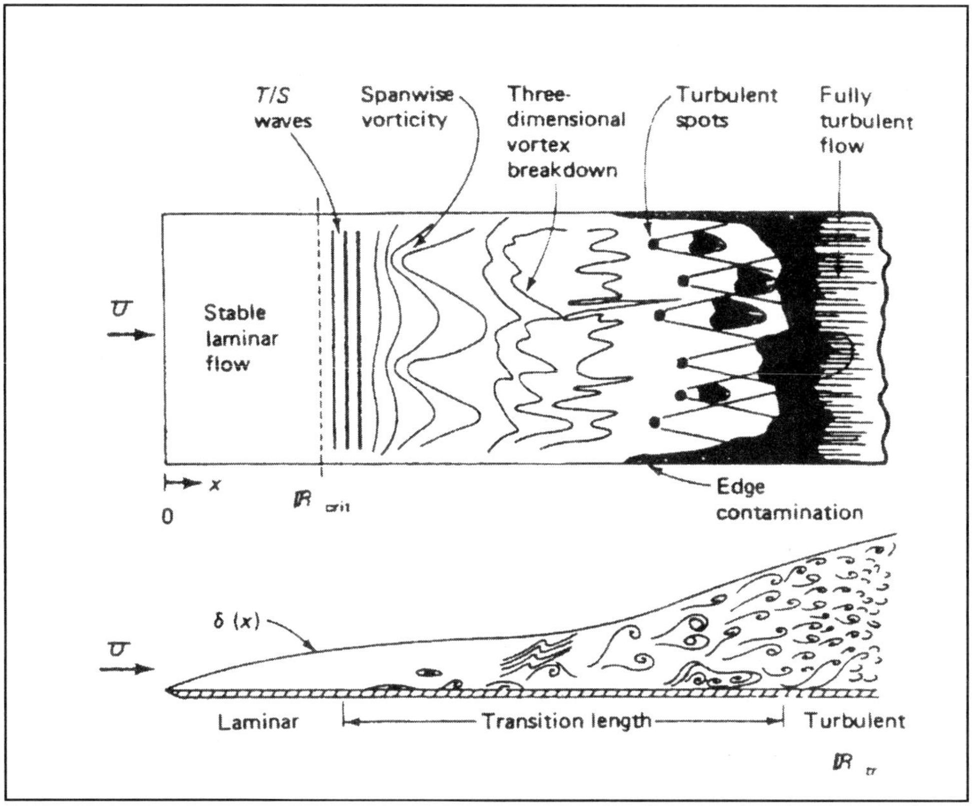

그림 5-11 평행평판 주위의 유동 천이 현상에 대한 개략도

알 수 있다. 이에 대한 자세한 논의는 대학원 과정으로 미루기로 하고, 여기서는 그림 5-11에 대한 간략한 설명만으로 만족하기로 한다. 먼저 평행평판의 앞부분에 형성되는 층류경계층의 바로 뒤쪽에는 2차원 형상의 파동[13]이 형성되어 최초의 불균일성을 나타내며, 이들은 얼마 되지 않아 2차원적인 구조를 잃고 폭방향으로의 유동 변화를 현저하게 보인다. 이러한 현상은 곧 3차원적인 불균일성으로 연결되고, 이들은 훨씬 규모가 작지만 강도 높은 난류점(亂流點, turbulent spot)의 생성에 이바지하며, 일군의 난류점들 뒤쪽에는 '성숙된' (fully developed) 난류가 형성된다.

한편 그림 4-4에는 난류경계층 내부에서 계측된 속도의 시간에 따른 변화를 보였다. 유속이 평균속도 $10m/s$를 중심으로 약 1000 Hz의 평균진동수를 가지고 변화하는 것을 볼 수 있는데, 정밀하게 해석하면 난류는 $1 \sim 10^5$ Hz의 진동수 영역에 걸친 변화를 모두 포함하고 있음을 알 수 있다. 공간적으로도 난류 현상은 분자론적인 운동보다는 훨씬 큰 규모로 이루어지므로 연속체역학의 범주 안에서 다룰 수 있는 현상이다.

난류경계층 내부의 속도 분포에 대한 연구는 1910-30년대의 Prandtl과 von Karman (1881-1963, USA)[14]의 경쟁적인 연구에 의해 그 토대가 이루어졌으며, 이하에서는 그들의 논리와 그 후의 발전에 대해 생각해 보기로 한다. 경계층 내부의 유동이 난류가 되면, 우선적으로 생기는 변화는 경계층 전반에 걸쳐 속도 분포가 층류일 때보다는 더욱 균일하게 된다는 점이다(그림 4-8 참조). 이는 경계층 외부로부터 내부로 운동량이 공급되는 것을 의미하며, 따라서 평판의 마찰항력은 층류일 때보다 더욱 증가한다. 일반적으로 난류경계층은 외부와의 운동량 교환이 심한 바깥쪽 영역과[15], 평판에 바로 인접해 있어 점성의 영향이 훨씬 큰 안쪽 영역 및 이들 두 영역 사이에 있어 점성의 영향과 외부와의 운동량 교환에 의한 영향이 비슷한 영역의 세 영역으로 나누어 생각한다.

평행평판에 바로 인접한 매우 작은 영역에서는 점성의 효과가 경계층 외부와의

13) 통상 Tollmien-Schlichting 파동으로 불린다.
14) von Karman은 Prandtl의 학생이었으며, 1930년대 이후에는 미국으로 이주하여 미국의 유체역학계에 엄청난 영향을 끼쳤다. 2차 대전 이후에는 다시 유럽으로 돌아가 유럽의 항공우주계획을 주도적으로 조직화한 바 있다.
15) 관유동의 경우에는 외부와의 운동량 교환이 이루어지는 것으로 볼 수 없으므로, 경계층의 바깥쪽, 다시 말하면 중심축에 가까운 영역 내부에서의 운동량 교환이 층류보다는 훨씬 활발하게 이루어지는 것을 뜻한다.

운동량 교환에 의한 효과보다 훨씬 지배적일 것이며, 이 영역에서는 유동 또한 층류로 볼 수 있어 식 (4.1) 또는 식 (5.8)에 의해 전단응력을 구할 수 있다. 이 영역은 점성저층(viscous sublayer)으로 불리며, 이 영역 내에서의 전단응력은 Prandtl(1933)에 따르면 평판 상에서의 전단응력 τ_0와 동일하다고 볼 수 있으므로, 점성저층에서의 속도 분포는 평판으로부터의 수직 거리 y의 1차 함수로 볼 수 있고, 식 (5.14)의 무활조건을 사용하여 다음과 같이 쓸 수 있다.

$$u = \frac{\tau_0}{\mu} y \tag{5.33}$$

무차원량으로 나타내기 위해 우변에 ρ를 곱해 주고 나누어주면 다음을 얻는데,

$$u = \frac{\tau_0}{\rho} \frac{y}{\nu} \tag{5.34}$$

여기서 다음과 같은 점에 착안하여[16],

$$\left[\frac{\tau_0}{\rho} \right] = L^2 T^{-2} \tag{5.35}$$

마찰속도(friction velocity) u_0를 다음과 같이 정의한다.

$$u_0 = \sqrt{\frac{\tau_0}{\rho}} \tag{5.36}$$

식 (5.34)의 양변을 u_0로 나누어 다음을 얻을 수 있다.

16) [ ]는 차원을 표시하며, L, T는 각각 길이와 시간을 뜻한다.

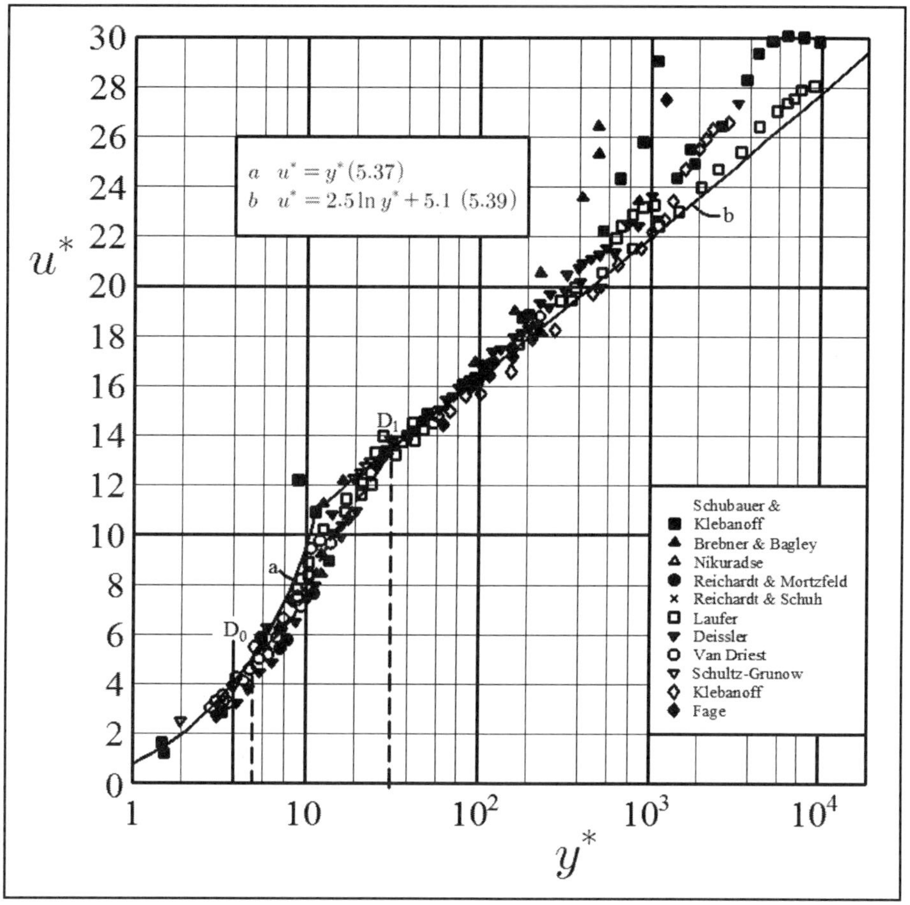

그림 5-12 벽법칙과 각종 계측 자료의 비교, $u^* = u/u_0$, $y^* = u_0 y/\nu$
(a) 식 (5.37), (b) 식 (5.39)

$$\frac{u}{u_0} = \frac{u_0 y}{\nu} \tag{5.37}$$

위 식의 우변은 u_0와 y에 근거한 일종의 국부 Reynolds 수로 볼 수 있다. 점성저층의 두께는 난류경계층 전체 두께의 약 1/200정도이다(그림 5-12 참조).

한편 외부유동과 인접해 있는 경계층의 바깥쪽 영역에서의 속도 분포는 속도결손 법칙(velocity defect law)이라고 불리는 다음과 같은 식으로 주어진다.

$$\frac{U-u}{u_0} = f_o\left(\frac{y}{\delta}\right) \tag{5.38}$$

좌변이 u가 아닌 $U-u$인 까닭에 속도결손으로 불리고, f_o는 미지함수이며, 식 (5.38)에 따르면 이 영역에서의 속도결손은 경계층의 두께로 무차원화한 y만의 함수로 주어진다.

또 점성저층과 이 바깥쪽 영역 사이의 중간영역에서는 속도 분포가 대수함수로 주어지는데, 실험 결과와 잘 일치하도록 상수들을 결정하면 다음을 얻을 수 있다[17].

$$\frac{u}{u_0} = 2.5\ln\left(\frac{u_0 y}{\nu}\right)+5.1, \qquad \frac{u_0 y}{\nu} > 30 \tag{5.39}$$

$$\frac{U-u}{u_0} = -2.5\ln\left(\frac{y}{\delta}\right)+2.35, \qquad \frac{y}{\delta} < 0.15 \tag{5.40}$$

식 (5.39)는 점성저층에서의 독립변수인 $u_0 y/\nu$를, 식 (5.40)은 바깥쪽 영역에서의 독립변수인 y/δ를 사용하여 나타낸 것으로 중간영역의 이중적인 성질을 나타내고 있다. 경계층 내부의 중간영역의 속도 분포에 대한 식 (5.39)는 통상 벽법칙(law of the wall)으로 불린다.

한편 난류경계층에 관련된 계산에 있어서의 어려운 점은, 식 (5.37), (5.39), (5.40)을 사용하여 경계층 내부에서의 속도 분포를 얻으려고 하면, u_0와 δ를 미리 구해야 한다는 것이다. 먼저 식 (5.39)과 식 (5.40)을 더하여 u를 소거하면 다음과 같은 형태의 u_0와 δ에 대한 식을 얻는다.

$$\frac{U}{u_0} = 2.5\ln\frac{u_0\delta}{\nu} + 7.45 \tag{5.41}$$

---

17) 왜 속도 분포가 대수함수의 꼴을 가져야 하는지에 대해서 설명하는 방법은 여러 가지이며, 예를 들어 [7]과 같은 점성유체에 대한 교재를 참고하기 바란다.

또 하나의 식은 von Karman(1921)에 의해 주어진 바 있다. 즉 경계층 방정식 식 (5.18)을 y에 대해 0부터 δ까지 적분하여 다음을 얻는데[18],

$$\frac{\tau_0}{\rho} = \frac{d}{dx}\int_0^{\delta} u(U-u)dy \tag{5.42}$$

이 식은 통상 von Karman의 운동량-적분방정식으로 불린다. 식 (5.42)를 평판의 길이 방향으로 적분하여 마찰항력을 구하면 다음을 얻는다.

$$D_f = b\int_0^l \tau_0\, dx = \rho b\int_0^{\delta}[u(U-u)]_{x=l}\,dy \tag{5.43}$$

이 식은 속도 분포만 알면 마찰항력을 얻을 수 있는 형태이므로 근사적으로 마찰항력을 구하는데 많이 사용된다. 마찰속도의 정의인 식 (5.36)에 의해 식 (5.42)의 좌변은 u_0^2이고, 식 (5.42) 우변의 적분은 다음에 논의할 1/7승 법칙 등을 사용하여 근사적으로 구할 수 있으므로 u_0와 δ에 대한 식을 하나 더 얻으며, 식 (5.41), (5.42)를 풀어 u_0와 δ를 구하면 경계층 내부의 속도 분포를 확정할 수 있다.

그러나 난류인 관유동에 대해서와 마찬가지로, 관련된 변수들 사이의 관계가 음함수적이므로 난류경계층 내부의 속도 분포에 대해 보다 쉬운 형태로 설명할 수 있는 방법이 있다면 바람직할 것이다. §4.4에서 논의한 바와 같이 Blasius의 저항공식과 모순되지 않는 속도 분포는 식 (4.22)와 같은 1/7승-속도 분포 법칙에 의해 주어진다. 여기서 Prandtl(1921)이 제안한 가정, 즉 '난류 관유동에 대한 속도 분포는 평행평판의 난류경계층에 대해서도 그대로 성립한다'는 가정을 받아들이기로 하면, 식 (4.23) 좌변의 u_m은 U로, 우변의 a는 δ로 대치하여 난류경계층 내의 속

18) 물론 식 (5.18)은 층류경계층에 대해서만 적용할 수 있는 식이지만, 난류의 불규칙성이 모든 방향에 대해 동일하다는 등방향성(isotropic) 난류를 가정할 수 있다면, 식 (5.42)는 난류경계층에 대해서도 적용시킬 수 있다. 또 식 (5.42)의 좌변은 식 (5.18) 우변을 적분한 결과이며, 우변은 연속방정식인 식 (3.30)으로부터 얻어지는 $v(x,y) = -\int_0^y \frac{\partial u}{\partial x}dy$를 식 (5.18) 좌변에 대입하고 또 부분적분을 적용한 후, $u(y=\delta) = U$를 사용하여 구한다.

도 분포를 다음과 같이 근사할 수 있으며,

$$\frac{u}{U} = \left(\frac{y}{\delta}\right)^{1/7} \tag{5.44}$$

이 식은 $Rn < 10^7$인 난류에 대해서는 실험 결과와 만족할 만한 일치를 주는 것으로 밝혀졌다.

한편 식 (5.44)와 같은 속도 분포에 상응하는 전단응력과 마찰항력을 구해 보면, 먼저 식 (4.22)로부터 u_0를 다음과 같이 얻을 수 있으므로[19],

$$u_0^{8/7} = 0.1144U\left(\frac{\nu}{\delta}\right)^{1/7} \tag{5.45}$$

이 식을 정리하여 다음을 얻는다.

$$u_0 = 0.150U^{7/8}\left(\frac{\nu}{\delta}\right)^{1/8} \tag{5.46}$$

따라서 평행평판 상에서의 전단응력은 다음과 같이 되는데,

$$\tau_0 = \rho u_0^2 = 0.0225\rho U^{7/4}\left(\frac{\nu}{\delta}\right)^{1/4} \tag{5.47}$$

이 식은 아직 미지함수인 δ를 포함하고 있으므로 이를 구하기 위해 von Karman의 운동량-적분방정식 식 (5.42)를 사용한다. 경계층 내의 속도 분포인 식 (5.44)를 식 (5.42)에 대입하면 다음을 얻으며,

---

19) 식 (4.22)의 U는 평균속도이므로 최대속도인 u_m으로 바꾸어줘야 하는데, 각주 4-16에서 밝힌 바와 같이 $U = 0.8u_m$을 사용하였다.

$$\tau_0 = \frac{7}{72}\rho U^2 \frac{d\delta}{dx} \tag{5.48}$$

식 (5.47), (5.48)로부터 경계층의 두께 $\delta(x)$에 대한 다음과 같은 미분방정식을 얻는다.

$$\frac{d\delta}{dx} = C\left(\frac{\nu}{U}\right)^{1/4}\delta^{-1/4}, \quad C = 0.2314 \tag{5.49}$$

그러므로 $x=0$에서 $\delta=0$를 가정하여 위 식을 적분하면[20] 다음을 얻는다.

$$\frac{\delta}{x} = 0.37\, Rn_x^{-1/5} \tag{5.50}$$

이 식에 따르면 $Rn < 10^7$인 난류에 대해서 난류경계층의 두께는 $x^{4/5}$에 비례하여 증가하므로, 앞절의 식 (5.21)에서 얻은 층류경계층의 두께($\propto x^{1/2}$)에 비하면 빨리 증가한다.

또 평행평판 상에서의 전단응력을 구하기 위해 식 (5.50)을 식 (5.47)에 대입하면 다음을 얻고[21],

$$\tau_0 = 0.0296\rho U^2\, Rn_x^{-1/5} \tag{5.51}$$

따라서 다음과 같이 주어지는 마찰응력계수를 얻는다.

$$c_f = \frac{\tau_0}{\rho U^2/2} = 0.0592\, Rn_x^{-1/5} \tag{5.52}$$

또 마찰항력은 식 (5.51)을 적분하여 얻을 수도 있으나, 식 (5.48)을 이용하면 다

20) 평판의 앞끝부터 난류경계층이 시작되는 것으로 가정하는 것인 데, 매우 긴 평판에 대해서는 평판 앞쪽의 층류경계층을 무시해도 만족할 만한 결과를 얻을 수 있다.

21) 실험 자료와의 일치를 위해 0.0288을 0.0296으로 수정하였다.

음을 얻고[22],

$$D_f = b\int_0^l \tau_0\, dx = \frac{7}{72}\rho U^2 b\delta(l) = 0.037\rho U^2 bl\ Rn^{-1/5} \tag{5.53}$$

따라서 마찰항력계수는 다음과 같다.

$$C_f = 0.074\ Rn^{-1/5} \tag{5.54}$$

그림 5-9에 보인 바와 같이, 식 (5.54)는 $Rn \in (2\times10^5, 10^7)$에 대해 실험 자료와 잘 일치하는 결과를 준다.

Rn가 10^7보다 큰 난류에 대해서는, 식 (5.44)와 같이 속도가 평판으로부터의 거리의 몇 승에 비례하는 소위 멱(冪)함수형의 속도 분포 가정이 더 이상 맞지 않으므로, 위에서 논의한 식 (5.37), (5.39), (5.40)등과 같은 보다 정확한 속도 분포를 사용하여 마찰응력을 구해야 한다. 이러한 작업은 대단히 복잡한 과정을 포함하므로, 여기에서는 먼저 $Rn \in (10^5, 10^9)$에 대해 쓸 수 있는 White(1974) [7]의 근사 결과를 유도 과정 없이 소개한다. 경계층의 두께, 마찰응력계수, 마찰항력계수는 각각 다음과 같이 주어진다.

$$\frac{\delta}{x} = 0.14 Rn_x^{-1/7} \tag{5.55}$$

$$c_f = 0.026 Rn_x^{-1/7} \tag{5.56}$$

$$C_f = 0.0303 Rn^{-1/7} \tag{5.57}$$

앞에서 생각했던 1/7승-속도 분포 법칙에 근거한 결과 식 (5.50), (5.52), (5.54)와 비교하면 Rn_x 또는 Rn의 지수가 $-1/5$에서 $-1/7$로 바뀐 것을 알 수 있다.

---

22) 위에서와 같은 이유로 0.036을 0.037로 수정하였다.

다음에는 §4.4에서 다룬 $Rn > 10^5$보다 큰 난류 관유동에 대한 Prandtl의 일반 마찰법칙 식 (4.16)을 유도하는 과정을 Prandtl(1933)의 방법을 따라 설명한 뒤, 이에 근거하여 작성된 평행평판의 마찰항력계수에 대한 근사공식을 소개한다. 식 (5.41)이 원형 단면 관의 횡단면 전 영역에 걸쳐서 유효하다고 가정하고 또 상수들을 관유동에 대해 적합하게 맞춰 주면 다음을 얻는다.

$$\frac{U}{u_0} = 2.5\ln\left(\frac{u_0 a}{\nu}\right) + 1.75 \tag{5.58}$$

여기서 U는 관유동의 평균유속이다. 저항계수의 정의인 식 (4.10)과, 마찰속도의 정의인 식 (5.36)을 사용하여 다음을 얻고,

$$\frac{U}{u_0} = \frac{2\sqrt{2}}{\sqrt{f}} \tag{5.59}$$

이를 식 (5.58)에 대입하면 다음을 얻으며,

$$\frac{1}{\sqrt{f}} = \frac{1}{2\sqrt{2}}[2.5\ln(Rn\sqrt{f}) - 2.5\ln 4\sqrt{2} + 1.75] \tag{5.60}$$

또 이를 정리하여 다음을 얻는다[23].

$$\frac{1}{\sqrt{f}} = 2.035\log(Rn\sqrt{f}) - 0.913 \tag{5.61}$$

이 식의 상수들을 실험 자료를 고려하여 약간 수정하면 식 (4.16)을 얻는다. 난류경계층으로 덮여 있는 평행평판의 마찰항력계수도 이와 비슷한 형태를 가질 것이

23) 자연대수와 상용대수 사이에는 $\ln x = 2.3026\log x$가 성립한다.

며, Schoenherr(1932)는 관유동에 대해 식 (5.61)과 유사한 결과를 제시한 von Karman(1931)의 연구에 근거하고 또 평판에 대한 실험 자료를 참고하여 다음과 같은 공식을 제안한 바 있다.

$$\frac{1}{\sqrt{C_f}} = 4.13\log(Rn\, C_f) \qquad (5.62)$$

이 식은 Schoenherr의 마찰저항공식으로 불리며, 배의 마찰저항 계산을 위해 사용되는 기본적인 공식이다. 그림 5-9에 보인 바와 같이 Rn가 4×10^5보다 큰 경우에 대해서 실험 자료와 잘 일치하는 결과를 주고 있다.

◉ 예제 5-4

예제 5-3에서 다루었던 물속에 놓인 평행평판에 대해 다음을 구하시오.

1) 평판의 뒤끝에서의 경계층의 두께,

2) 평판의 마찰항력.

▶ 답

1) 물속에 놓인 평행평판에 대해 평판의 길이를 사용했을 때 얻은 Rn는 8.73×10^5[식 (예5.6)]이므로, $x_c = 0.229\,m$까지는 층류경계층으로, 그 뒤쪽은 난류경계층으로 간주해야 한다. 먼저 식 (5.50)을 사용하면 평판의 뒤끝에서의 난류경계층의 두께를 다음과 같이 얻는다.

$$\delta = l\,(0.37\,Rn^{-1/5}) = 0.37\times(8.73\times10^5)^{-1/5} = 2.40\,cm \qquad (예5.14)$$

이 값은 식 (예5.10)에서 공기 중의 평행평판에 대해 얻은 값 $1.12\,cm$보다 2배 이상 크다. 즉 물속에 놓여 있는 평판의 뒤쪽이 난류경계층으로 덮여 지기 때문에, 운동학적 점성계수가 더 큰 공기 중에서보다 오히려 물속에 놓인 평판 끝에서의 경계층의 두께가 더 크다는 점에 유의한다.

한편 경계층의 두께에 대한 식 (5.50)과 관련된 각주 5-19에서 밝힌 바와 같이, 식 (5.50)을 구할 때, 실제와는 달리 평판의 앞끝부터 난류경계층이 시작하는 것으로 가정하였다. 평판 앞쪽의 층류경계층을 고려하여 뒤끝에서의 난류경계층의 두께를 구하면, 먼저 식 (5.49)를 적분함에 있어, $x = x_c$에서 $\delta = \delta_c$인 점을 고려하여, $x > x_c$인 부분에 대해 다음을 얻는다.

$$\frac{\delta}{x} = 0.37 Rn_x^{-1/5}\left(1 - \frac{x_c}{x}\right)^{4/5} + \frac{\delta_c}{x} \tag{예5.15}$$

식 (예5.9)에 따르면 x_c에서의 층류경계층의 두께 δ_c는 $2.56\ mm$이므로, 평판 뒤끝에서의 경계층의 두께는 다음과 같다.

$$\begin{aligned}\delta &= l\left\{0.37\, Rn^{-1/5}\left(1 - \frac{x_c}{l}\right)^{4/5}\right\} + \delta_c \\ &= \left\{0.37 \times (8.73 \times 10^5)^{-1/5}(1 - 0.229)^{4/5}\right\} + 2.56 \times 10^{-3} \\ &= 2.40 \times 0.81 + 2.56 \times 10^{-3} = 2.22\ cm\end{aligned} \tag{예5.16}$$

식 (5.50)을 사용하여 얻은 식 (예5.14)의 값은 $2.40\ cm$인 점을 생각하면, 식 (5.50)을 사용해도 오차가 그리 크지 않은 것을 알 수 있다.

2) Rn가 8.73×10^5[식 (예5.6)]이므로, 평판 앞쪽의 층류경계층을 무시하면 식 (5.54)를 사용하여 다음을 얻는다.

$$\begin{aligned}D_f &= \frac{1}{2}\rho U^2 bl C_f = \frac{1}{2}\rho U^2 bl(0.074\ Rn^{-1/5}) \\ &= 0.5 \times 10^3 \times (4.80 \times 10^{-3}) = 2.40\ N\end{aligned} \tag{예5.17}$$

층류경계층에 대한 Blasius의 마찰항력공식인 식 (5.32)를 사용하여 얻은 결과인 식 (예5.12)의 $0.71\ N$에 비하면 훨씬 큰 값을 얻으며, 이는 난류경계층의 두께가 더 큰 것과도 일관된 결과이다.

또 마찰항력계수는 4.80×10^{-3}으로 예제 5-3의 식 (예5.13)에서 공기 중의 평행평판에 대해서 구한 마찰항력계수 5.07×10^{-3}보다 더 작은 값이다. 물과 공기의 밀도비는 약 817이지만, 이와 같은 이유로 마찰항력의 비는 774이다.

한편 마찰항력을 구할 때도 평판 앞쪽의 층류경계층을 고려하여 구할 수 있으나, 위에서 구한 값과 크게 다르지 않은 값을 얻으며, 이에 대해서는 연습문제로 돌린다.

◉ 예제 5-5

속도 $10\,m/s$인 물 속에, 길이 $100\,m$, 폭 $10\,m$인 평판이 흐름에 평행하게 놓여 있을 때 다음을 구하시오.

1) 평판의 뒤끝에서의 경계층의 두께,

2) 평판의 마찰항력계수.

▶ 답

1) 먼저 Rn를 구하면 다음과 같다.

$$Rn = \frac{Ul}{\nu} = \frac{10 \times 10^2}{1.145 \times 10^{-6}} = 8.73 \times 10^8 \qquad (\text{예}5.18)$$

식 (5.55)를 사용하여 경계층의 두께를 구하면 다음과 같다.

$$\delta = l\left(0.14 Rn^{-1/7}\right) = 10^2 \times 0.14 \times (8.73 \times 10^8)^{-1/7} = 0.74\,m \qquad (\text{예}5.19)$$

만약 식 (5.50)을 사용하여 경계층의 두께를 구하면 다음을 얻는데,

$$\delta = l\left(0.37 Rn^{-1/5}\right) = 10^2 \times 0.37 \times (8.73 \times 10^8)^{-1/5} = 0.60\,m \qquad (\text{예}5.20)$$

식 (5.50)의 적용범위는 $Rn \in (Rn_c,\, 10^7)$이므로, 당연히 식 (5.55)를 사용하여야 할 것이며, 식 (5.50)을 사용했을 때의 오차는 -19%에 달한다.

2) 식 (예5.18)로부터 Rn가 8.73×10^8이므로, 평판 앞쪽의 층류경계층을 무시하여 식 (5.57)을 사용하면 다음을 얻는다.

$$C_f = 0.0303\,Rn^{-1/7} = 0.0303 \times (8.73 \times 10^8)^{-1/7} = 1.60 \times 10^{-3} \qquad (예5.21)$$

또 Schoenherr의 마찰항력공식 식 (5.62)를 사용하는데, 예제 4-8의 식 (예4.17)과 유사한 반복법을 사용하기로 하고,

$$\frac{1}{\sqrt{C_{f\,n+1}}} = 4.13\log(RnC_{f\,n}), \quad n = 0, 1, \cdots \qquad (예5.22)$$

$C_{f\,0}$는 식 (예5.21)에서 구한 값을 쓰기로 하면, 한두 번의 반복 끝에 다음을 얻는다.

$$C_f = 1.56 \times 10^{-3} \qquad (예5.23)$$

식 (예5.21), (예5.23)의 두 결과를 비교하면 단지 2.5 %의 차이를 보일 뿐이다.

5.4 수직평판, 박리 및 압력항력

앞 절까지는 유체 중에서 움직이는 물체가 유체의 점성에 기인하여 유체로부터 받는 마찰항력에 대해 생각해 보았다. 유체와 접촉해 있는 물체 표면 상에서는, 물체와 유체의 속도가 같아야 하기 때문에, 인접한 유체의 층 사이에 상대속도가 생기며, 따라서 물체는 전단응력을 받게 되는데, 마찰항력은 이와 같은 전단응력에 기인하는 항력으로, 물체가 유체와 접촉해서 움직이는 한 항상 발생한다. 한편 그림 5-13에 보인 바와 같은 수직평판의 경우에도 물론 유체의 점성 때문에 발생하는 항력을 받지만, 평행평판의 경우처럼 전단응력에 기인하는 마찰항력을 받는 것이 아니고, 평판의 앞쪽과 뒤쪽에 작용하는 압력 차이에 기인하는 항력을 받는다.

수직평판에 대해서, 영이 아닌 항력을 받을 수 있는 기전에 대한 가설을 최초로 제시한 사람은 Kirchhoff(1869)였다. 그는 자유유선(free streamline)의 개념을 이용하여 수직평판의 양면에 작용하는 압력 차이를 설명하였는데, 항력계수 C_d를 다음과 같이 구하였다.

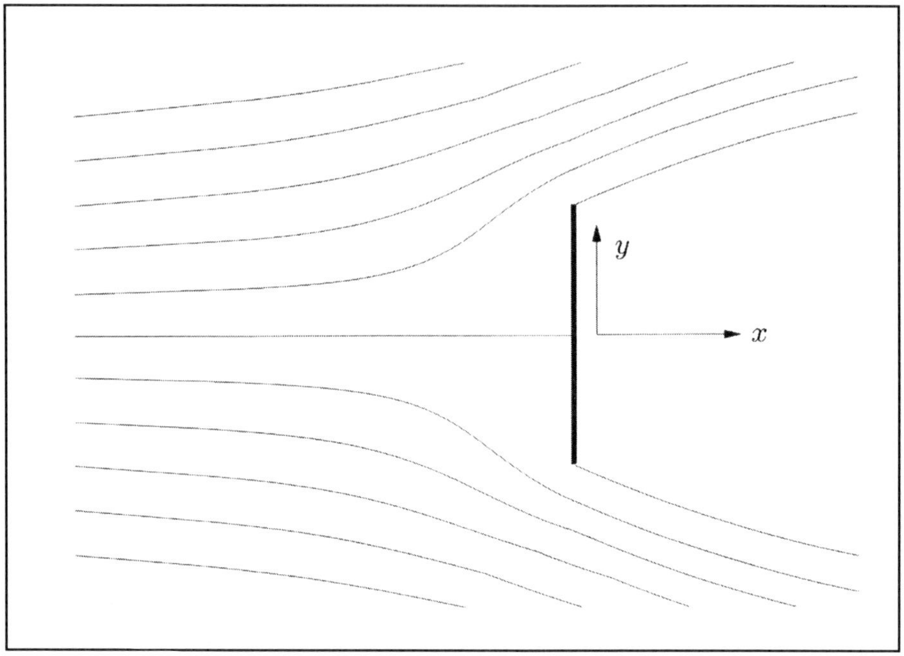

그림 5-13 수직평판 주위의 유동에 대한 Kirchhoff(1869)의 가설

$$C_d = \frac{D}{S\rho U^2/2} = \frac{2\pi}{\pi + 4} = 0.88 \qquad (5.63)$$

여기서 D는 항력이고, S는 수직평판의 y 축에 대한 투영면적이다. 그는 수직평판의 위, 아래 끝에서 떨어져 나간 유선[자유유선(free streamline)]과 수직평판의 뒤쪽에 의해 둘러싸인 부분(그림 5-13)의 유체는 정지해 있다고 가정하였으므로, 수직평판의 뒤쪽에 작용하는 압력은 영(상대압력)으로 보아 이론을 전개하여 영이 아닌 항력을 얻을 수 있었다. 그러나 식 (5.63)에 의해 주어진 값, 0.88은 실험치에 비교하여 너무 작았으므로 대단히 실망스러운 결과였다. 그는 비록 유체의 점성을 무시하고 항력을 구하고자 하였으나, 유동의 y축에 대한 대칭성을 깨뜨려야 영이 아닌 항력을 구할 수 있다는 사실을 확실히 지적하였다. 비점성유체를 가정할 경우 수직평판 주위의 유동은 x축과 y축에 대한 대칭성을 가지며, 따라서 유체가 물체에 가하는 힘은 영인 결과를 얻게 됨을 상기하기 바란다(그림 5-3). 이러한 개념은 다

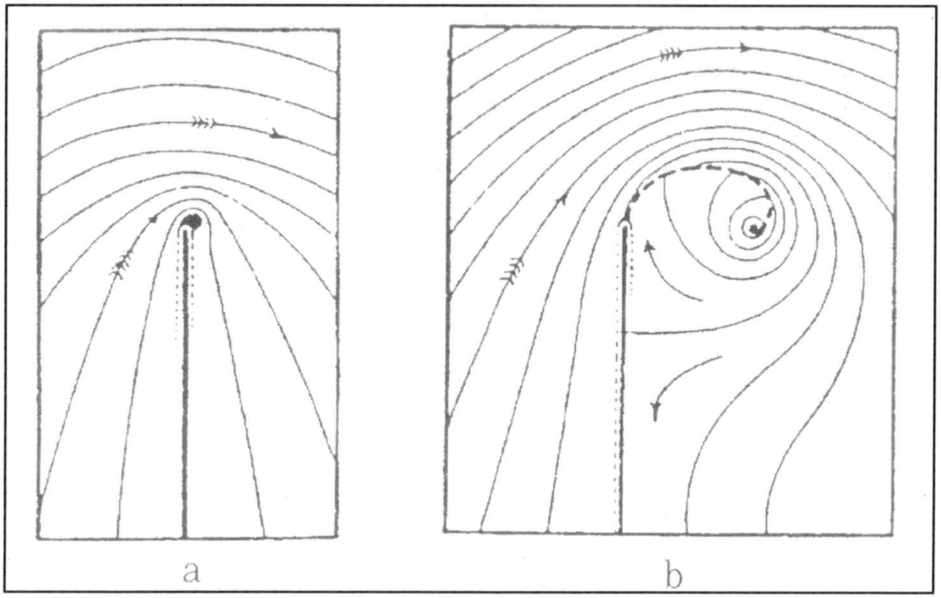

a: 초기, b: 시간이 꽤 지난 후
그림 5-14 Prandtl(1905)에 따른 수직평판의 위끝 주위 유동의 변화

음 장에서 다룰 양력의 기전을 설명할 때도 그대로 적용되므로 유동의 형상과 관련하여 물체에 작용하는 항력을 설명하고자 한 그의 시도는 높이 평가해야 할 것으로 보인다.

경계층의 개념을 처음 도입한 1904년의 논문에서 Prandtl은 평행평판이 층류 중에서 받는 마찰항력을 구하는 방법을 개략적으로 기술한 후, 수직평판과 같은 문제에 있어서, 경계층의 개념을 사용하면, 평판 뒤쪽의 압력이 영이 아니고 오히려 음의 값을 가지는 것을 합리적으로 설명할 수 있다는 사실을 지적하였다.

그림 5-14a에 보인 바와 같이 초기에는 수직평판 주위의 유선의 모양이 비점성유체에 대한 그림 5-3b와 유사하나, 시간이 지남에 따라 그림 5-14b에 보인 바와 같이, 수직평판의 끝쪽 주위에서 점성 때문에 형성된 경계층 내부의 회전성유동이 평판으로부터 떨어져 나가 유동장 내부에 와동(渦動, vortex)[24]을 형성하며, 이와 같은 경계층의 박리(separation) 현상이 비점성유체에 대한 유선과 대단히 다른

24) 와동은 넓은 의미로는 회전성유동을 총칭하는 것으로 볼 수도 있고, 좁은 의미로는 그림 5-14b에 보인 바와 같은 회전성유동의 핵(core) 주위의 유동을 뜻한다.

유선 형상을 만들어 내는 것을 지적하였다.

평판의 위끝과 아래끝에서 이와 같은 박리 현상이 생기면, 후류(wake)라고 불리는 수직평판 뒤쪽에서의 유체의 평균속도는 거의 무시할 수 있을 정도로 작지만, 후류 내부의 압력은 박리가 발생한 곳에서의 압력과 거의 비슷해야 하므로[25], 상당한 음압이 수직평판의 뒤쪽에 작용한다. 그림 5-15에 수직평판 상에서의 압력 분포 p를 정체압으로 무차원화한, 다음과 같이 정의되는 압력계수 C_p를 보였다.

$$C_p = \frac{p}{\rho U^2/2} \tag{5.64}$$

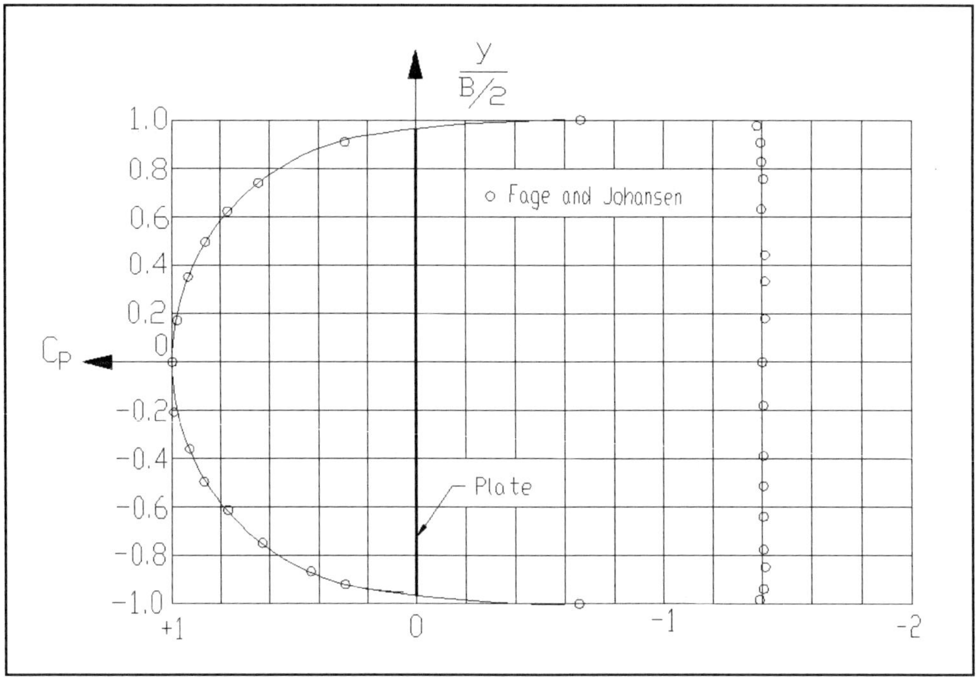

그림 5-15 수직평판 상의 압력계수 C_p

25) 박리가 생긴 점에서의 속도는 유입되는 유동의 속도보다 큰 것이 일반적이며, 따라서 박리점에서의 압력은 음의 값을 가진다. 또 박리점에서부터 시작된 유선을 따라서의 유속은 거의 일정하므로, Bernoulli 방정식에 의하면, 압력 또한 이 유선 부근에서는 일정해야 한다. 후류 내부에서의 평균 유속은 대단히 작을 뿐만 아니라 그 값의 큰 변화가 없으므로, 평판 뒤쪽에서의 압력은 박리점에서의 압력과 거의 비슷한 음의 값을 가지게 된다.

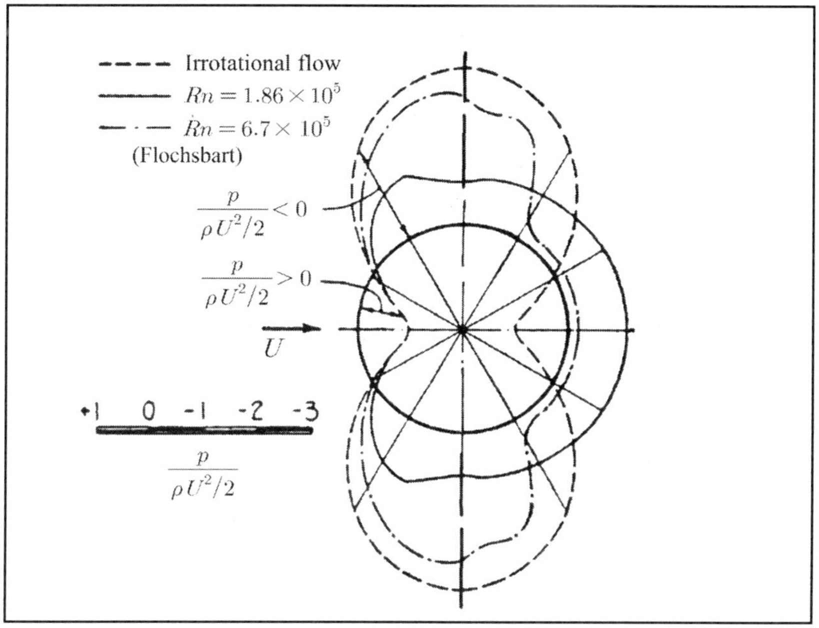

그림 5-16 원기둥 상의 압력 분포

위에서 언급한 바와 같이 평판 뒤쪽의 압력계수는 -1.4로 박리점에서의 압력계수와 비슷한, 거의 일정한 값을 가지는 것을 볼 수 있다. 또 $Rn > 10^3$인 경우에 대해서는 $C_d = 1.9$로 거의 일정한 값을 가진다. 이러한 수직평판의 항력계수(약 2.0)는, 그림 5-9에 보인 평행평판의 항력계수(약 2×10^{-3})와는 약 1000배 정도의 차이가 있다. 즉 박리에 기인하여 평판 뒤쪽의 경계층이 더 이상 존재할 수 없게 됨에 따라 물체의 앞쪽과 뒤쪽에 작용하는 압력 차이 때문에 발생하는 항력, 즉 압력항력(pressure drag) 또는 형상항력(form drag)은 물체 주위에 형성된 경계층 내부의 속도구배에 기인하는 마찰항력보다는 그 크기가 최소한 100배 이상이다. 따라서 물체의 형상을 항력을 작게 하려는 관점에서 설계하고자 하는 경우에는 가능한 한 박리 현상이 일어나지 않게 최대한 주의를 기울여야 한다.

지금까지 고려한 평행평판과 수직평판은 두 가지 극단적인 경우이고, 일반적인 형상을 가진 물체의 경우에는, 그 항력이 마찰항력과 압력항력의 합으로 주어진다.

한 예로서, 2차원 물체이면서 곡률반경이 일정한 경우인 원기둥에 대해 생각해보자. 그림 5-16과 같이 반경 a인 원기둥이 속도 U의 균일유동 중에 놓여 있을 때, 원기둥의 앞쪽에는 평행평판의 경우와 마찬가지로 Rn의 크기에 따라 층류경계층 또는 난류경계층이 형성된다. 그러므로 원기둥의 앞쪽에는 유체의 점성에 기인하는 전단응력과 원기둥 표면에 법선방향으로 작용하는 압력이 동시에 작용한다. 그러나 원기둥의 뒤쪽에는 $\theta = \pm\pi/2$ 부근에서 발생한 박리 때문에 꽤 큰 음압이 발생하며, 실제적으로 원기둥이 받는 항력은 수직평판의 경우와 마찬가지로 압력에 기인하는 항력, 즉 압력항력이 그 대부분을 차지한다. 그림 5-17에 원기둥을 포함하여 여러 가지 형상의 2차원 물체에 대해 항력계수를 Rn의 함수로 나타내었다. 이 그림에서 한 가지 주목할 만한 사실은 원기둥의 경우, Rn가 2×10^5 부근에서 항력계수가 급격히 감소하는 점이다. 이에 대한 설명은 1914년 Prandtl에 의해 주어진 바 있는데, 주요한 점은 원기둥 주위에 형성된 경계층 내부의 유동이 층류로부터 난류로 변화하는 것에 기인한다는 것이다. 층류일 때 $\theta = \pm\pi/2$ 부근에서 일어나던 박리가, Rn가 증가하여 난류로 변화하면, 경계층 바깥으로부터 보다 활발히 전달되는 운동량 때문에 약간 뒤쪽으로 지연되며, 이에 따라 원기둥 앞쪽에 작용하는 음압의 크기는 증가하고, 원기둥 뒤쪽에 작용하는 음압의 크기는 크게 감소하므로(그림 5-16) 결과적으로 압력항력은 감소한다.

박리 현상이 생기는 이유는 Prandtl(1904)에 의해 지적된 바와 같이, 주로 물체 표면을 따라서 발생하는 압력구배이다. 압력구배에 의한 힘의 방향과, 물체를 따라서 흐르는 유체의 운동 방향이 같으면 박리가 생길 수 있는 가능성은 희박하지만, 만약 두 방향이 반대이면 유체가 물체를 따라서 흐르는 것이 매우 힘들며, 이런 상황에서 유선이 물체 표면으로부터 떨어져 나가는 현상이 발생할 수 있다. 원기둥의 경우, $\theta = \pm\pi/2$에서 유속이 가장 커지므로 앞쪽의 정체점에서부터 이 점까지는 속도가 계속 증가하며, Bernoulli 방정식에 의하면, 압력은 감소하고 따라서 압력구배에 의한 힘의 방향과 유체의 운동 방향은 동일하다. 그러나 $\theta = \pm\pi/2$에서 뒤쪽 정체점까지는 상황이 그 반대가 되며, 따라서 층류의 경우, 박리가 $\theta = \pm\pi/2$ 부근에서 일어날 것을 기대할 수 있다. 수직평판의 경우에도 같은 이유 때문에 평판의 위 끝과 아래 끝에서 박리가 일어나는 것으로 이해할 수 있다.

한편 그림 5-17에 보인 바와 같이 유선형 물체(streamlined body)의 항력은 원기둥에 비하여 10% 이하의 항력계수를 가지며, 이는 유선형 물체의 경우, 박리에 의한 압력항력이 거의 무시할 수 있을 만큼 작은 것에 기인한다.

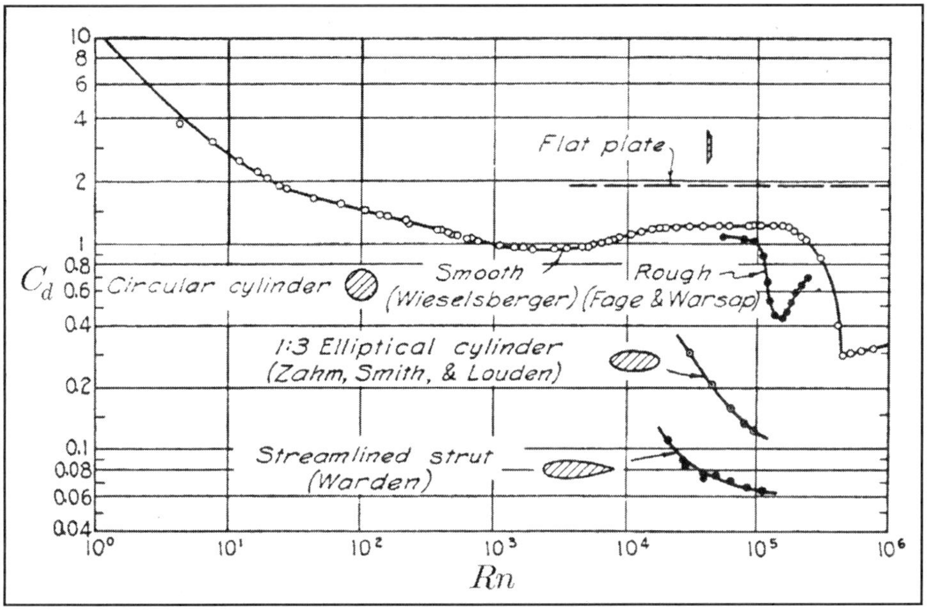

그림 5-17 각종 2차원 물체의 항력계수 C_d의 Rn에 따른 변화

◉ 예제 5-6

속도 $1m/s$인 물과 공기 중에, 길이 $1m$, 폭 $1m$인 평판이 흐름에 수직하게 놓여 있을 때 평판이 받는 항력을 구하시오.

▶ 답

식 (예5.6), (예5.7)로부터 물과 공기, 각각의 경우에 대해 Rn가 8.73×10^5, 6.86×10^4이므로, 항력계수 C_d는 두 경우 모두 1.9이다. 따라서 물과 공기 중에서의 수직평판이 받는 압력항력은 두 유체의 밀도 차이에 기인한다. 식 (5.63)의 C_d에 대한 정의를 사용하여 항력을 구하면 다음을 얻는다.

$$D_w = \frac{1}{2}\rho_w U^2 S C_d = 0.5\times10^3\times1.9 = 0.95\,kN \qquad (예5.24)$$

$$D_a = \frac{1}{2}\rho_a U^2 S C_d = 0.5\times1.224\times1.9 = 1.16\,N \qquad (예5.25)$$

여기서 하첨자 w, a는 각각 물과 공기를 뜻한다. 예제 5-4의 식 (예5.17)과 예제 5-3의 식 (예5.13)에서 물과 공기 중에 있는 평행평판에 작용하는 마찰항력으로 얻은 값인 $2.40\,N$과 $0.31\times10^{-2}\,N$와 비교하면 식 (예5.24), (예5.25)의 값은 각각 396배, 374배로 약 400배 정도 큰 점에 유의한다.

이상에서 평행평판 및 수직평판에 작용하는 항력을 구할 수 있기 위해서는 경계층의 개념이 필수적이었던 것을 살펴보았다. 평행평판에 인접한 경계층 내부의 상대적으로 매우 큰 벽에 수직한 방향으로의 속도구배와 이에 기인하는 전단응력, 또 수직평판 주위에 형성된 경계층의 박리에 기인하는 박리점 이후의 음압(또는 대단히 작은 압력) 등이, Newton 이래로 수백 년 동안 미궁에 쌓여 있던 문제, 즉 유체 중에서 움직이는 물체에 작용하는 힘의 한 성분인 항력을 합리적으로 설명하는 문제를 해결함에 있어 결정적인 역할을 하였다. 그리고 이와 관련된 연구의 대부분이 Prandtl이 주도하던 Göttingen 학파에 의해 이루어 졌다는 사실도 특기할 만하다.

1930년대 후반이 되면 평행평판 및 수직평판이 비압축성 점성유체 중에서 받는 항력을 이론과 실험의 상호 보완적인 방법을 사용하여 구하는 것이 가능하게 되었으며, 이후에는 보다 실제적인 문제, 예를 들면 3차원 효과, 압축성의 영향, 열경계층(thermal boundary layer) 등에 대한 연구가 광범위하게 이루어지게 되었다. 19세기 중엽의 유체역학자들과는 달리 20세기 초에는 많은 연구자들이 새로운 이론과 실험 방법을 사용하여 실제유체 중에서 물체가 받는 항력을 보다 본격적으로 다룰 수 있었으며, 20세기 초의 이 시대는 유체역학이라고 하는 '고전적'이고도 '새로운' 학문을 정립시킨 시대로 기억될 것이다[26].

26) 19세기까지, 유체에 관한 실험 분야는 주로 수력학(hydraulics), 이론 분야는 주로 수동역학(hydrodynamics) 분야의 연구자들에 의해 수행되어 왔으므로 이런 의미에서 보면 유체역학은 매우 '고전적'인 것으로 볼 수 있고, 한편 20세기에 들어서서는 유체역학이라는 이름의 신학문 분야가 성립되면서 보다 실질적이며, 또 새로운 문제들을 훨씬 광범위하게 다룰 수 있게 되었으므로 이런 의미에서 유체역학은 매우 '새로운'학문으로 볼 수 있다.

연습문제

1. 식 (5.11)을 무차원화하여 얻은 식에 나타나는 Rn의 물리적 의미에 대해 논하고, Rn가 클 때, Navier-Stokes 방정식의 근사로서 Euler 방정식을 사용하는 방법의 정당성에 대해 논하시오. 단 x, y는 특성 길이 L, 속도는 균일유동의 속도 U, 압력은 ρU^2으로 각각 무차원화한다.

2. 식 (5.11)에서 압력구배는 무시하고, x는 특성 길이 L, y는 경계층의 두께 δ를 사용하여 무차원화하여 얻어진 식과 식 (5.18)을 비교하여 경계층의 두께의 크기에 대해 논하시오.

3. 평행평판의 경계층과 관련하여 배제 두께(displacement thickness) δ_d와 운동량 두께(momentum thickness) δ_m은 각각 다음과 같이 정의된다.

$$\delta_d = \int_0^{\delta}\left(1 - \frac{u}{U}\right)dy$$

$$\delta_m = \int_0^{\delta}\frac{u}{U}\left(1 - \frac{u}{U}\right)dy$$

여기서 δ는 경계층 두께, $u(y)$는 경계층 내부의 평판에 평행한 방향의 유동 속도이며, U는 경계층 바깥의 속도, y는 평판에 수직한 방향의 좌표이다. δ_d와 δ_m의 물리적 의미에 대해 논하시오.

4. 해수 중에서 $15\,m/s$로 움직이는 길이 $200\,m$, 폭 $10\,m$인 평행평판에 대해 다음 물음에 답하시오.
1) 평판의 앞부분에 형성되는 층류경계층의 길이와 층류경계층의 최대 두께를 구하시오.
2) 평판 뒤끝에서의 경계층의 두께를 구하시오.

3) 마찰저항계수를 층류 경계층의 존재를 고려하여 구하시오,
4) 평판의 앞끝부터 난류 경계층으로 가정하여 마찰저항계수를 구하시오.
5) 위의 두 결과를 비교하여 방법 4)의 정당성에 대해 논하시오.
6) 평판의 마찰저항을 구하고, 또 평판의 길이가 반으로 줄 때, 마찰저항이 얼마나 감소하는지 구하시오.
7) 위에서 고려한 평판의 저항과 동일한 크기의 압력 항력을 받는 수직평판의 길이를 구하시오. 단 평판의 속도, 폭은 동일하다고 가정한다.

5. 길이가 $50\,m$인 평행평판이 물속에서 $10\,m/s$의 속도로 직선운동하고 있다. 평판의 앞끝으로부터 $5\,m$ 되는 곳과 뒤끝에서의 전단응력, 경계층의 두께를 각각 구하고, 항력계수, 항력을 구하시오. 단 평판의 폭은 $1\,m$이다.

6. 길이가 $10\,m$인 평행평판이 물속에서 $10\,m/s$의 속도로 직선운동하고 있다. White의 결과와, Schoenherr의 마찰항력공식을 사용하여 항력을 구하고 비교 검토하시오.

7. 바닷물 속에서 $10\,m/s$로 진행하는 길이 $100\,m$, 폭 $20\,m$인 평행평판에 작용하는 마찰항력을 구하시오. 단 바닷물의 밀도는 $1026.9\,kg/m^3$, 운동학적 점성계수는 $1.354\times10^{-6}\,m^2/s$이다.

8. 선박의 저항을 추정하기 위해 축척비(scale ratio)가 1/25인 모형선으로 모형시험을 수행하고자 한다. 단 해수와 청수의 밀도, 동점성계수는 같다고 가정한다.
1) Fn가 같게 실험하기 위해서는 모형선의 속도가 실선의 속도의 몇 배가 되어야 하는지 구하시오.
2) Rn가 같게 실험하기 위해서는 모형선의 속도가 실선의 속도의 몇 배가 되어야 하는지 구하시오.
3) 실제의 모형시험은 모형선과 실선의 Fn를 같게 하여 수행되는 이유를 설명하시오.

9. 축척비가 1/20인 모형선을 사용하여 저항시험(resistance test)을 수행하는데, 모형선의 길이는 $6\,m$, 침수표면적은 $8\,m^2$, 속도는 $2\,m/s$이다. 모형선과 실선의 마찰저항을 구하시오. 단 선박의 마찰저항은 선박과 길이와 침수표면적이 같은 평판의 마찰저항과 같다고 간주한다. 청수와 해수의 밀도는 각각 $1000\,kg/m^3$, $1025\,kg/m^3$, 운동학적 점성계수는 $1.14\times10^{-6}m^2/s$, $1.19\times10^{-6}m^2/s$로 한다.

10. 길이가 $100\,m$, 침수표면적이 $2000\,m^2$인 배의 속도가 $20\,kts$이다. 운동학적 점성계수는 위의 8번에서와 같다.
1) 축척비가 1/25일 때, 실선과 모형선의 Rn를 구하시오.
2) 모형선의 선미에서의 경계층의 두께와, 마찰저항을 구하시오.
3) 실선의 마찰저항을 구하고, 모형선과 실선의 마찰저항계수의 관계에 대해 논하시오.

11. 어떤 배의 길이는 $100\,m$, 속도는 $10\,m/s$이다. 이 배의 Fn와 Rn를 구하고, 이에 근거하여 배의 저항에 미치는 중력과 점성의 영향에 대해 논하시오.

12. 바닷물 속에서 $10\,m/s$로 진행하는 길이 $10\,m$, 폭 $2\,m$인 수직평판에 작용하는 압력항력을 구하시오. 단 바닷물의 특성은 위의 문제 7에서와 같다. 문제 7의 평행평판에 대한 결과와 비교하여 항력의 성질에 대해 논하시오.

13. 물 속에서 속도 $10\,m/s$로 직선운동하는 길이 $1\,m$인 평행평판과 같은 속도로 움직이며, 동일한 크기의 항력을 받는 수직평판의 길이와, 원기둥의 직경을 구하시오.

14. 바람이 불 때 직육면체의 건축물에 작용하는 압력이 다음과 같이 주어진다고 가정하자. 바람이 불어오는 쪽 벽의 평균압력계수 C_p는 0.8, 지붕의 C_p는 -0.6, 반대쪽 벽의 C_p는 -0.5이다. 바람의 속도가 $20\,m/s$일 때, 바람 방향으로 건물이 받는 힘을 구하고, 또 바람이 불어오는 쪽의 문을 열었을 때, 지붕이 받

게 되는 연직상방의 힘과 반대쪽 벽이 받게 되는 바람 방향의 힘을 구하시오. 단 건축물의 높이는 $3\,m$, 지붕은 바람 방향이 $5\,m$, 폭이 $15\,m$이며 공기의 밀도는 $1.25\,kg/m^3$이다.

15. 골프공이나 야구공의 표면을 매끈하게 만들지 않는 이유는 저항을 감소시켜 공이 멀리 나갈 수 있게 하기 위한 것이다. 각 경우에 대해 근사적인 Rn를 구하고, 층류경계층에서 난류경계층으로 변화할 때의 현상과 관련하여 논하시오.

6장 양력(Lift)

하늘을 날아다니는 새를 보며 사람도 새처럼 하늘을 날아다닐 수 있기를 바란 것은, 인간의 한계를 벗어나고자 하는 인간 본연의 욕망으로부터 비롯되었을 것이다. 동서양을 막론하고 하늘을 날아다니는 물체를 만들고자 시도한 기록은 여기저기 찾아 볼 수 있으나, 19세기 중엽부터 시작된 유체역학적인 또는 보다 포괄적으로 과학적인 노력은 하늘을 날아다니는 물체, 다시 말하면 비행체를 만들기 위해서 필수적으로 알아야 할 지식을 그 대상으로 삼아 이론 및 실험적 연구를 조직적으로 수행하였다는 점에서 그 이전의 노력과는 구분되는 것으로 보인다.

비행체를 만들기 위해서 가장 기본적인 지식 중의 하나는, 공기 중에 떠서 운동하는 물체가 자신의 무게를 지지할 수 있는 힘, 즉 양력을 어떻게 받을 수 있게 할 것인가 하는 것이었다. 평판을 약간 경사시켜서 전진시키면(경사평판) 운동 방향에 수직한 방향의 힘(양력)을 받는다는 것을 경험적으로 알게 되었으며, 이러한 사실은 19세기 초에는 이미 상당히 보편화된 지식이었지만, 양력의 발생 기전을 제대로 이해하지 못한 상황에서는, 이러한 경험적인 지식에만 근거하여 비행체를 설계한다고 하는 것은 거의 불가능한 일이었다.

따라서 먼저 경사평판에 작용하는 양력을 정량적으로 이해하기 위해 이론 및 실험적인 노력이 이루어지기 시작하였으며, 그 중에서도 풍동을 본격적으로 처음 사용하기 시작한 Philips(1845-1912, UK; 1885)는 경사평판을 비롯한 2차원 형상인 날개단면(airfoil)에 대한 계통적인 실험을 수행하였다. 또 이러한 계통적인 실험에 근거하여 양력 발생과 관련된 이론들이 제안되기 시작하였는데, Lanchester (1868-1945, UK; 1894)의 양력과 순환(circulation)의 관계, 1907년 발간된 그의 저서 'Aerial Flight'를 통한 유기항력(induced drag)에 대한 개념 및 이론은 많은 사람들에게 커다란 영향을 끼쳐 이후의 유체역학 특히 공기역학(aerodynamics)의 발전에 크게 공헌하였다.

인류 최초로 동력 장치를 이용하여 공기보다 무거운(heavier-than-air) 물체[1]를 장시간 비행시킨 기록은 Wright형제(Wilber와 Orville, USA; 1903), 그리고 날개단면에 대한 양력 발생의 기본적 기전에 대한 설명은 Kutta(1867-1944, Germany; 1902)와 Joukowski(1847-1921, Russia; 1906)에 의해 각각 이루어졌으며, 또 일반적인 형태의 2차원 날개단면에 작용하는 양력, 그리고 3차원 형상인 날개(wing)가 받는 양력 및 유기항력에 대한 결정적인 결과는 Prandtl에 의해 늦어도 1922년까지는 모두 얻어졌다.

따라서 1920년대 초기까지는 2차원 날개단면 및 3차원 날개에 작용하는 양력에 대한 기본적인 사항은 거의 이해된 것으로 볼 수 있으며, 이는 앞장에서 논의한 항력에 대한 연구와 비교할 때 오히려 최소한 약 15년 정도 빠르다. 이러한 시간적 차이는 아마도 항력에 관해서는 난류에 대한 연구 등에서 기존의 고전적인 수동역학의 방법론을 거의 사용할 수 없었지만, 양력에 관해서는 거의 전적으로 고전적 수동역학의 방법론을 사용할 수 있었던 차이에 기인하는 것이 아닐까 생각한다.

다시 말하지만, 양력의 발생 자체는 유체의 점성에 기인함에도 불구하고, 양력에 대한 이론은 대부분 유체의 점성을 무시하고도 얻어질 수 있었다. 18세기의 Euler 이후 지속적으로 발전해 왔던 비점성(nonviscous 또는 inviscid) 비압축성(incompressible)유체, 즉 이상유체(ideal fluid)에 대한 고전적 수동역학의 이론은, 점성에 기인하는 마찰항력이나 박리에 기인하는 압력항력을 설명하는 데는 큰 도움을 주지 못하였지만, 물체가 받는 양력을 설명하는 데는 결정적인 역할을 하였으며, 따라서 다음 절에서는 먼저 이상유체의 포텐셜유동(potential flow)에 대해 생각해 보기로 한다.

이와 같은 맥락에서 복소함수를 사용하여 유동을 다루는 방법을 마지막 절에서 간략하게 다루기로 한다. 이상유체의 2차원 유동을 다루는 데는 복소포텐셜을 사용하는 것이 매우 효과적이며, 특히 사상(mapping) 또는 변환(transform)을 이용하여 주어진 문제의 물체 형상을 변화시킴으로써 얻고자 하는 해를 쉽게 얻을 수 있다는 장점이 있다.

---

1) 공기보다 가벼운(lighter-than-air) 물체의 비행은, 수소나 헬륨 등을 이용한 비행선 등에 의해서 이미 이루어지고 있었다.

6.1 이상유체의 포텐셜유동과 순환

§3.4에서 보인 바와 같이 비점성유체에 대한 운동방정식은 다음과 같은 Euler 방정식으로 주어진다.

$$\frac{\partial u_s}{\partial t}+\frac{\partial}{\partial s}(\frac{1}{2}u^2)=-\frac{1}{\rho}\frac{\partial p}{\partial s}-g\frac{\partial z}{\partial s} \tag{3.14}$$

$$\frac{\partial u_n}{\partial t}+\frac{u^2}{r}=-\frac{1}{\rho}\frac{\partial p}{\partial n}-g\frac{\partial z}{\partial n} \tag{3.15}$$

위 식은 좌변의 대류가속도 항 때문에 비선형 편미분방정식이므로 대단히 풀기 어려운 식이지만, 정상유동과 비회전성유동을 가정하면 적분 가능한 형태이며, 그 때의 적분 결과가 다음과 같은 Bernoulli 방정식으로 주어지는 것은 이미 살펴보았다.

$$\frac{1}{2}u^2+\frac{p}{\rho}+gz=C \tag{3.16}$$

이와 같은 결과로부터, 비회전성유동의 개념은 매우 유용한 것으로 볼 수 있다. 비회전성유동의 정의는 여러 가지 방법으로 할 수 있지만, 가장 쉬운 방법은 벡터 미분 연산자인 *grad*를 사용하는 것이다. 즉 유동장의 속도 벡터가 어떤 스칼라 함수의 *grad*로 주어지는 유동장으로 정의하면, 2차원 유동에 대해서는 다음과 같이 쓸 수 있다.

$$\underline{u}=(u,\,v)=grad\,\phi=(\frac{\partial\phi}{\partial x},\frac{\partial\phi}{\partial y}) \tag{6.1}$$

여기서 $\phi(x,y;t)$는 속도포텐셜(velocity potential)[2]로 불린다. 속도장(velocity

2) 속도포텐셜의 개념은 Euler에 기인하는 것으로 볼 수 있으나, 포텐셜이라는 이름이 역학 분야에서 최초로 사용된 것은 Gauss(1777-1855, Germany; 1840)에 의해서이며, 또 수동역학 분야에서 사용되는 속도포텐셜이라는 이름은 Helmholtz(1821-1894, Germany; 1858)에 의해서 처음 제안되었다. 속도포텐셜의 도입에 의해 2차원 문제의 경우, 미지함수가 속도 벡터의 x, y 성분인 두 개의 함수로부터 속도포텐셜 한 개로 감소된 점에 주목하기 바란다.

field)이 속도포텐셜에 의해 주어지는 유동을 포텐셜유동이라고 부르며, 특히 비압축성유체의 유동은 §3.5에서 얻어진 바 있는 다음과 같은 연속방정식을 만족해야 한다.

$$div\,\underline{u} = \frac{\partial u}{\partial x} + \frac{\partial v}{\partial y} = 0 \tag{3.31}$$

여기에 식 (6.1)을 대입하여 다음을 얻는데,

$$div\,grad\,\phi = \frac{\partial^2 \phi}{\partial x^2} + \frac{\partial^2 \phi}{\partial y^2} = \nabla^2 \phi = 0 \tag{6.2}$$

이 식은 $\phi(x,y;t)$에 대한 Laplace 방정식으로 불린다.

이상유체는 비점성 비압축성유체를 뜻하고, 포텐셜유동은 비회전성유동일 때 가능하므로, 이상유체의 포텐셜유동[3)]은 따라서 비점성 비압축성유체의 비회전성유동을 뜻한다. 포텐셜유동에 대해서는, 위에서 논의한 바와 같이, 운동방정식을 한번 적분하여 Bernoulli 방정식을 얻을 수 있으므로, 운동방정식은 이미 풀린 것으로 간주할 수 있다. 주어진 문제에 대한 포텐셜유동을 구하기 위해서는 속도포텐셜을 얻어야 하는데, 속도포텐셜은 연속방정식인 식 (6.2)를 만족해야 하므로, 포텐셜유동은 운동방정식보다는 연속방정식을 주요 방정식으로 가진다는 특성을 가진다. 특히 Laplace 방정식인 식 (6.2)는 선형(linear) 편미분방정식으로, 비선형(nonlinear)인 식 (3.14), (3.15)와 같은 Euler 운동방정식에 비하면, 훨씬 쉬운 문제라고 할 수 있다. 뿐만 아니라 일반적인 비압축성유체의 2차원 유동의 경우, 미지함수는 속도 벡터의 두 성분과 압력 등 모두 세 개이지만, 포텐셜유동의 경우에는, 속도포텐셜의 도입에 따라, 미지함수가 일단 하나 줄어든다. 또 속도포텐셜을 Laplace 방정식과 적절한 경계조건으로 이루어지는 경계치 문제(boundary value problem)의 해로 구하면, 압력은 이미 구해진 속도포텐셜을 Bernoulli 방정식에 대입하여 구할 수 있으므로, 미지함수는 속도포텐셜, 하나뿐이다. 다시 말하면, 포텐셜유동에 대해

3) 이하에서는 간단히 포텐셜유동이라고 부르기로 한다.

서는, 선형인 Laplace 방정식을 지배 방정식으로 하고, 주어진 문제에 적합한 경계조건을 구하여 경계치 문제를 만든 후, 이 경계치 문제의 해로서 속도포텐셜을 구하면, 유동장에 대해 필요한 모든 정보, 즉 속도, 압력, 물체에 작용하는 힘 등을 모두 얻을 수 있다.

이하에서는 포텐셜유동의 간단한 예, 세 가지를 살펴보기로 한다. 먼저 첫 번째로, 속도 벡터가 $\underline{u} = (U, 0)$으로 주어지는 균일유동의 속도포텐셜은, 식 (6.1)을 사용하여 다음과 같이 쉽게 얻을 수 있다(그림 6-1).

$$\phi = Ux \tag{6.3}$$

식 (6.3)을 식 (6.2)에 대입하면, 식 (6.3)으로 주어지는 유동이 연속방정식 또한 만족하는 것을 쉽게 확인할 수 있다.

두 번째로, 원점을 중심으로 회전하는 다음과 같은 유동장에 대해 생각해 보자. 유동장의 한 점에서의 속력이 원점으로부터 그 점까지의 거리 r에 반비례하고, 속도의 방향은 원점을 중심으로 하고 반경이 r인 원의 접선방향과 평행하되 시계

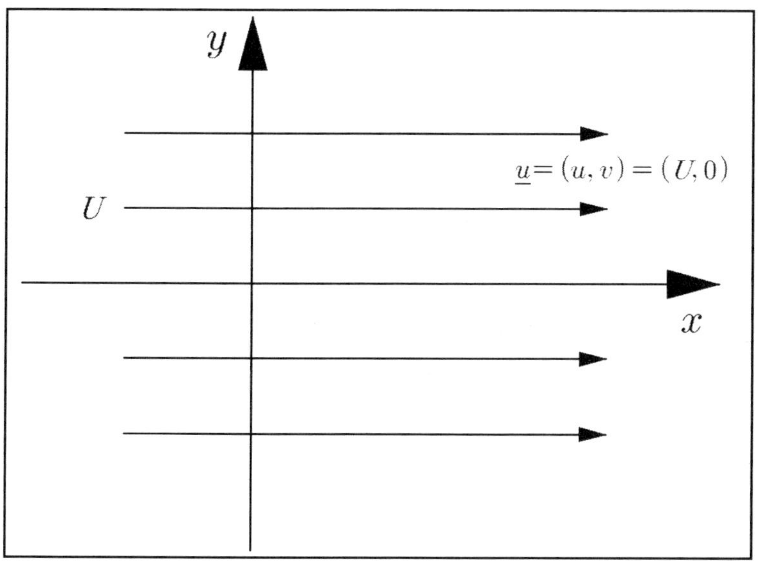

그림 6-1 균일유동

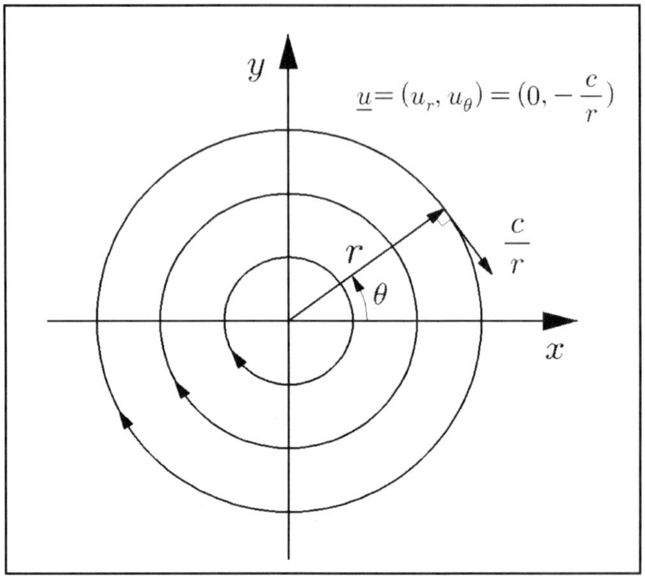

그림 6-2 점와동

방향과 같다고 하자(그림 6-2)[4]. 이와 같은 유동을 다루기 위해서는 극좌표계(polar coordinate system) (r, θ)를 사용하는 것이 더 쉬울 것이므로, 먼저 식 (6.1)과 식 (6.2)를 극좌표를 써서 나타내면 다음과 같다.

$$\underline{u} = (u_r, u_\theta) = grad\,\phi = (\frac{\partial \phi}{\partial r}, \frac{1}{r}\frac{\partial \phi}{\partial \theta}) \tag{6.4}$$

$$div\,grad\,\phi = \frac{\partial^2 \phi}{\partial r^2} + \frac{1}{r}\frac{\partial \phi}{\partial r} + \frac{1}{r^2}\frac{\partial^2 \phi}{\partial \theta^2} = 0 \tag{6.5}$$

여기서 u_r, u_θ는 각각 속도 벡터의 r방향(반경방향), θ방향(원주방향) 성분이다. 위에서 설명한 유동장의 속도를 극좌표계의 양들로 나타내면 다음을 얻는다.

$$u_r = 0, \quad u_\theta = -\frac{c}{r}, \quad c = \text{상수} \tag{6.6}$$

---

4) 강체의 회전운동은 한 점에서의 속력이 원점으로부터의 거리 r에 비례한다는 점에서, 여기서 생각하는 것과 같은 유체의 회전운동과는 구분된다.

식 (6.6)과 식 (6.4)로부터 다음을 얻으며,

$$\phi = -c\theta \tag{6.7}$$

또 식 (6.7)을 식 (6.5)에 대입하면 식 (6.7)에 의해 주어지는 유동이 연속방정식을 만족하는 것을 쉽게 확인할 수 있다. 속도포텐셜이 식 (6.7)에 의해 주어지는 유동을 통상 원점에 위치한 자유와동(free vortex) 또는 점와동(point vortex)[5) 이라고 부른다.

점와동은 양력 발생의 기전을 설명함에 있어, 매우 중요한 역할을 하므로 이에 대해 좀 더 살펴보기로 한다. 우선 식 (6.6)에 따르면 원점에서의 속력이 무한대가 되어야 하나, 이런 현상은 물리적으로 불가능할 것이므로 점와동이 위치한 원점은 특이점(singular point)으로 불리며, 물체 주위의 유동을 점와동을 사용하여 나타내는 경우, 이와 같은 특이점은 유동장 내부에는 위치할 수 없으므로, 물체 내부에 위치해야 할 것이다. 한편 식 (6.6)의 비례상수 c는 점와동의 세기를 나타내는 양으로 일단 이해할 수 있지만, c의 물리적 의미를 확실히 이해하기 위해 Kelvin(1869)을 따라 순환(circulation) Γ를 다음과 같이 정의하자.

$$\Gamma = \oint_C \underline{u} \cdot d\underline{s} = \oint_C udx + vdy \tag{6.8}$$

여기서 C는 임의의 폐곡선(closed contour)이며, $d\underline{s}$는 C 상의 미소요소로서 크기는 ds이고 방향은 접선방향인 벡터이고, 또 선적분은 시계 방향으로 수행하기로 한다(그림 6-3). 그림 6-2의 점와동 유동에 대해 Γ를 구해 보면, 원점을 중심으로 하는 반경 a인 임의의 원을 폐곡선 C로 잡을 때, C 상에서 $d\underline{s}$는 $\underline{u}$와 같은 방향의 벡터이고, 또 다음 관계가 만족되므로,

$$ds = ad\theta \ , \ u = u_\theta = -\frac{c}{a} \tag{6.9}$$

5) 와유동(vortex flow)은 일반적인 회전성유동을 나타낼 때 사용하므로, 이와 구분하기 위해 이하에서는 점와동이라고 부르기로 한다.

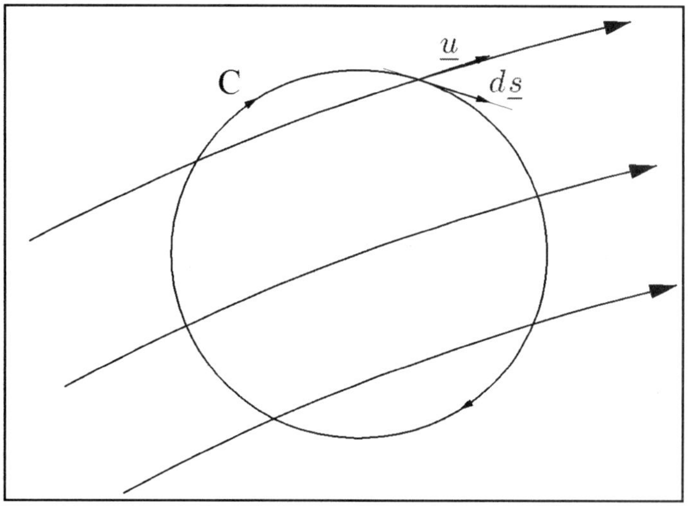

그림 6-3 순환의 정의

다음 결과를 얻는다.

$$\Gamma = \oint_C \underline{u} \cdot d\underline{s} = \int_{2\pi}^{0} (-\frac{c}{a}) a d\theta = 2\pi c \qquad (6.10)^{6)}$$

따라서 $c = \Gamma / 2\pi$이며, 점와동의 세기는 순환의 크기로 주어지는 것을 알 수 있다. Γ를 사용하여 식 (6.7)을 다시 쓰면 다음을 얻는다.

$$\phi = -\frac{\Gamma\theta}{2\pi} = -\frac{\Gamma}{2\pi}\tan^{-1}\frac{y}{x} \qquad (6.11)$$

마지막 세 번째로 속도포텐셜이 다음과 같은 유동을 생각해 보자.

$$\phi = \frac{\beta\cos\theta}{r},\ \beta = \text{상수} \qquad (6.12)$$

---

6) 식 (6.10)은 a의 크기에 상관없이 성립하는 점에 유의하기 바란다. 식 (6.10)에 보인 선적분은 피적분 함수가 특이점을 가지고 있지 않은 영역 내부에서는 적분 경로와 무관한 값을 가진다.

먼저 이 식에 의해 주어지는 유동이 물리적으로 가능하기 위해서는 식 (6.5)의 연속방정식을 만족해야 하는데, 이는 다음을 이용하여 쉽게 증명된다.

$$\frac{1}{r}\frac{\partial \phi}{\partial r} = -\frac{\beta\cos\theta}{r^3},\ \ \frac{\partial^2 \phi}{\partial r^2} = \frac{2\beta\cos\theta}{r^3},\ \ \frac{1}{r^2}\frac{\partial^2 \phi}{\partial \theta^2} = -\frac{\beta\cos\theta}{r^3} \tag{6.13}$$

또 식 (6.12)에 의한 포텐셜유동의 속도 벡터는 식 (6.4)를 사용하여 다음과 같이 얻는다.

$$(u_r, u_\theta) = -\frac{\beta}{r^2}(\cos\theta, \sin\theta) \tag{6.14}$$

이에 따르면 식 (6.12)로 주어지는 유동장에서는 한 점에서의 속력이 원점으로부터 거리의 제곱에 반비례함을 알 수 있다(그림 6-4). 식 (6.12)로 주어지는 포

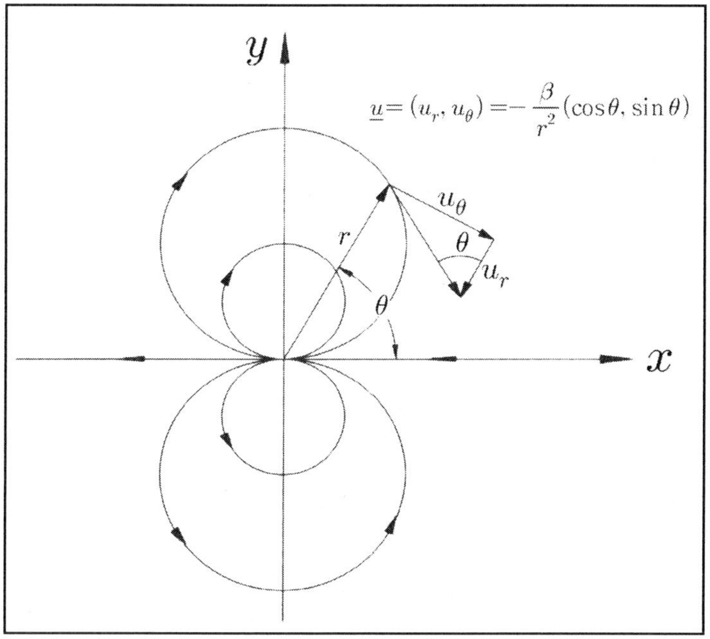

그림 6-4 쌍극점

텐셜유동은 통상 원점에 위치한 쌍극점(dipole) 유동이라고 부르며, β는 쌍극점의 세기로 부르는데, 식 (6.14)에 따르면 원점에서의 속력이 무한대이므로 이 점 또한 특이점이다. 따라서 쌍극점을 사용하여 물체 주위의 유동을 나타내고자 하는 경우, 점와동과 마찬가지로 쌍극점이 위치한 점은 유동장 내부가 아닌 물체 내부에 위치해야 할 것이다.

이상에서 균일유동, 점와동 유동, 쌍극점 유동이 어떠한 형태의 속도포텐셜을 가지는 가에 대해 살펴보았다. 다음 절에서는 이들을 이용하여 양력 발생의 기본적인 기전에 대해 설명하기로 한다.

◉ 예제 6-1

예제 3-8에서 생각했던 다음과 같은 속도장의 속도포텐셜을 구하시오.

$$\underline{u} = (u,v) = \left(\frac{x}{x^2+y^2}, \frac{y}{x^2+y^2}\right) \tag{예3.15}$$

▶ 답

속도 벡터의 x-성분에 대해 먼저 생각해 보면, 식 (6.1)로부터 다음을 얻고,

$$\frac{\partial \phi}{\partial x} = \frac{x}{x^2+y^2} \tag{예6.1}$$

양변을 x에 대해 적분하여 다음을 얻는다.

$$\phi = \ln\sqrt{x^2+y^2} + f(y) \tag{예6.2}$$

여기서 $f(y)$는 임의의 함수인데, 식 (예6.2)를 y에 대해 편미분하면 다음을 얻으므로,

$$\frac{\partial \phi}{\partial y} = \frac{y}{x^2+y^2} + \frac{df}{dy} \tag{예6.3}$$

이 식을 식 (예3.15)와 비교하여 $f=$ 상수를 얻는다. 속도포텐셜은 항상 미분한 양이 물리적인 의미를 가지므로, 상수는 어떻게 취하든 문제가 없으며, 따라서 영으로 잡으면, 결국 다음과 같이 속도포텐셜을 얻는다.

$$\phi = \ln\sqrt{x^2+y^2} = \ln r \qquad \text{(예6.4)}$$

속도포텐셜이 극좌표계로 표현되었으므로, 속도도 극좌표계를 사용하여 표시하면 다음을 얻는다.

$$\underline{u} = (u_r, u_\theta) = (\frac{\partial \phi}{\partial r}, \frac{1}{r}\frac{\partial \phi}{\partial \theta}) = (\frac{1}{r}, 0) \qquad \text{(예6.5)}$$

따라서 식 (예3.15)의 속도장을 가지는 유동장은 사실은 원점으로부터의 거리에 반비례하는 반경방향의 속도 성분만을 가지며(그림 예6-1), 점와동 유동이나 쌍극점 유동과 마찬가지로 원점에서 속력이 무한대이므로 원점은 특이점이라는 사실을 알 수 있다. 이러한 유동은 통상 용출점(source) 유동으로 불린다.

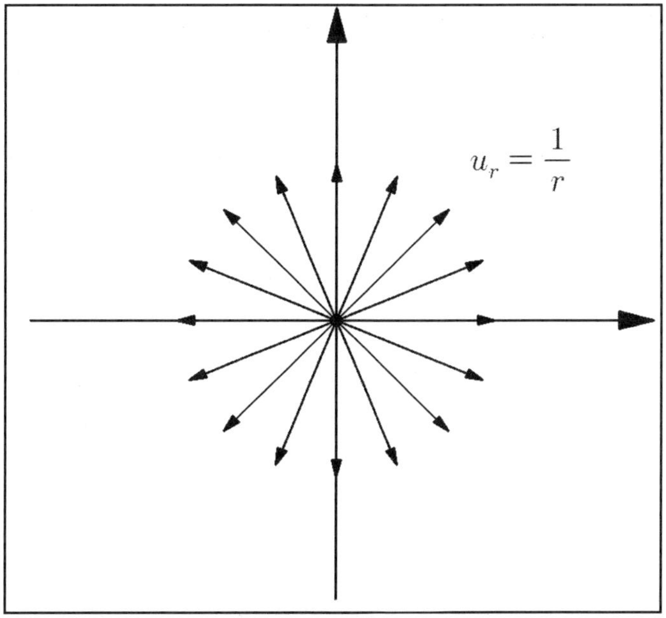

그림 예6-1

6.2 경사평판과 Kutta-Joukowski 정리

이 절에서는 먼저 Rayleigh(1842−1919, UK; 1878)를 따라, 균일유동 중에 정지해 있는 원기둥, 또 회전하는 원기둥이 받는 힘에 대해 차례로 생각하기로 한다. 반경 a인 원기둥이 속도 U의 균일유동 중에 있는 포텐셜유동을 생각해 보자 (그림 6−5).

앞 절에서 밝힌 바와 같이, 포텐셜유동을 고려하고 있으므로 우선 Laplace 방정식과 적합한 경계조건을 만족하는 속도포텐셜을 구해야 한다. 속도포텐셜이 만족해야 하는 경계조건은, 원기둥의 표면에서 유체입자가 원기둥을 뚫고 들어 갈 수 없으므로, 원기둥 상에 있는 유체입자가 가지는 속도의 반경방향 성분이 영이어야 한다는 사실에 의해 다음과 같이 주어진다.

$$u_r = \frac{\partial \phi}{\partial r} = 0, \qquad r = a \text{ 에서} \tag{6.15}$$

Laplace 방정식인 식 (6.2)와 경계조건인 식 (6.15)로 이루어지는 경계치 문제의 해는 앞절에서 논한 균일유동과 쌍극점 유동의 속도포텐셜을 더하여 얻을 수 있다. 왜냐하면 균일유동과 쌍극점은 둘 다 Laplace 방정식을 만족하므로 그들의 합

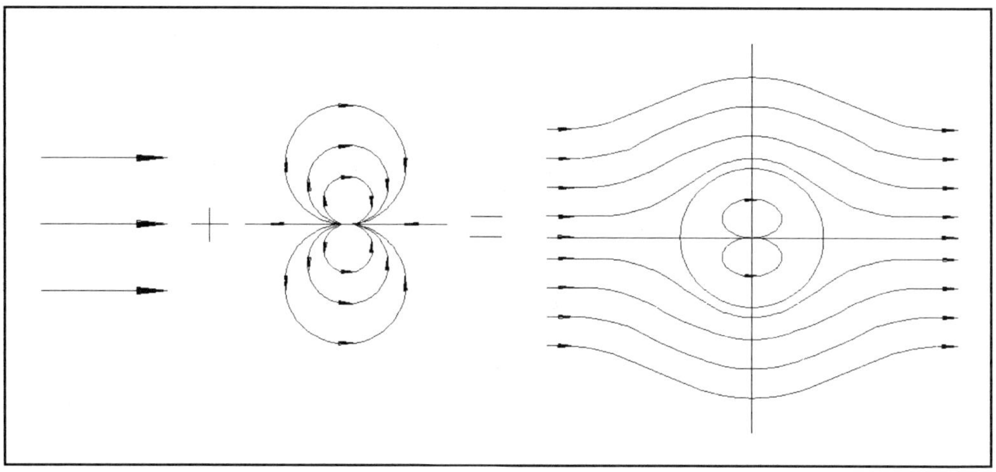

그림 6−5 균일유동 중에 놓여진 원기둥 주위의 포텐셜유동

도 Laplace 방정식을 만족하며, 또 균일유동에 의한 속도의 반경방향 성분은 $U\cos\theta$ 인데, 만약 식 (6.14)에서 쌍극점의 세기를 $\beta = Ua^2$으로 취하면 쌍극점에 의한 반경방향 속도 성분이 $-U\cos\theta$가 되므로, 균일유동과 쌍극점 유동의 합으로 주어지는 유동은 원기둥 상에서의 경계조건 식 (6.15), 즉 원기둥 상에서의 반경방향 속도 성분은 영이라는 경계조건을 만족시키기 때문이다. 또 쌍극점이 위치한 점인 원점은 물체가 있는 영역에 속하므로 원기둥 바깥의 유동에 관심이 있는 한 원점에서의 특이성이 문제되지 않는다. 따라서 반경 a인 원기둥이 속도 U의 균일유동 중에 있을 때의 속도포텐셜은 다음과 같다.

$$\phi = Ux + \frac{Ua^2\cos\theta}{r} = U\left(r + \frac{a^2}{r}\right)\cos\theta \qquad (6.16)$$

원기둥 상에서 유체입자의 속도는 θ방향 성분만 가지며, 식 (6.16)을 식 (6.4)에 대입하여 다음을 얻는다.

$$u_\theta = -2U\sin\theta, \qquad r = a\text{에서} \qquad (6.17)$$

한편 §3.4에서 얻은 Bernoulli 방정식 식 (3.16)을 속도 벡터 $\underline{u}$를 사용하여 다음과 같이 쓸 수 있다.

$$\frac{|\underline{u}|^2}{2} + \frac{p}{\rho} + gz = C, \qquad C = \text{상수} \qquad (6.18)$$

동압(dynamic pressure) p_d를 다음과 같이 정의하면,

$$p_d = p - \gamma h = p + \rho gz \qquad (6.19)$$

Bernoulli 방정식은 다음과 같은 형태로 다시 쓸 수 있다.

$$\frac{|\underline{u}|^2}{2} + \frac{p_d}{\rho} = C, \qquad C = \text{상수} \tag{6.20}$$

식 (2.1)로 주어지는 수정압에 기인하는 부력은 정력학적인 방법으로 쉽게 구할 수 있으며, 유체의 유동에 의해 물체에 작용하는 힘은 본질적으로 p_d에 의해서 주어질 것이므로, 식 (6.18) 보다는 식 (6.20)과 같은 형태의 Bernoulli 방정식이 우리의 목적에 더 적합할 것이다. 원기둥 상에서는 반경방향 속도 성분은 없으므로, 속도 벡터의 크기는 식 (6.17)에 주어진 원주방향 성분의 크기와 같으므로, 이를 식 (6.20)에 대입하여 원기둥 상에서의 동압[7]을 구하면 다음을 얻는다.

$$p_d = p_\infty + \frac{\rho U^2}{2}(1 - 4\sin^2\theta) \tag{6.21}$$

여기서 p_∞는 원기둥에서 상당히 멀리 떨어진 상류에서의 압력이며, 상수 C는 상류에서의 조건을 이용하여 다음과 같이 구할 수 있다.

$$C = \frac{U^2}{2} + \frac{p_\infty}{\rho} \tag{6.22}$$

무차원량으로 나타내기 위해 압력계수 C_p를 다음과 같이 정의하고[8],

$$C_p = \frac{p_d - p_\infty}{\rho U^2/2} \tag{6.23}$$

이 식에 식 (6.21)을 대입하면 다음을 얻는다.

$$C_p = 1 - 4\sin^2\theta \tag{6.24}$$

---

7) 이하에서는 편의상 압력이라고 부르기로 한다.

8) p_∞는 상수이며, 이러한 일정한 압력 분포에 의해 원기둥이 받는 합력은 명백히 영이다.

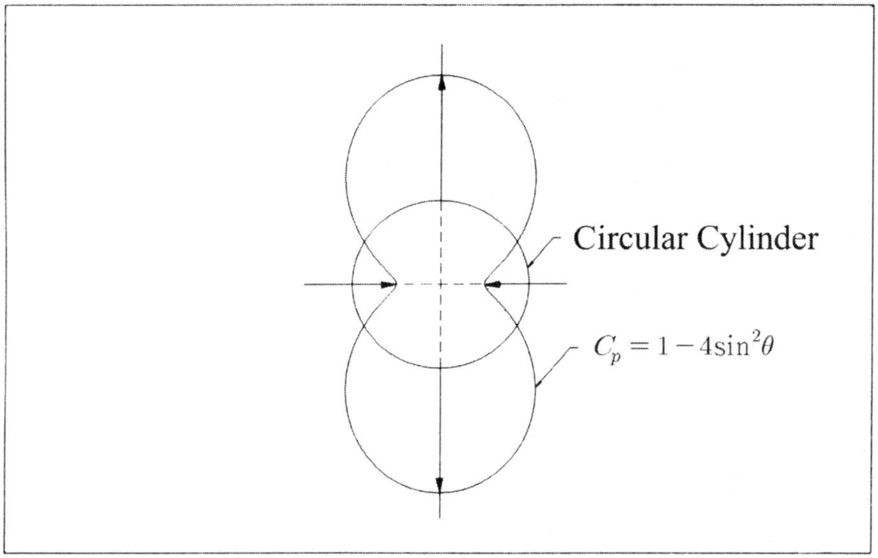

(a)

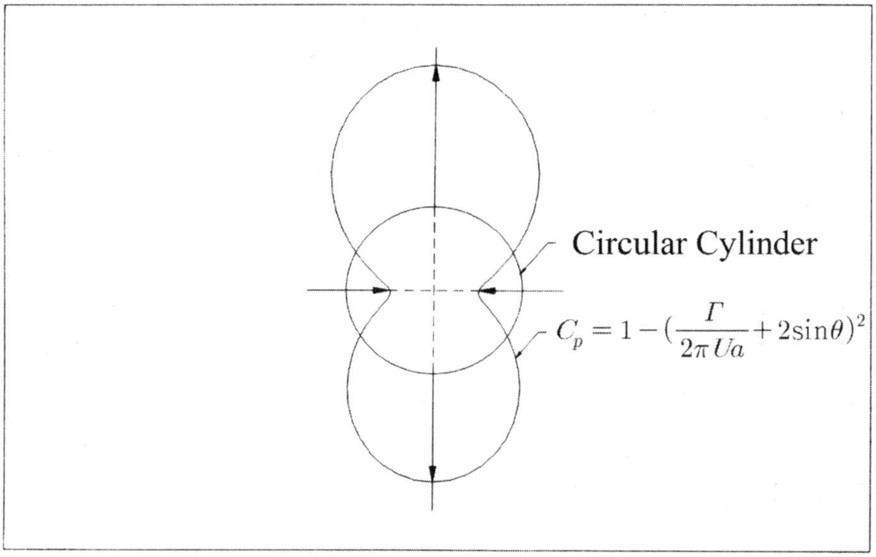

(b)

(a) 점와동을 고려하지 않은 경우, 식 (6.24)

(b) 점와동을 고려한 경우, 식 (6.28) $\Gamma = 10\% \times 2\pi Ua$

그림 6-6 균일유동 중의 원기둥 상의 C_p

그림 6-6a에 C_p를 θ의 함수로 원기둥 상에 나타내었다. 압력계수의 분포가 좌우, 상하 대칭이므로 x및 y방향의 합력은 영임이 명백하며, 이러한 결과는 일찍이 D'Alembert(1750)에 의해 지적된 사항[9]과 부합된다.

그러나 만약 이러한 대칭성을 깨뜨릴 수 있다면 영이 아닌 합력을 얻게 될 것이며, 대칭성을 깰 수 있는 방법이 물체 주위에 일어나는 실제의 유동 현상과 잘 부합된다면 이야말로 바람직한 일일 것이다. 이러한 목적으로 사용될 수 있는 유동이 앞 절에서 논의한 점와동 유동이다. 포텐셜유동만을 그 주된 대상으로 삼던 수동역학 분야에, Helmholtz(1858)는 회전성유동에 대한 연구를 비롯하여 일반적인 와유동(vortex flow)에 대한 개념을 도입, 확립함으로써, 고전적인 수동역학의 연구 대상 범위를 크게 확장한 바 있으며, 또 순환의 개념은 앞 절에서 살펴 본 바와 같이 Kelvin(1869)에 의해 와동의 성질과 관련하여 이미 제안된 바 있었다. Rayleigh는 이러한 개념들을 적절히 배합하여 회전하는 원기둥이 받는 양력을 다음과 같이 설명하였다.

만약 실제유체 중의 원기둥이 회전한다고 하면(그림 6-7), 원기둥 주위에 유체의 회전운동이 생길 것이며, 이러한 유동 성분은 원기둥 상의 속도 분포, 다시 말하면 압력 분포의 상하 대칭성을 깨는 결과를 초래할 것이다. 즉 그림 6-7에 보인 바와 같이 원기둥이 시계 방향으로 회전하는 경우, 원기둥의 위쪽에서의 속도는 증가하고 아래쪽에서의 속도는 감소할 것이며, Bernoulli 방정식에 의하면, 따라서 위쪽의 압력은 상대적으로 감소하고 아래쪽의 압력은 상대적으로 증가할 것이다. 결과적으로 이러한 압력 분포는 영이 아닌 양력을 원기둥에 가하게 될 것이다[10]. 한편 포텐셜유동의 경우에는 원기둥이 회전한다고 하더라도 유체의 점성이 없기 때문에 유동장에 아무런 영향을 미치지 못하나, 실제유동에서 일어나는 원기둥의 회전에 의한 영향을 일정한 세기의 순환 Γ를 가진 점와동 유동에 의해 나타내기로 하면, 이러한 포텐셜유동에 대한 속도포텐셜은 다음과 같다.

$$\phi = U\cos\theta\left(r + \frac{a^2}{r}\right) - \frac{\Gamma}{2\pi}\theta \qquad (6.25)$$

9) 5장의 서론을 참조하기 바람.
10) 이렇게 회전하는 물체가 유체로부터 그 자신의 운동 방향과 수직인 방향으로 힘을 받는 현상은 Magnus (1802-1870, Germany; 1852)에 의해 처음 발견, 보고되었으므로 통상 Magnus 효과로 불린다.

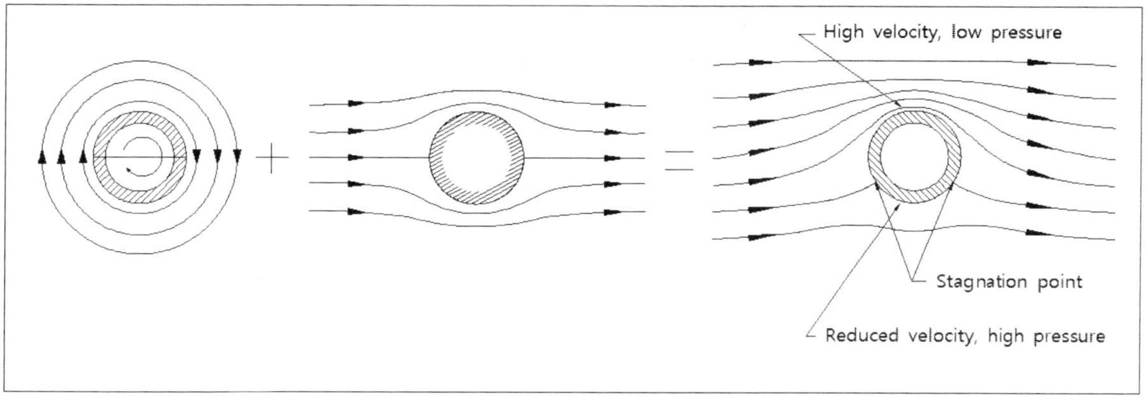

그림 6-7 균일유동 중에서 회전하는 원기둥 주위의 유동

여기서 Γ는 아직 정해지지 않은 미지량이다. 점와동 유동의 반경방향 속도 성분은 식 (6.6)에서 보인 바와 같이 전체 유동장에서 영이므로, 식 (6.25)로 주어지는 포텐셜유동은 원기둥 상에서의 경계조건인 식 (6.15)를 명백히 만족한다. 이러한 포텐셜유동에 대해 원기둥 상에서의 속도 분포를 구하면 다음을 얻는다.

$$u_\theta = -2U\sin\theta - \frac{\Gamma}{2\pi a}, \qquad r = a\text{에서} \tag{6.26}$$

또 이에 상응하는 원기둥 상에서의 압력 분포를 다음과 같이 구할 수 있다.

$$p_d = p_\infty + \frac{\rho U^2}{2}\left[1 - \left(\frac{\Gamma}{2\pi Ua} + 2\sin\theta\right)^2\right] \tag{6.27}$$

따라서 압력계수는 이 식을 식 (6.23)에 대입하여 다음과 같이 얻는다.

$$C_p = 1 - \left(\frac{\Gamma}{2\pi Ua} + 2\sin\theta\right)^2 \tag{6.28}$$

$\Gamma = 10\% \times 2\pi Ua$ 인 경우에 대한 C_p 곡선을 그림 6-6b에 보였다. C_p 분포의 좌우

대칭성은 아직도 유지되고 있으므로 식 (6.25)로 주어지는 포텐셜유동에 의해 물체에 작용하는 항력은 영이 되지만, 상하 대칭성은 점와동 유동에 의해 기대하던 바와 같이 깨졌으므로, 영이 아닌 양력이 발생한다. 양력 L은 압력의 y방향 성분을 원기둥 표면에 걸쳐 적분하여 얻을 수 있으므로 다음과 같이 되는데,

$$L = -\int_0^{2\pi} p_d \sin\theta\, a d\theta = -\frac{\rho U^2}{2} a \int_0^{2\pi} \left[1 - \left(\frac{\Gamma}{2\pi Ua} + 2\sin\theta\right)^2\right] \sin\theta\, d\theta \qquad (6.29)$$

[ ] 안의 항 중, 상수항과 $\sin^2\theta$ 항은 적분 결과가 영이며, $\sin\theta$ 항만 [ ] 바깥의 $\sin\theta$ 항과 곱해져서 영이 아닌 결과를 주므로 다음을 얻는다.

$$L = \rho U^2 a \frac{\Gamma}{\pi Ua} \int_0^{2\pi} \sin^2\theta\, d\theta = \rho U\Gamma \qquad (6.30)$$

이 식에 따르면, 원기둥 주위에 크기 Γ의 점와동 유동이 발생할 경우, 원기둥은 크기가 $\rho U\Gamma$인 양력을 받는다.

식 (6.30)과 같은 관계, 즉 유체의 밀도, 물체의 속도, 또 물체 주위에 생긴 순환의 크기와 물체가 받는 양력 사이의 관계는 회전하는 원기둥에 대해서만 적용되는 것이 아니고, 일반적인 물체에 대해서도 적용될 수 있으므로 더욱 값진 결과이다. 다시 말하면, 속도 U의 균일유동 중에 놓여 있는 물체 주위에 세기 Γ의 점와동 유동 또는 보다 일반적으로 순환유동(circulatory flow)이 발생하면, 그 물체는 크기가 $\rho U\Gamma$인 양력을 받는다는 것이다[11]. 일반적인 물체 주위의 포텐셜유동을 고려할 때, 점와동 유동을 추가로 고려하지 않으면, D'Alembert에 의해서 밝혀진 바와 같이, 물체가 유체로부터 받는 힘은 당연히 영이 되어야 한다. 그러나 물체 주위의 포텐셜유동에 점와동 유동을 추가하여 고려하면 물체 주위의 속도 분포 및 압력 분포가 변화하며, 이러한 변화는 회전하는 원기둥의 경우와 마찬가지로, 물체의 위쪽과 아래쪽의 압력 분포의 변화를 야기하여 그 결과 영이 아닌 양력을 얻게 된다.

11) 이러한 사실은 대학원 과정에서는 복소함수론 등을 사용하여 쉽게 증명할 수 있지만, 여기서는 아래의 설명으로 대치하기로 한다.

물체 주위에 생긴 순환유동이 양력 발생의 기본적인 기전을 설명할 수 있을 것이라는 Lanchester(1894)의 제안[12)]은 매우 설득력이 있었지만 그의 제안에 귀를 기울인 사람들이 별로 없었던 관계로, 결국 양력 발생의 기전은 19세기를 넘겨, 그 당시의 관점에서 보면 지극히 이론적인, 다시 말하면 수동역학적인 결과였지만, 서로 독립적이고도 보완적인 결과를 얻은 Kutta(1902)와 Joukowski(1906)에 의해 밝혀졌다. 위에서 설명한 바와 같이 일반적인 물체에 대해 다음과 같은 결과를 명백하게 처음 발표한 사람은 Joukowski(1906)이다.

$$L = \rho U \Gamma \tag{6.31}$$

그러나 식 (6.25) 아래에서 밝힌 바와 같이, Γ의 크기는 미지인데, 날개단면과 같이 양력을 발생시키기 위해 사용되는 단면의 형상에 대해서는 다음에 생각할 Kutta(1902, 1910)[13)]조건을 사용하여 Γ의 크기를 결정할 수 있으므로, 식 (6.31)을 통상 Kutta-Joukowski 정리(Kutta-Joukowski theorem)라고 부른다.

양력 발생의 기본적인 기전을 설명함에 있어서, 점와동 유동이 결정적인 역할을 하는 것을 위에서 살펴보았는데, 여기서 일반적인 경우, 예를 들어 날개단면에 대해, 어떻게 실제유체의 점성에 의한 영향이 이상유체의 점와동 유동과 관련되는지에 대한 의문이 생길 수 있다. 이에 답하기 위해, 날개단면의 경사각도가 예를 들어, 10°보다 작은 경우, 날개단면 주위, 특히 뒤끝(trailing edge) 부근에서의 유동을 살펴보자. 그림 6-8a에 순환유동이 고려되지 않은 이상유체의 비순환유동에 대한 유선과 그림 6-8b에 순환유동을 고려한 실제유동의 유선을 보였다. 실제유동에 있어서 뒤끝에서의 유선은 부드러운 곡선을 이루며 형성되지만, 이상유체의 비순환유동에 있어서는 유선이 뒤끝에 이르기 전에 날개단면으로부터 떨어져 나가고 있다. 실제유동에서는 점성의 역할 때문에 날개단면의 표면상에 경계층(boundary layer)이 형성되고, 이 경계층 내부의 유동은 포텐셜유동이 아닌 회전성유동이다.

12) Lanchester는 19세기의 전형적인 engineer로 역학적, 또는 수학적 지식은 가지고 있지 않았으나, 뛰어난 직관력으로 날개가 받는 힘에 관한 대부분의 가설을 19세기에 제안한 바 있다.
13) Kutta의 1902년 논문은 그의 박사 학위 논문으로 공식적으로 발표되지 않았으며, 그의 주요 결과는 1910년의 'Lift in flowing fluids' 라는 논문을 통해 처음 공식적으로 발표되었다.

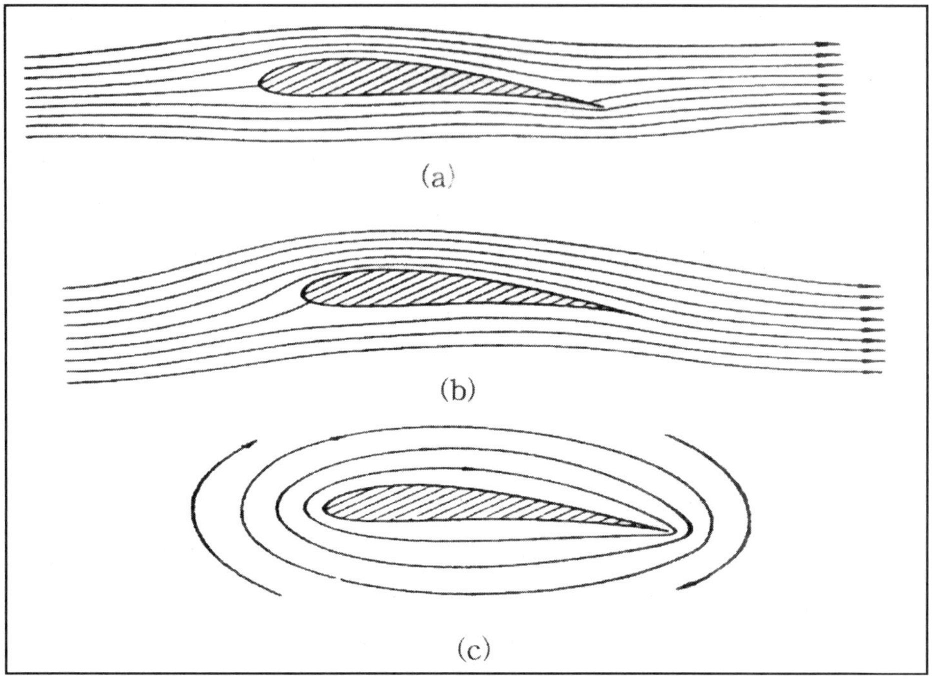

(a) 순환유동을 고려하지 않은 경우,
(b) 순환유동을 고려한 경우(실제유동),
(c) 순환유동
그림 6-8 날개단면 주위의 유동

이와 같이 날개단면의 위쪽과 아래쪽에 형성된 경계층 내부의 회전성유동은 뒤끝 부근에서 만나고, 또 뒤끝으로부터 부드러운 곡선을 이루며 떨어져 나간다. 그러나 이상유체의 비순환유동의 경우에는 유체가 날개단면 상에서 접선방향으로 영이 아닌 속도를 가질 수 있으며, 정체점은 날개단면의 앞과 뒤 부분에 각 한 점씩 생기고, 특히 경사각도가 영이 아닌 경우, 뒤끝이 반드시 정체점이 되어야 할 이유가 없으므로 뒤끝에서의 유선은 대단히 큰 곡률을 가진다. 이러한 뒤끝 부근에서의 실제유동과 이상유체의 비순환유동 사이의 차이는, 그림 6-8c에 보인 바와 같은 순환유동을 이상유체의 비순환유동에 더해 줌으로써 제거할 수 있는데, 이 때 더해 주는 점와동 유동이 갖는 순환의 크기는, 뒤끝에서의 유선이 날개단면으로부터 부드럽게 떨어져 나가야 한다는 조건, 또는 뒤끝에서의 속도의 크기가 유한하다는 조건,

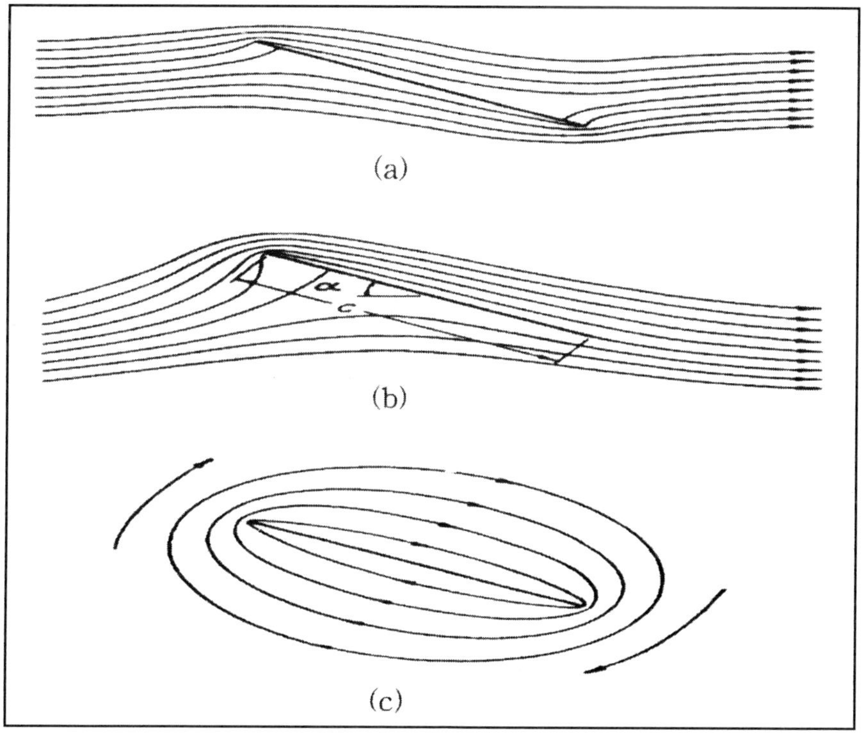

(a) 순환유동을 고려하지 않은 경우,
(b) 순환유동을 고려한 경우(실제유동),
(c) 순환유동
그림 6-9 경사평판 주위의 유동

즉 Kutta조건을 적용함으로써 결정된다.

다시 말하면, 날개단면 주위에 형성되는 순환유동은 실제유동의 경우에는 점성의 역할에 기인하여 발생하지만, 그 역할의 결과 뒤끝에서의 유선이 부드러운 곡선을 형성한다는 점에 착안하여, 실제유동을 점와동 유동이 추가된 이상유체의 포텐셜유동으로 근사할 수 있다는 사실을 Kutta와 Joukowski는 독립적으로 알아내었던 것이다.

경사평판(그림 6-9)에 대해서 위와 같은 Kutta조건을 적용하면 다음을 얻는데 (§6.5 참조),

$$\Gamma = \pi U c \sin\alpha \tag{6.32}$$

여기서 α는 경사각도, c는 평판의 길이이다. 2차원 날개단면에 대해서는 양력계수 (lift coefficient) C_l을 다음과 같이 정의할 수 있으며,

$$C_l = \frac{L}{c\rho U^2/2} \tag{6.33}$$

여기서 c는 날개단면의 길이이다. 따라서 경사평판의 양력계수는, 식 (6.32)를 식 (6.31)에 대입한 후, 식 (6.33)을 사용하여 다음과 같이 얻는다.

$$C_l = 2\pi \sin\alpha \tag{6.34}$$

이에 따르면, 경사평판의 C_l은 경사각도 α만의 함수이다. 또 위의 결과는, α가 작은 경우에만 성립하므로, $\sin\alpha \simeq \alpha$[14]를 이용하여 다음과 같이 근사할 수 있다.

$$C_l = 2\pi\alpha \tag{6.35}$$

즉 경사각도가 작은 경우, C_l은 α에 비례하여 증가하며, 비례상수는 2π[15]임을 뜻한다.

여기서 지적해 두고 싶은 사실은, 식 (6.35)의 적용 범위가 대단히 넓다는 것이다. 왜냐하면, 날개단면의 형상이 대칭형인 대칭 날개단면(symmetric airfoil)의 경우, 그 두께가 그리 크지 않을 때, 식 (6.35)를 적용하여 C_l을 구하면 상당히 정확한 결과를 얻을 수 있기 때문이다. 또 비대칭 날개단면의 경우에도, 다음 절에서 설명하는 바와 같이, 경사각도가 영일 때의 양력계수만 알면, 경사각도가 영이 아닐 때의 C_l은 식 (6.35)를 이용하여 쉽게 구할 수 있기 때문이다.

---

14) 여기서 α는 래디안(radian) 값으로 주어짐에 유의하기 바란다.
15) 만약 경사각도를 ° 로 표시하면, 비례상수는 $2\pi/(180/\pi) \simeq 0.11$이 된다.

◉ 예제 6-2

배의 추진을 위해 그림 예6-2와 같이 2개의 회전 원기둥을 사용한다[16]. 원기둥이 받는 양력을 L, 항력을 D, 또 원기둥의 직경을 d, 높이를 l 이라고 하면, 양력계수 C_L과 항력계수 C_D 는 각각 다음과 같이 정의할 수 있다.

$$C_L = \frac{L}{dl\rho U^2/2} \tag{예6.6}$$

$$C_D = \frac{D}{dl\rho U^2/2} \tag{예6.7}$$

그림 예6-3에 C_L과 C_D를 $\Omega = a\omega/U$의 함수로 보였다. a, ω는 각각 원기둥의 반경과 회전 각속도이다. 원기둥의 높이는 $5\,m$, 직경은 $1\,m$, 회전 각속도는 $300\,rpm$이고, 바람의 방향이 배의 진행 방향으로부터 시계 방향으로 $120°$ 방향, 풍속이 $10\,m/s$일 때, 배가 받는 추진력 T 를 구하시오.

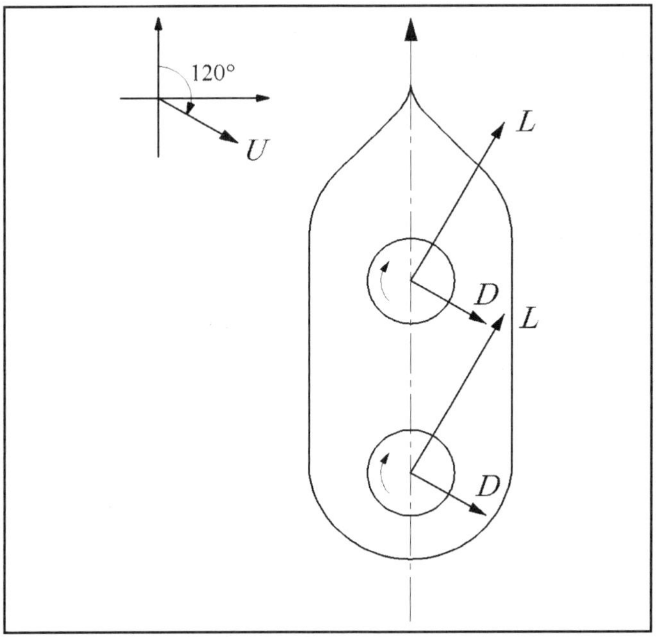

그림 예6-2

16) 이와 같이 Magnus 효과를 이용하여 추진력을 얻기 위해 사용되는 회전 원기둥은 Flettner rotor라고 불린다.

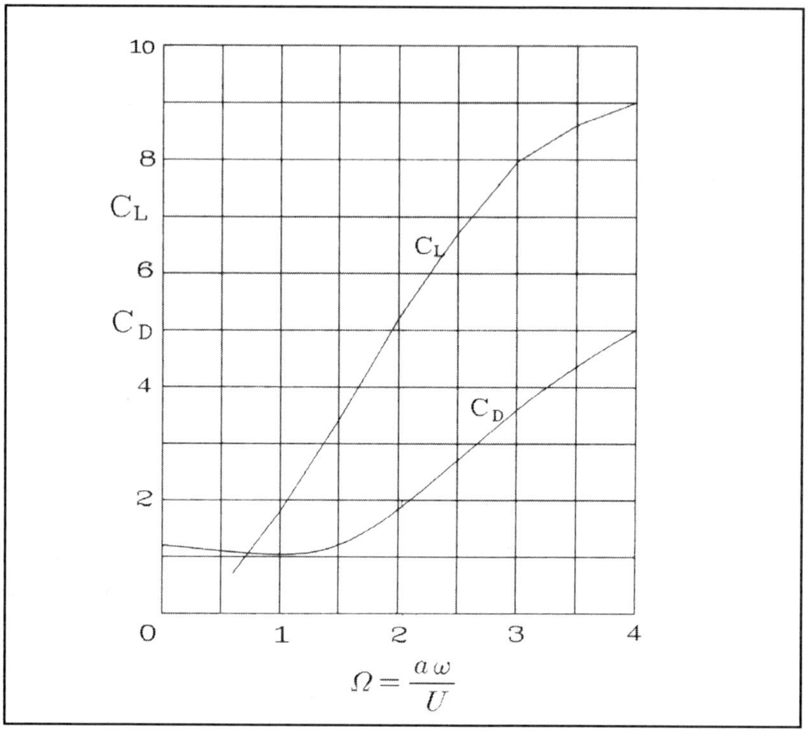

그림 예6-3

▶ 답

먼저 Ω를 구하면 다음을 얻고,

$$\Omega = \frac{a\omega}{U} = \frac{0.5 \times \left(\frac{300 \times 2\pi}{60}\right)}{10} = \frac{\pi}{2} \qquad (\text{예}6.8)$$

따라서 그림 예6-3으로부터 $C_L = 3.6$, $C_D = 1.2$를 얻는다. 식 (예6.6), (예6.7)을 사용하여 양력과 항력을 구하면 다음을 얻으므로,

$$L = (\rho U^2/2) dl C_L = 0.5 \times 1.224 \times 10^2 \times 5 \times 3.6 = 1.10\ kN \qquad (\text{예}6.9)$$

$$D = (\rho U^2/2) dl C_D = 0.5 \times 1.224 \times 10^2 \times 5 \times 1.2 = 0.37\ kN \qquad (\text{예}6.10)$$

배가 받는 추진력 T는 다음과 같다.

$$\begin{aligned} T &= 2(L\cos 30° - D\sin 30°) \\ &= 2\times(1.10\times 0.866 - 0.37\times 0.5) = 1.54\,kN \end{aligned} \qquad (예6.11)$$

◉ 예제 6-3

360 km/h의 속도로 날고 있는 비행기의 날개 경사각도가 1°이다. 날개단면의 평균길이가 3 m이고, 형상이 얇은 대칭형이라면, 날개의 단위 길이 당 작용하는 양력을 구하시오.

▶ 답

먼저 날개단면의 양력계수는 식 (6.35)로부터 다음과 같다.

$$C_l = 2\pi\alpha = 2\pi\times(\pi/180) = 0.1097 \qquad (예6.12)$$

비행기의 속도는 $U = 360/3600 = 0.1\,km/s$이므로, 식 (6.33)으로부터 날개의 단위 길이 당 작용하는 양력 L을 다음과 같이 얻는다.

$$\begin{aligned} L &= cC_l(\rho U^2/2) \\ &= 3\times 0.1097\times 0.5\times 1.224\times(1\times 10^2)^2\times = 2.01\,kN/m \end{aligned} \qquad (예6.13)$$

6.3 2차원 날개단면의 특성

그림 6-10에 날개단면의 기하학적 특성을 보였다. 앞끝(leading edge)과 뒤끝을 잇는 직선을 코드선(chord line), 두 끝점 사이의 직선거리를 날개단면의 코드길이(chord length) 또는 간단히 코드라고 부르고 통상 c로 표기하며, 코드선에 수직한 직선을 따라서 잰 단면의 윗면(upper surface 또는 back)과 아랫면(lower surface 또는 face) 사이의 거리를 두께[17](thickness)라고 부른다.

17) 나라에 따라 다른 정의를 사용하는 것에 주의해야 한다. NACA 단면인 경우, 엄밀하게 말하면 평균선에 수직

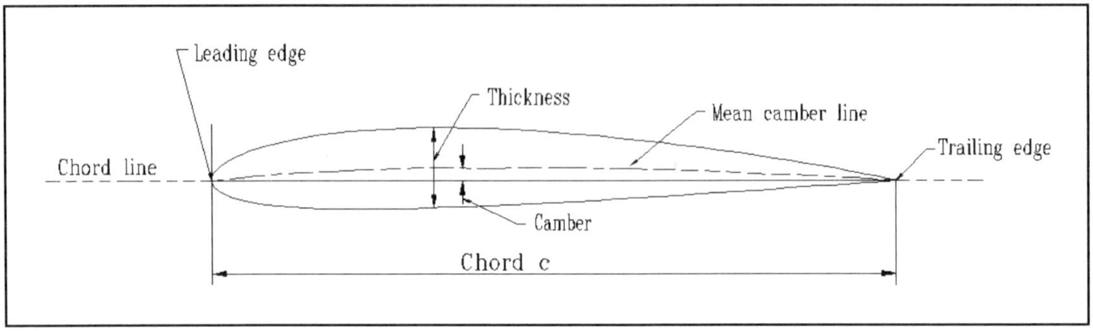

그림 6-10 2차원 날개단면의 기하학적 특성

또 두께의 이등분되는 점을 연결한 곡선을 평균선(mean line), 또 이 곡선과 코드선 사이의 최대거리를 캠버(camber)라고 부른다. 대칭 날개단면의 평균선은 코드선과 일치하며 캠버는 영이 된다. 날개단면의 경사각도는 코드선과 유입되는 유동 방향과의, 또는 물체의 운동 방향과의 사잇각으로 정의한다.

한편 여러 산업 분야에서 가장 많이 쓰이고 있는 날개단면은 아마도 NACA 단면으로 불리는 것인데, NACA(National Advisory Committee for Aeronautics)는 미국의 항공우주국인 NASA(National Aeronautics & Space Administration)의 전신이다. 1930년대에 조직적으로 시험된 단면계열은 4자리의 숫자로 표시된다. 예를 들어 NACA 2418 단면은, 캠버가 $0.02c$(첫째 자리), 또 그 위치가 앞끝으로부터 $0.4c$(둘째 자리), 그리고 최대 두께가 $0.18c$(셋째, 넷째 자리)인 단면을 뜻한다. 또 최대 두께의 위치는 모든 4자리 단면에 대해 공통으로 앞끝으로부터 $0.3c$이다. 이외에도 다양한 형태의 날개단면에 대한 자료는 [8]을 참고하기 바란다.

그림 6-11에 대칭단면인 NACA 0012에 대해 실험적으로 구한 $C_l(\alpha)$와 경사평판에 대한 결과인 식 (6.35)에 의한 값들을 비교하였는데, 경사각도가 12°보다 작은 범위에서는 두 결과가 매우 잘 일치하고 있는 것을 볼 수 있다. NACA 0012단면은 최대 두께가 $0.12c$이므로, 얇은 날개단면으로 볼 수 있으며, 일반적으로 얇은 날개단면에 대해서는 경사평판에 대한 결과인 식 (6.35)에 의한 이론치와 실험치가 잘 일치한다.

하게 잰 거리를 두께로 정의한다. 그러나 두께와 캠버가 작은 경우, 그 차이는 무시할 만하다.

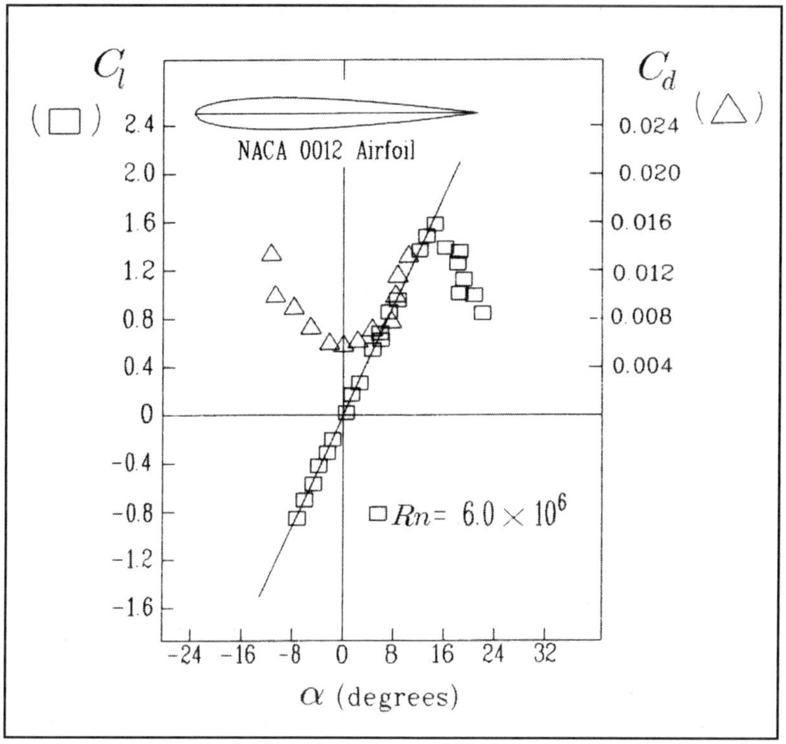

그림 6-11 NACA 0012 단면의 양력계수 C_l과 항력계수 C_d의 경사각도 α에 따른 변화

그림 6-12에는 NACA 0012단면과 2412단면의 형상을 비교하여 보였다. 2412단면은 캠버가 $0.02c$, 또 그 위치가 $0.4c$이고 최대 두께가 $0.12c$인 단면인데, 실험적으로 구한 $C_l(\alpha)$를 그림 6-13에 보였다. 먼저 0012 단면과 다른 것으로 가장 눈에 띄는 것은, 경사각도가 0°일 때의 C_l 값이 영이 아닌 점이다. 그러나 2412 단면의 $C_l(\alpha)$는 0012단면의 양력계수를 $C_l(0) \simeq 0.25$ 만큼 수직상방으로 평행이동시킨 것과 거의 같으므로, 2412단면에 대해서는 다음을 사용하여 C_l을 구해도 상당히 정확한 값을 얻을 수 있다.

$$C_l(\alpha) = C_l(0) + 2\pi\alpha \tag{6.36}$$

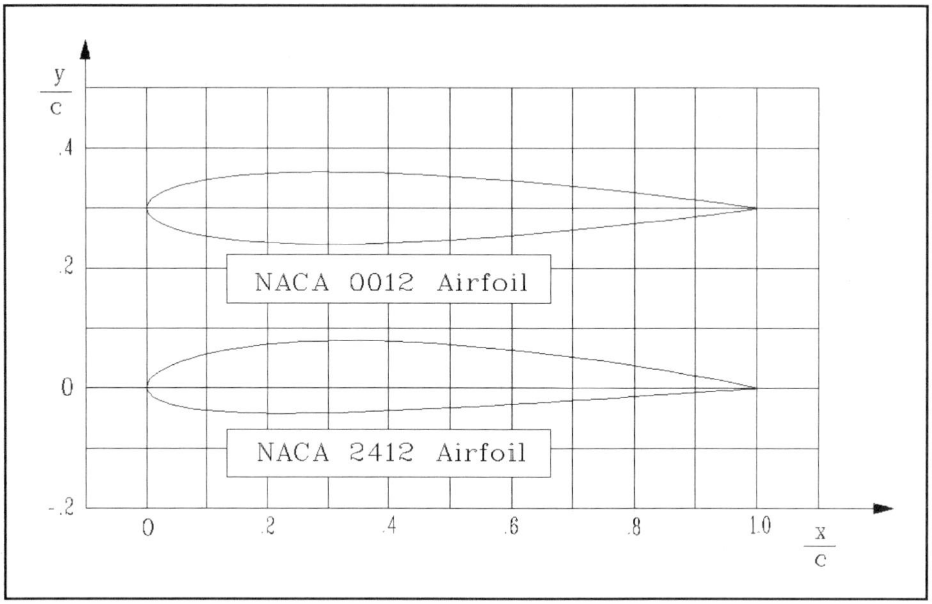

그림 6-12 NACA 0012 단면과 NACA 2412 단면의 형상 비교

이러한 사실은 두께가 얇은 날개단면에 대해서 일반적으로 적용할 수 있으므로, 그 응용 범위가 대단히 넓으며, 식 (6.36)에서 $C_l(0)$는 캠버 효과로, $2\pi\alpha$는 경사각도 효과로 각각 불린다.

한편 일반적으로 날개단면의 경사각도가 10°보다 큰 어느 각도보다 더 커지면, 그림 6-11, 13에서도 알 수 있듯이, C_l이 감소하기 시작한다. 이는 단면의 윗면에 발생하는 박리에 기인하는 현상이며, 이 때의 기전을 보다 자세히 살펴보기 위해 날개단면 상의 C_p 분포를 생각해 보자. 그림 6-14에 NACA 2412 단면에 대해 5개의 경사각도에서의 C_p 분포를 보였다. 경사각도가 아주 작을 때를 제외하면, 날개단면의 윗면에는 음의 부호를 갖는 압력, 아랫면에는 양의 부호를 갖는 압력이 각각 작용하는 것을 확인할 수 있으며, 특히 아랫면에 작용하는 양의 압력보다는 윗면에 작용하는 음의 압력이 양력에 훨씬 더 크게 기여하는 것을 알 수 있다. 다시 말하면 아래에서 떠받치는 힘보다는 위에서 빨아올리는 힘에 의해 날개단면에 작용하는 양력의 대부분이 발생한다는 사실을 알 수 있으며, 경사각도가 7.4°, 13.8°일 때의 압력 분포는 이와 같은 점을 명백히 보여 주고 있다. 한편 그림 6-13에 따르면

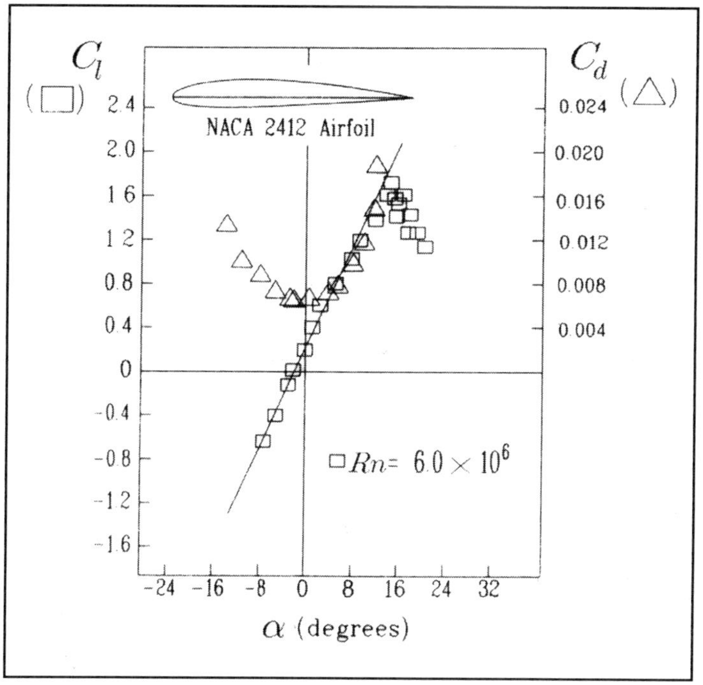

그림 6-13 NACA 2412 단면의 양력계수 C_l과 항력계수 C_d 의 경사각도 α에 따른 변화

$\alpha = 17.9°$는 C_l이 감소하는 영역에 속하며, 또 그림 6-14에 의하면 $\alpha = 17.9°$에서의 이와 같은 양력 감소는 날개단면의 윗면에 작용하는 음압의 크기가 감소한 것에 기인한다. 즉 앞끝에서 윗면을 따라 $0.2c$ 보다 뒤에 속하는 부분에 작용하는 압력의 크기는 거의 일정한데, 이는 원기둥 및 수직평판의 뒷면에 작용하는 압력이 거의 일정한 것과(그림 5-15, 16) 같은 기전, 즉 날개단면 윗면에 발생하는 박리에 기인한다. 어떤 경사각도에서 일단 박리 현상이 생기면 박리점 이후의 윗면은 거의 일정한, 일반적으로 작은 크기의 음압을 받으며, 날개단면의 두께 및 박리에 수반되는 유동 형태에 따라 다르기는 하나, 경사각도가 계속 증가하면 윗면에 작용하는 음압에 의한 힘의 양력 성분이 크게 감소하여 결국은 양력이 감소한다[18]. 양력이 감소하기 시작하는 경사각도, 즉 C_l이 최대인 경사각도는 통상 실속(失速, stall) 각도라고 부른다.

18) 경사각도가 커지면 날개단면의 표면에 작용하는 압력과 양력의 방향은 점점 달라지므로 이에 대한 고려가 필요하고, 또 뒤끝에서의 압력은 그 크기가 원래 그렇게 크지 않기 때문에 박리가 생기자마자 바로 양력이 감소하지는 않는다.

$(R = 2.7 \times 10^6, M = 0.15)$

$\alpha(^\circ)$	-1.7°	2.8°	7.4°	13.8°	17.9°
C_l	0.024	0.433	0.862	1.356	0.950

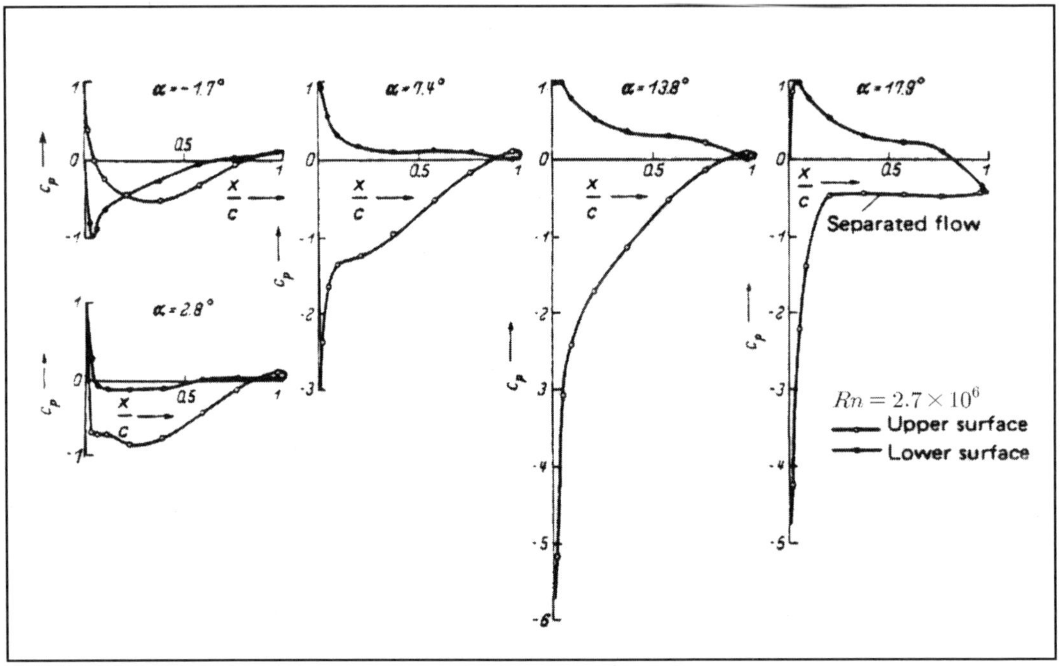

그림 6-14 여러 경사각도에 대한 NACA 2412 단면 상의 C_p 분포

한편 날개단면에 작용하는 항력은, 평행평판에 작용하는 마찰항력 성분과 수직평판에 작용하는 압력항력 성분으로 나누어 생각할 수 있다. 날개단면은 대부분이 유선형 물체이므로 경사각도가 작으면 압력항력 성분이 거의 없고, 따라서 항력은 대부분 마찰에 기인하며 값도 그렇게 크지 않다. 그러나 경사각도가 증가하여 날개단면의 위쪽에 박리가 생기면 압력항력 성분이 증가하여 전체 항력 D, 또한 꽤 큰 값을 가진다. 날개단면의 항력계수 C_d 를 다음과 같이 정의할 수 있으며,

$$C_d = \frac{D}{c\rho U^2/2} \tag{6.37}$$

그림 6-11, 13에 $C_d(\alpha)$도 같이 보였으며, 경사각도 α가 커지면 매우 급격하게 증가하는 것을 확인할 수 있다.

◉ 예제 6-4

예제 6-3에서 다루었던 문제를 다시 생각해 보자. 날개단면이 NACA 0012, 2412일 때에 대해 날개의 단위 길이 당 작용하는 양력을 구하시오. 또 2412 단면을 사용하여, 날개의 단위 길이 당 작용하는 양력이 0012 단면과 같게 하려고 할 때 비행기의 속도를 구하시오.

▶ 답

NACA 0012 단면에 대해서는 예제 6-3에서 구한 결과를 그대로 쓸 수 있으며, NACA 2412 단면에 대해서는 식 (6.36)을 사용하여 날개단면의 양력계수를 구하면 다음과 같다.

$$C_l = 0.25 + 2\pi\alpha = 0.25 + 0.11 = 0.36 \tag{예6.14}$$

따라서 식 (6.33)으로부터 날개의 단위 길이 당 작용하는 양력 L을 다음과 같이 얻는다.

$$\begin{aligned} L &= (\rho U^2/2)cC_l \\ &= 0.5 \times 1.224 \times (1 \times 10^2)^2 \times 3 \times 0.36 = 6.61\ kN/m \end{aligned} \tag{예6.15}$$

식 (예6.14)에 보인 바와 같이 캠버효과가 경사각도의 효과의 두 배 이상임에 유의하며, 따라서 같은 속도에서 식 (예6.15)에 보인 바와 같이 세 배 이상의 양력을 발생시키게 된다. NACA 2412 단면을 사용하여 동일한 양력을 얻고자 하면 식 (예6.15)를 사용하여 대응속도를 다음과 같이 얻는다.

$$\begin{aligned} U &= \sqrt{\frac{2L}{\rho c C_l}} \\ &= \sqrt{\frac{2 \times 2.01 \times 10^3}{1.224 \times 3 \times 0.36}} = \sqrt{3.04 \times 10^3} \\ &= 55.1\ m/s = 199\ km/h \end{aligned} \tag{예6.16}$$

그러므로 이 식에 따르면 원래 속도 $360\,km/h$의 약 55%로 원하는 양력을 얻을 수 있다.

6.4 유기항력; 3차원 영향

앞 절에서는 2차원 날개단면의 특성을 생각해 보았다. 날개단면의 특성을 이용하여 양력을 발생시키는 물체, 예를 들어 3차원 날개(wing)를 만들면, 날개의 횡방향 길이 즉 폭(span) b는 유한한 값을 가진다(그림 6-15a). 날개를 이루는 각 날개단면이 일반적으로는 폭방향으로 변화하나, 여기서는 날개단면이 각 단면에서 모두 동일한 경우만 생각하기로 한다. 날개의 종횡비(aspect ratio) s는 다음과 같이 폭과 코드의 비로 정의된다.

$$s = b/c \tag{6.38}$$

한편 2차원 날개단면의 특성은 폭이 무한히 큰 날개의 특성과 같다고 볼 수 있으므로, $s = \infty$는 2차원 날개단면에 상응한다.

날개의 특성은, s가 크면 클수록 2차원 날개단면의 특성과 비슷할 것이나, s가 작아지면 3차원적인 영향을 받는다. 날개단면과 마찬가지로 날개의 윗면은 음의 압력, 아랫면은 양의 압력을 받는데, 폭이 유한하면 날개의 폭방향 끝, 즉 옆끝(tip)에서는 날개의 아래쪽으로부터 위쪽으로 압력구배에 의한 유동이 형성되며, 이러한 유동은 회전성유동이고, 통상 날개의 옆끝와동(tip vortex)이라고 불린다(그림 6-15b). 뿐만 아니라, 날개의 뒤끝에서도 윗면과 아랫면을 지나온 유체의 폭방향 속도가 다른 것에 기인하는 회전성유동이 생기는데, 이들 회전성유동은 날개 주위의 유동을 정상유동으로 볼 때, 날개 뒤로 무한히 연장되어 있는 것으로 볼 수 있다(그림 6-15c). 날개로서는 그 뒤에 회전성유동을 계속 만들고 있으므로, 그에 상응하는 에너지를 지속적으로 소모하고 있는 셈이며, 이 에너지는 날개가 유체에 대해 한 일(work)에 의해 공급된다. 따라서 이 일에 상응하여 날개는 2차원 날개단면에는 작용하지 않는 새로운 항력을 받으며, 이와 같이 날개 뒤에 와동을 만들기 때문에 날개가 추가로 받는 항력을 유기항력(induced drag)이라고 부른다.

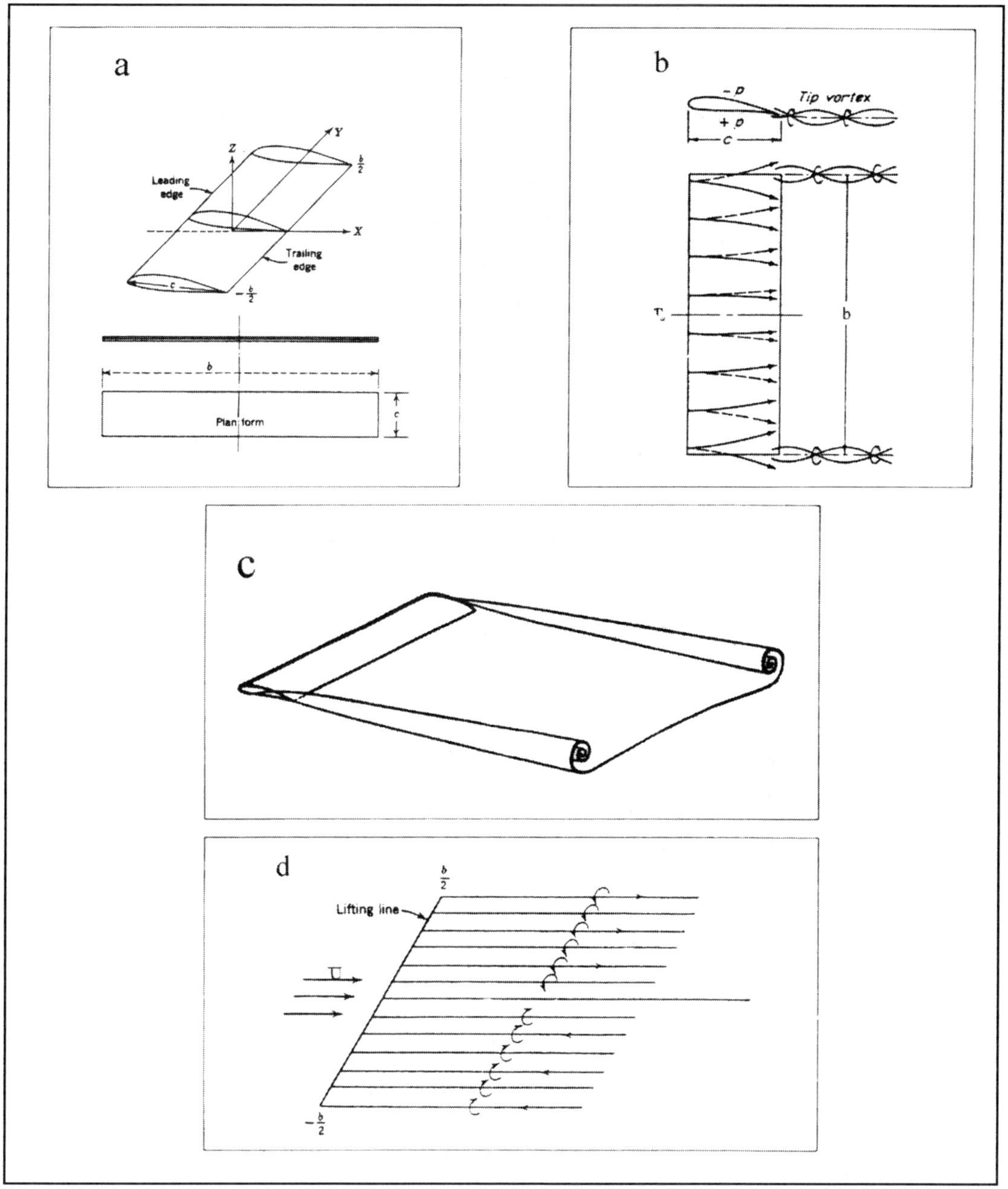

(a) 날개의 기하학적 특성, (b) 옆끝와동의 생성,
(c) 날개 주위의 후류, (d) Prandtl(1918)에 따른 양력선 가정
그림 6-15 날개 주위의 유동에 대한 개략도

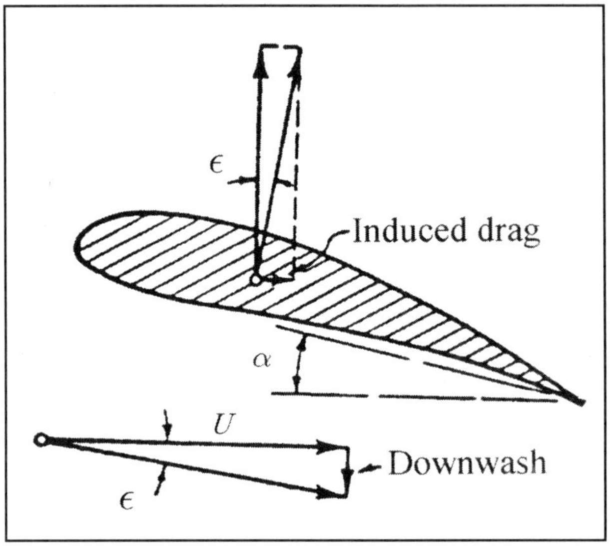

그림 6-16 유기항력에 대한 개략도

옆끝와동과 관련하여 유기항력에 대한 개념을 최초로 제안한 사람은 Lanchester (1894)였지만, 실제로 위에서 언급한 것과 같은 날개 뒤의 와동계(vortex system)를 생각하고 날개가 받는 양력 및 유기항력에 대한 계산 방법을 제시, 확립한 사람은 Prandtl(1918)이었다. Prandtl은 날개와 와동을 연결된 직선와동 (rectilinear vortex)의 집합으로 근사하여(그림6-15d), 양력선(lifting-line) 이론을 제안하였으며, 여기서는 그의 주요 결과에 대해서만 간단히 논의하기로 한다.

먼저 날개 뒤에 무한히 길게 지속되는 와동이 날개 주위의 유동에 미치는 영향은, 날개에 유입되는 속도 U의 균일유동에 하향의 속도 성분, 즉 하향유동(downwash)을 유기시킨다. 이 속도 성분의 크기를 w라고 하고(그림 6-16), 날개에 들어오는 하향유동의 유입각도 ϵ을 다음과 같이 정의하자.

$$\epsilon = \tan^{-1}(w/U) \tag{6.39}$$

그러면 날개의 실질적인 유효 경사각도는 ϵ만큼 감소하게 된다. 따라서 Kutta-Joukowski 정리에 의해 얻어지는 힘은 균일유동 방향에 대해 수직하지 않게 되므로, 균일유동 방향 성분이 영이 아니며, 이 성분이 바로 유기항력 D_i이다. 날개에 작용하는 양력을 L로 표시하면, 일반적으로 ϵ의 크기는 그렇게 크지 않으므로 다음과 같이 쓸 수 있다.

$$D_i \simeq L\sin\epsilon \simeq L\epsilon \simeq Lw/U \tag{6.40}$$

Prandtl에 의하면 w는 L에 비례하고, 폭 b의 제곱에 반비례하며, 또 그는 대부분의 실용적인 날개에 대해 쓸 수 있는 다음과 같은 결과를 얻었다.

$$w = 2L/\pi b^2 \rho U \tag{6.41}$$

이 식을 식 (6.40)에 대입하면 다음을 얻는다.

$$D_i = \frac{L^2}{\pi b^2 \rho U^2/2} \tag{6.42}$$

날개의 전체 항력을 D라고 하고, 날개의 양력계수 C_L, 항력계수 C_D 및 유기항력계수 C_{D_i}를 각각 다음과 같이 정의하자.

$$C_L = \frac{L}{bc\rho U^2/2}, \quad C_D = \frac{D}{bc\rho U^2/2}, \quad C_{D_i} = \frac{D_i}{bc\rho U^2/2} \tag{6.43}$$

그러면 식 (6.42), (6.43)으로부터 C_{D_i}와 C_L 사이의 다음 관계식을 얻는다.

$$C_{D_i} = C_L^2/\pi s \tag{6.44}$$

2차원 날개단면의 C_{D_i}는 영이 되어야 하는데, 2차원 날개단면의 종횡비 s는 ∞이므로, 식 (6.44)는 이에 부합되는 결과를 주고 있다. 한편 3차원 날개의 양력계수 C_L 도 근사적으로는 날개의 경사각도에 비례하며, 또 C_{D_i}는 C_L의 제곱에 비례하므로, 실속 각도에 도달하기 전까지, C_{D_i}는 근사적으로 날개의 경사각도의 제곱에 비례한다.

종횡비가 양력계수에 미치는 영향을 알아보기 위해 다음을 생각해 보자. ϵ이 작으면 식 (6.39)로부터 $\epsilon \simeq w/U$라고 할 수 있고, 여기에 식 (6.41)을 대입하면 다음을 얻는다.

$$\epsilon \simeq \frac{1}{\pi}\frac{L}{b^2\rho U^2/2} = \frac{1}{\pi}\frac{L}{bc\rho U^2/2}\frac{c}{b} = \frac{C_L}{\pi s} \qquad (6.45)$$

이 식은 하향유동에 의한 유입각도의 감소량이므로, 균일유동 U의 기하학적 유입각도를 α라고 하면, 종횡비가 유한한 3차원 날개의 유효 경사각도는 $\alpha-\epsilon$이므로, 3차원 날개의 양력계수는 다음과 같다.

$$C_L(\alpha) = 2\pi(\alpha-\epsilon) \qquad (6.46)$$

이 식에 식 (6.45)를 대입하고 정리하면, 3차원 날개의 양력계수를 종횡비와 경사각도의 함수로 나타낸 다음 결과를 얻는다.

$$C_L(\alpha; s) = \frac{2\pi\alpha + C_L(0)}{1+(2/s)} \qquad (6.47)$$

종횡비 s가 클수록 2차원 날개단면에 대한 식인 식 (6.36)과 가까운 결과를 주며, 또 s가 작아지면, 식 (6.47) 우변의 분모가 증가하므로, 양력계수를 경사각도의 함수로 나타낼 때의 기울기가 감소함을 알 수 있다. 예를 들어 s가 5이면, $C_L(0)$가 영인 대칭단면의 날개는 2차원 날개단면에 비해 약 28.6 % $(=1-1.4^{-1})$의 기울기 감소를 가진다.

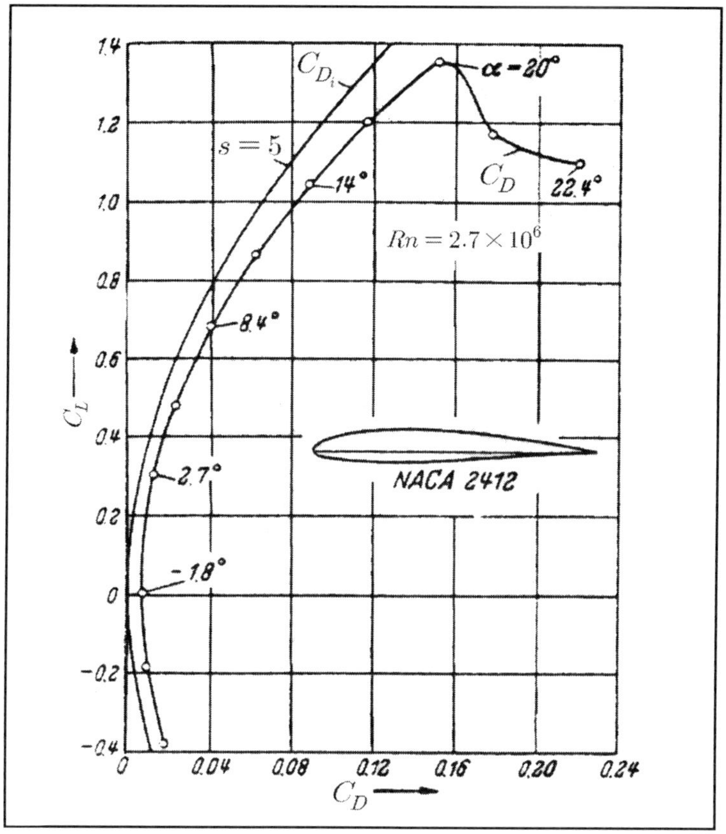

그림 6-17 종횡비 5인 NACA 2412 단면의 날개에 대한 극도표

한편 임의의 종횡비를 갖는 날개의 C_D는, 근사적으로 2차원 날개단면의 항력계수, $C_d = C_D(s=\infty)$와 C_{D_i}의 합으로 볼 수 있으므로 다음과 같이 쓸 수 있다.

$$C_D = C_{D_i} + C_d = \frac{C_L^2}{\pi s} + C_d \tag{6.48}$$

그림 6-17에 NACA 2412 단면을 가진 종횡비 5의 날개에 대해, 수평축을 C_D, 수직축을 C_L로 잡은 좌표평면 상에, 경사각도의 변화에 따른 실험 결과를 보였다. 이와 같은 방식의 그림은 날개에 대한 극도표(polar diagram)로 불리는데,

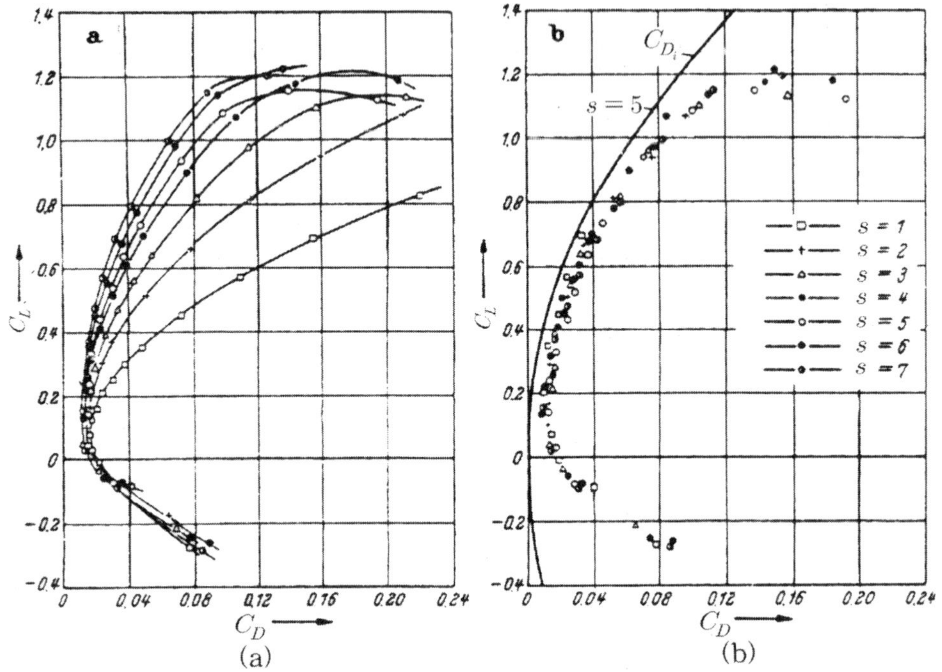

(a) 종횡비 1~7의 사각형날개에 대한 극도표

(b) 식 (6.49)를 사용하여 종횡비 5인 경우로 변환한 경우

그림 6-18 식 (6.48)의 타당성을 보여주는 NACA 2412 단면의 날개에 대한 실험 자료

Lanchester(1907)에 의해 처음으로 제안되었다. 식 (6.44)에 의한 결과는 유기항력 포물선으로 불리며, 경사각도가 10° 보다 작을 때는, 날개의 C_D와 유기항력 포물선 사이의 차이가 거의 일정하여, 식 (6.48)과 같이 항력 성분을 분해하는 방법의 타당성을 잘 보여주고 있다.

임의의 종횡비를 가진 날개에 대해 경사각도를 변화시키며 실험하여 C_L과 C_D를 얻었다고 하면, 식 (6.48)을 사용하여, 그 외의 다른 종횡비를 갖는 날개의 C_D도 구할 수 있다. 즉 종횡비가 s_1, s_2인 날개의 항력계수를 각각 C_{D1}, C_{D2}라고 하면, C_d는 변화하지 않으므로, 동일한 C_L 값에 대하여, 식 (6.48)로부터 다음을 얻는다.

$$C_{D2} = C_{D1} + \frac{C_L^2}{\pi}\left(\frac{1}{s_2} - \frac{1}{s_1}\right) \tag{6.49}$$

그림 6-18에는 단면은 동일하나 종횡비는 다른 7개의 날개에 대한 실험 결과를, 식 (6.49)를 사용하여 종횡비가 5인 경우로 환산한 결과를 보였는데, 매우 좋은 결과를 주고 있다.

◉ 예제 6-5

어떤 비행기의 날개가 NACA 2412 단면을 가졌으며, 폭은 $10\,m$, 코드는 $2\,m$이고 경사각도는 $2.7°$이다. 이 비행기의 속도가 $360\,km/h$일 때, 다음을 구하시오.

1) 날개에 작용하는 양력과 항력,

2) 유기항력이 전체 항력에서 차지하는 비율.

▶ 답

1) 먼저 종횡비가 $10/2 = 5$이므로, NACA 2412 단면에 대한 극도표인 그림 6-17을 그대로 이용할 수 있다. 경사각도가 $2.7°$일 때, $C_L = 0.3$, $C_D = 0.012$, 또 속도는 $360/3600 = 0.1\,km/s$이므로 식 (6.43)을 사용하여 다음을 얻는다.

$$\begin{aligned} L &= (\rho U^2/2)bcC_L \\ &= 0.5\times 1.224\times 10^4\times 10\times 2\times 0.3 = 36.7\,kN \end{aligned} \tag{예6.17}$$

$$\begin{aligned} D &= (\rho U^2/2)bcC_D \\ &= 0.5\times 1.224\times 10^4\times 10\times 2\times 0.012 = 1.47\,kN \end{aligned} \tag{예6.18}$$

날개의 효율을 재는 주요한 변수인 양항비(lift-to-drag ratio)는 이 경우 위의 결과에 따르면 $L/D = C_L/C_D = 0.3/0.012 = 25$이며, 일반적으로 양항비가 클수록 효율적인 날개라고 할 수 있다. 예를 들어 Boeing사의 B-52의 양항비의 최대값은 21.5이다.

2) 유기항력계수 C_{D_i}는 양력계수의 제곱에 비례하며, 식 (6.44)를 사용하여 다음을 얻는다.

$$C_{D_i} = \frac{C_L^2}{\pi s} = \frac{0.3^2}{5\pi} = 0.0057 \qquad (예6.19)$$

항력계수는 0.012이므로 유기항력이 전체 항력에서 차지하는 비율은 다음과 같다.

$$\frac{0.0057}{0.012} = 47.5\% \qquad (예6.20)$$

전체 항력의 약 반이 유기항력인 점에 유의하며, 날개가 받는 전체 항력을 줄이기 위해서는 단면 자체의 항력뿐만 아니라 유기항력에 대한 고려가 반드시 필요하다는 점을 알 수 있다.

이상에서 2차원 날개단면 및 3차원 날개에 작용하는 양력 및 유기항력에 관한 기본적인 사항들을 생각해 보았다. 하늘을 날아다니는 물체를 만들고자 하는 인류의 노력이 거두어들인 20세기 초의 풍성한 수확이 매우 오래 된 역사 이야기처럼 느껴질지 모르나, 바로 이러한 지식에 근거하여 배, 비행기, 우주선 등이 설계, 제작된 것을 간과하면 안 될 것이다. 2차 대전 이후인 50년대에는 초음속(supersonic) 비행에 대한 연구가, 60년대에는 로켓추진에 의한 우주선에 대한 연구가 활발하게 진행되었으며, 또 90년대에 들어와서는 극초음속(hypersonic) 여객기에 대한 논의가 진행되고 있다. 약 100년 사이의 발전치고는 대단한 것으로 볼 수 있는데, 이러한 발전의 초기에 Prandtl 이라는 한 개인이 기여한 바가 너무도 지대하여, von Karman은 Prandtl을 20세기의 Euler로 부를 정도로 극찬하였다. Prandtl이 주도한 Göttingen 학파의 항력과 양력에 관련된 연구 결과는 1차, 2차 세계대전을 거치며 전 세계, 전 산업에 퍼져 나갔으며, 그들에 의해 확립된 지식은 유체역학이라는 새로운 학문을 탄생시켰다. 오늘날도 거의 모든 유체역학 교과서들이 Prandtl의 예를 따라, 물리 현상을 실험을 통해 확인시키는 방법, 즉 유동을 가시화한 실험 사진을 대거 책에 싣는 방법을 취하고 있고, 심지어는 그의 사진을 그대로 인용하는 경우도 허다하다. 2차 대전 이후, 미국은 거의 모든 과학적 연구의 중심으로 변하였으나, 20세기 초만 하더라도 유체역학을 공부하기 원하는 많은 미국인들이 독일로 유학하였으며, 또 많은 독일인 유체역학자들을 이민으로 받아 들였다.

이와 같이 학문의 중심은 시대에 따라 이동하는데, 21세기를 바라보고 있는 지금(1995), 얼마나 큰 역할을 우리나라 학자들이 앞으로 할 수 있을 것인지, 궁금하기만 하다.

다음 절에서는 복소함수를 사용하여 경사평판 주위에 생성되는 순환의 세기를 유도하기로 한다. 돌이켜 보면 복소함수론(theory of complex function)이야말로 고전적인 수동역학이 양력과 관련된 문제의 해결에 중요한 역할을 할 수 있도록 한 원동력이었다. 18-19세기에 Euler, Gauss, Cauchy 등에 의해 발전되어 온 복소함수론이 20세기 초반 Kutta와 Joukowski에 의해 양력 문제의 해결에 사용될 것으로 기대한 사람은 별로 많지 않았는데, 지금도 복소함수론은 2차원 문제의 해결에 매우 중요한 방법론을 제공하고 있다.

6.5 복소함수와 복소포텐셜

이상유체의 2차원 유동은 Laplace 방정식을 만족하는 속도포텐셜을 사용하여 유동장의 모든 특성을 나타낼 수 있다는 점은 §6.1에서 밝힌바 있다. 한편 복소변수(complex variable) $z=x+iy$의 해석함수(analytic function) $f(z)$는 그 실수부와 허수부가 각각 Laplace 방정식을 만족한다는 매우 유용한 특성을 가진다. 임의의 해석함수에 대해 $f(z)=\phi(x,y)+i\psi(x,y)$라고 하면, 해석함수의 정의로부터 실수부(real part)인 ϕ와 허수부(imaginary part)인 ψ는 다음 관계를 만족한다.

$$\frac{\partial\phi}{\partial x}=\frac{\partial\psi}{\partial y},\quad \frac{\partial\phi}{\partial y}=-\frac{\partial\psi}{\partial x} \tag{6.50}$$

이 식은 Cauchy-Riemann조건이라고 불리며, 이를 이용하여 ϕ가 Laplace 방정식을 만족함을 다음과 같이 보일 수 있으며,

$$\nabla^2\phi=\frac{\partial^2\phi}{\partial x^2}+\frac{\partial^2\phi}{\partial y^2}=\frac{\partial}{\partial x}\left(\frac{\partial\psi}{\partial y}\right)+\frac{\partial}{\partial y}\left(-\frac{\partial\psi}{\partial x}\right)=0 \tag{6.51}$$

ψ에 대해서는 연습문제로 미루기로 한다.

어떤 해석함수 $f(z)$의 실수부가 어떤 유동장의 속도포텐셜이라면 그 해석함수는 복소포텐셜(complex potential)이라고 부르며, $f(z)$의 허수부는 유량함수(stream function)라고 부른다. 이는 $\psi(x, y)= const.$인 곡선은 유선(streamline)임을 보일 수 있기 때문인데, 이와 같은 사실을 보이기 위해 다음을 생각한다. 먼저 유선은 식 (예3.4) $dy/dx= v/u$으로 정의되므로 이를 정리하여 다음을 얻는다.

$$-vdx+udy= 0 \tag{6.52}$$

한편 $\psi(x, y)= const.$인 곡선 상에서는 $d\psi= 0$이므로 다음 관계를 얻는다.

$$d\psi= \frac{\partial\psi}{\partial x}dx+\frac{\partial\psi}{\partial y}dy= 0 \tag{6.53}$$

이 식에 식 (6.50)의 Cauchy-Riemann조건으로부터 얻는 다음 관계를 대입하면

$$\frac{\partial\psi}{\partial x}= -\frac{\partial\phi}{\partial y}= -v\,,\;\; \frac{\partial\psi}{\partial y}= \frac{\partial\phi}{\partial x}= u \tag{6.54}$$

바로 식 (6.52)를 얻으므로 $\psi(x, y)= const.$인 곡선은 유선임을 알 수 있다.

위에서 논의한 해석함수의 유용성을 입증하기 위해 §6.1에서 논의한 세 가지 포텐셜유동에 대한 복소포텐셜을 얻기로 한다. 첫 번째로 균일유동에 대해서는 다음을 생각하면

$$f(z)= Uz \tag{6.55}$$

이 함수는 실수부가 Ux로 식 (6.3)에 보인 바와 같이 균일유동의 속도포텐셜이다. 복소포텐셜은 속도포텐셜뿐만 아니라 유량함수까지 쉽게 주고 있으므로 더욱 편리한데, 식 (6.55)로부터 균일유동의 유량함수를 다음과 같이 얻는다.

$$\psi(x, y) = Uy \tag{6.56}$$

두 번째로 점와동에 대해 다음을 고려하면

$$f(z) = \frac{i\Gamma}{2\pi} \ln z \tag{6.57}$$

$z = re^{i\theta}$ 와 $\ln z = \ln r + i\theta$ 를 이용하여, 이 식의 실수부가 식 (6.11)로 주어지는 것을 쉽게 알 수 있다. 또한 점와동의 유량함수는 다음과 같다.

$$\psi(x, y) = \frac{\Gamma}{2\pi} \ln r \tag{6.58}$$

세 번째로 쌍극점 유동에 대해서는 다음을 고려하면

$$f(z) = \frac{\beta}{z} = \frac{\beta e^{-i\theta}}{r} \tag{6.59}$$

이 함수의 실수부가 식 (6.12)임을 쉽게 확인할 수 있다.

어떤 유동에 대해 복소포텐셜을 안다고 하면 해석함수의 미분으로부터 속도를 쉽게 얻을 수 있다. 해석함수의 미분에 대한 정의로부터 다음을 얻으며,

$$w(z) = \frac{df}{dz} = \frac{\partial \phi}{\partial x} + i\frac{\partial \psi}{\partial x} \tag{6.60}$$

이 식의 우변에 식 (6.50)의 Cauchy-Riemann조건을 대입하면 다음을 얻으므로,

$$w(z) = u(x,y) - iv(x,y) \tag{6.61}$$

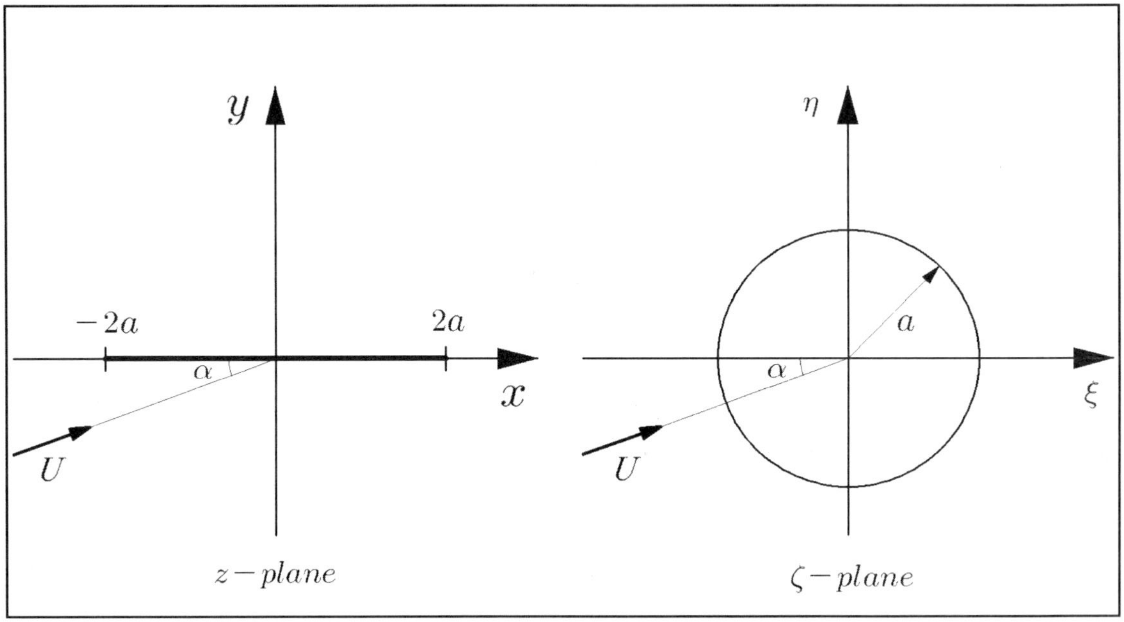

그림 6-19 균일유동 중의 경사평판에 대한 사상

$w(z)$는 복소속도(complex velocity)라고 부른다.

위에서 얻은 결과를 이용하여 그림 6-19에 보인 바와 같이 경사평판이 균일유동 중에 있을 때 그 주위에 발생하는 순환의 크기를 유도하기로 한다. 먼저 유도과정을 크게 4 단계로 구분하면, 첫 번째는 원기둥을 평판으로 사상(mapping)하는 변환(transform)을 유도하고, 두 번째는 이의 역변환(inverse transform), 즉 평판을 원기둥으로 사상하는 변환을 얻으며, 세 번째는 원기둥 주위의 유동에 대한 복소포텐셜을 얻고, 네 번째는 '끝점에서의 속도가 유한하다'는 Kutta조건을 적용하기 위해 끝점에서의 속도를 얻어, 이 결과로부터 식 (6.32) $\Gamma = \pi Uc\sin\alpha$를 구하기로 한다.

첫 번째로, 코드 $c = 4a$인 평판이 입사각 α인 속도 U의 균일유동 중에 있을 때, ζ-평면의 반경이 a인 원을 z-평면의 길이 $4a$인 선분으로 사상하는 변환을 구하기 위해 먼저 원기둥 상의 점들이 $\zeta = ae^{i\theta}$로 주어짐에 주목한다. 선분은 두께가 없고 평판에 상응하는 선분 상의 점들은 실수축 상에 있으며 $z = x \in (-2a, 2a)$를 만족하므로 다음과 같은 사상을 고려한다.

$$z = \zeta + \frac{a^2}{\zeta} \tag{6.62}$$

이 식의 우변에 $\zeta = ae^{i\theta}$를 대입하면 $z = 2a\cos\theta$를 얻으므로, ζ-평면의 원기둥 상의 점들이 z-평면의 실수축 상의 길이 $4a$인 선분 상의 점들로 사상됨을 알 수 있다. 이 사상은 Joukowski변환(Joukowski transform)으로 알려져 있다.

두 번째로 식 (6.62)로 주어지는 변환의 역변환, 다시 말하면 z-평면의 선분을 ζ-평면의 원으로 사상하는 복소변환은 위 식의 양변에 ζ를 곱해 얻어지는 ζ에 대한 2차 방정식을 풀어 다음과 같이 얻는다.

$$2\zeta = z + \sqrt{z^2 - 4a^2} \tag{6.63}$$

여기서 제곱근 앞의 (−) 부호는 $z \to \infty$일 때 $\zeta \to 0$이 되므로 배제되었다.

세 번째로 식 (6.63)을 사용하여 z-평면의 경사평판 문제를 ζ-평면의 원기둥에 대한 문제로 변환할 수 있으며, ζ-평면에서의 문제의 해는 식 (6.25)로부터 얻을 수 있음에 주목한다. 식 (6.25)는 균일유동과 쌍극점, 그리고 점와동으로 이루어진 유동이므로, 식 (6.55), (6.57), (6.59)를 사용하여 다음과 같은 복소포텐셜 $f(\zeta)$을 얻을 수 있다.

$$f(\zeta) = \phi(\xi, \eta) + i\psi(\xi, \eta) = U\left(\zeta e^{-i\alpha} + \frac{a^2 e^{i\alpha}}{\zeta}\right) + \frac{i\Gamma}{2\pi}\ln\zeta \tag{6.64}$$

단 균일유동이 x축에 대해 α의 경사각도를 가지고 있으므로, ζ 대신 $\zeta e^{-i\alpha}$를 대입하였고, 여기서 물체 주위에 형성된 순환의 크기 Γ는 아직 정해지지 않은 미지수이다.

네 번째로 Kutta조건을 적용하기 위해서는 경사평판의 끝점에서의 속도를 구해야 하는데, z-평면에서의 복소속도 $w(z)$는 다음과 같이 얻는다.

$$w(z) = \frac{df}{dz} = \frac{df}{d\zeta}\frac{d\zeta}{dz} = \frac{df}{d\zeta} \Big/ \frac{dz}{d\zeta} \tag{6.65}$$

또 식 (6.62)로부터 $dz/d\zeta$는 다음과 같이 얻는다.

$$\frac{dz}{d\zeta} = 1 - \frac{a^2}{\zeta^2} \tag{6.66}$$

이 식에 따르면 경사평판의 끝점 $z=2a$에 상응하는 원기둥 상의 점 $\zeta=a$에서 $dz/d\zeta=0$이 되므로, 평판의 끝점에서의 속도 df/dz가 유한하기 위해서는 다음 조건이 만족되어야 한다.

$$\left.\frac{df}{d\zeta}\right|_{\zeta=a} = 0 \tag{6.67}$$

이 식에 식 (6.64)를 대입하여 다음 결과를 얻는다.

$$\left.\frac{df}{d\zeta}\right|_{\zeta=a} = U\left(e^{-i\alpha} - e^{i\alpha}\right) + \frac{i\Gamma}{2\pi a} = i\left(-2U\sin\alpha + \frac{\Gamma}{2\pi a}\right) = 0 \tag{6.68}$$

이 식으로부터 식 (6.32) $\Gamma = \pi Uc\sin\alpha$를 얻는다.

◉ 예제 6-6

균일유동 중에 있는 원기둥 주위의 유동은 식 (6.16)의 속도포텐셜로 주어지는 것을 알고 있다. 이에 상응하는 복소포텐셜을 사용하여 유량함수를 구하고 정체점을 지나는 유선이 원기둥에 해당함을 보이시오.

▶ 답

식 (6.16)에 상응하는 복소포텐셜은 균일유동과 쌍극점에 대한 결과인 식 (6.55)와 (6.59)를 이용하여 다음과 같이 쓸 수 있다.

$$f(z) = Uz + \frac{\beta}{z} = Ure^{i\theta} + \frac{\beta e^{-i\theta}}{r} = \left(Ur + \frac{\beta}{r}\right)\cos\theta + i\left(Ur - \frac{\beta}{r}\right)\sin\theta \qquad (\text{예}6.21)$$

이 식의 실수부를 식 (6.16)과 비교하여 $\beta = Ua^2$임을 알 수 있으며, 따라서 이 식의 허수부로부터 유량함수를 다음과 같이 얻는다.

$$\psi(x,y) = U\left(r - \frac{a^2}{r}\right)\sin\theta \qquad (예6.22)$$

정체점은 정의에 따라 $w = 0$으로 주어지며, 식 (예6.21)을 미분하여 다음을 얻으므로,

$$w(z) = U\left(1 - \frac{a^2}{z^2}\right) \qquad (예6.23)$$

정체점은 $z = \pm a$임을 알 수 있다. 따라서 정체점을 지나는 유선은 식 (예6.22)에 정체점의 좌표를 대입하여 $\psi = 0$를 얻으며 다음 식으로 주어진다.

$$\left(r - \frac{a^2}{r}\right)\sin\theta = 0 \qquad (예6.24)$$

이 식이 항등적으로 성립하기 위해서는 괄호 안의 양이 영이 되어야 하므로 결국 다음을 얻으며,

$$r^2 = a^2 \qquad (예6.25)$$

이 식은 반경 a인 원을 나타낸다. 유선을 가로지르는 유동은 없으므로 이 식으로 주어지는 원은 물체로 대치될 수 있으며, 따라서 식 (6.16)이 균일유동 중에 놓여 있는 원기둥 주위에 대한 속도포텐셜임을 다시 한 번 확인할 수 있다.

연습문제

1. 그림 6-6a, b를 얻기 위해 필요한 계산을 수행하고 압력 분포를 그리시오.

2. 식 (6.16)을 이용하여 균일유동 중에 있는 원기둥 주위의 유동장에 대한 결과 식 (예3.9)를 유도하시오.

3. 캠버가 있는 날개단면과 없는 단면의 장단점을 비교하고, 캠버가 너무 커질 때의 문제점에 대해 논하시오. 또 날개단면의 두께가 양력 발생에 미치는 영향에 대해 논하시오.

4. 어떤 배의 타의 상하방향 길이(span)가 $6\,m$, 전후방향 길이(chord)는 $3\,m$이며, 단면형상은 NACA0012를 사용한다. 경사각이 8°일 때 이 타가 발생하는 양력과 항력을 구하시오.

5. 어떤 배의 선저 밑에 수중익(hydrofoil)을 부착하여 배를 부양하려고 한다. 수중익의 단면형상은 NACA0012, 코드는 $1m$, 받음각은 3°로 한다고 할 때, 수중익의 최소폭을 구하시오. 단 배의 속도는 $20\,m/s$, 체적배수량은 $50\,m^3$이다.

6. 속력이 $400\,km/h$인 비행기의 날개 경사각도가 1.5°이다. 날개단면의 평균코드는 $3\,m$, 형상은 얇은 대칭형이다. 비행기의 무게가 $3000\,kg$일 때, 날개의 최소폭을 구하시오.

7. 예제 6-5와 연관하여 다음을 생각하자. 동일한 코드의 같은 형상의 날개단면을 사용하되, 종횡비를 7로 하여 동일한 양력계수를 얻었다. 이 때 비행기가 받는 항력과 유기항력을 구하시오.

8. 3차원 날개의 유기항력을 줄이기 위한 방안에 대해 설명하시오.

9. 철새들이 무리를 지어 장거리 이동을 할 때, 곧잘 V자 형태로 줄을 맞추어 날아가는 것을 볼 수 있다. 이는 앞쪽의 새들이 날아감에 따라 생긴 와동을 뒤쪽의 새들이 이용할 수 있는 형태임이 밝혀졌다. 이에 관해 논의하시오.

10. 해석함수의 허수부인 $\psi(x, y)$가 Laplace 방정식을 만족함을 보이시오.

11. 속력이 $10\,m/s$인 x방향의 균일유동장 내부의 한 점에 단위 세기의 용출점이 놓여 있다. 복소포텐셜을 사용하여, 유량함수를 구하고, 정체점의 위치와 정체점을 지나는 유체 입자의 궤적을 구하시오.

7장 압축성, 표면장력, 유기진동

6장까지는 동일한 비압축성유체가 무한한 영역을 채우고 있을 때, 그 속에서 운동하는 물체에 의한 유동이, 물체의 관점에서 볼 때, 시간에 따른 변화가 없는 문제, 즉 정상문제에 대해 주로 살펴보았다. 그러나 실제 문제에서는 이러한 가정이 항상 적절하다고 볼 수는 없다. 어떤 경우에는 유체의 압축성을 고려해야만 할 것이며, 그런 경우에 압축성의 주요한 영향은 무엇인가를 생각해야 할 필요가 있을 것이다. 또 만약 두 가지 이상의 유체를 다루어야 한다면, 예를 들어 공기와 물의 운동을 동시에 고려해야 하는 문제가 있다면, 어떤 물리적 현상을 추가로 고려해야 하는가를 생각해 볼 필요가 있을 것이다. 한편 물체는 등속도 직선운동을 하지만 물체가 받는 힘은 시간에 따라 주기적 또는 비주기적으로 변화하는 경우가 있다면, 그 원인은 무엇이고 그러한 문제는 어떻게 해결해야 할 것인가에 대해서도 생각해 보아야 할 필요가 있을 것이다. 이 장에서는 이와 같은 세 가지 문제를 차례로 다루고자 한다.

대부분의 유체에 압력을 가하면 그 체적이 줄어드는 것을 우리는 경험적으로 알고 있다. 유체 특히 기체의 경우, 압력을 증가시키면 체적이 그에 반비례하여 줄어드는 현상은 Boyle(1627−1691, UK; 1662)에 의해 발견된 이후, 많은 과학자들에게 오랫동안 잘 알려진 현상이었고, 또 소리의 전달이 진공 중에서는 불가능하다는 사실 또한 Boyle(1660)에 의해 실험적으로 증명되었다[1]. 소리가 미소 압력 변화의 전달이라는 사실과, 또 이러한 압력 변화가 전달되는 데는 매체가 필요하다는 사실은 17세기에 이미 알려진 사실로 볼 수 있다. Newton은 'Principia' 에서 공기 중에서 소리가 전달되는 속도, 즉 공기 중에서의 음속을 구하고자 하였으나 성공하지 못 하였으며, 정확한 값은 100여년 후에 Laplace(1816)에 의해 얻어졌다.

1) 진공과 관련된 이와 같은 그의 실험은, 그의 조수였던 Hooke(1635−1703, UK; 1660)에 의해 제작된 진공 펌프를 사용하여 이루어졌다.

그러나 기체의 압축성에 대한 유체역학적인 고려가 본격적으로 이루어지기 시작한 것은, 20세기에 초음속(supersonic) 비행기를 설계하면서 날개 주위의 초음속유동에 대한 지식이 필요해 지면서부터이다. Mach(1838-1916, Austria; 1887)는 광학적인 방법을 이용하여 초음속 물체와 관련하여 생기는 충격파(shock wave)의 사진을 얻은 바 있으며, 그의 이러한 실험적 방법은 20세기의 항공역학 발전에 큰 도움을 주었다.

공기와 물의 접촉면은 우리 주변에서 너무나 흔히 볼 수 있는 경계면(boundary surface)이며, 실험적으로도 두 가지 이상의 유체를 다루고자 할 때, 피할 수 없이 직면해야 하는 문제 중의 하나가 이와 같은 경계면 상의 표면장력(surface tension)에 관한 현상이다. 표면장력은 일찍부터 모세관(capillary) 현상 및 표면파(surface waves)와 관련하여 주목을 받았으며, 근자에 이르러서는 미세한 방울(droplet)의 분무 현상, 계면활성제(surfactant) 등과 관련하여 크게 주목받고 있는 분야이다.

한편 6장까지는 우리가 구하고자 하는 해가 시간에 따라 변화하지 않는다는 가정 아래 얻어진 정상해(steady solution)에 대해 주로 살펴보았다. 정상해는 어떤 물리계에 대한 외적 요인이 시간에 따라 변화하지 않는다면, 그 물리계의 반응 또한 시간에 따라 변화하지 않을 것이라는 가정에 근거하고 있다. 그러나 물리계에 따라서는 외적 요인이 시간에 따라 변화하지 않는다고 하더라도, 그 반응은 시간에 따라 변화할 수 있으며, 이와 같은 문제에 대해서는 비정상해(unsteady solution)를 구해야만 한다. 어떤 물리계가 정상해를 가지느냐 또는 비정상해를 가지느냐 하는 것은 그 물리계의 매우 주요한 성질이며, 이러한 문제와 관련하여 해의 안정성(stability)에 대한 연구가 Helmholtz(1868), Rayleigh(1880) 등에 의해 시작되었다[2]. 20세기에 들어와서 가장 큰 주목을 받고 있는 안정성과 관련된 문제 중의 하나는, 유체와 물체의 상호 작용에 기인하여 유체가 물체에 가하는 주기력에 의해 유기된 물체의 진동, 즉 유기진동(induced vibration)에 대한 문제인데, 'Tacoma 해협의 현수교(suspension bridge) 파괴'(1940)의 원인으로 유기진동이 지목되면서부터, 유기진동은 구조물의 동역학적 설계에 있어 매우 중요한 요소로 취급되고 있다.

---

2) 안정성에 대한 논의는 [9]를 참고하기 바란다.

7.1 압축성, 음속과 Mach수

1장에서 논의한 바와 같이 유체는 액체와 기체로 구분할 수 있다. 액체와 기체의 차이점 중의 하나는 액체는 압축하기에 대단히 힘든 반면에, 기체는 상대적으로 압축이 용이하다는 점이다. 분자론적인 입장에서 보면 기체 분자들 사이에는 액체 분자의 경우보다 분자의 크기에 비하여 훨씬 큰 빈 공간이 존재하므로, 외부에서 힘을 가하면 기체의 체적이 액체보다 쉽게 줄어드는 사실을 이해하기 어렵지 않다. 이와 같은 기체의 상대적인 압축성(compressibility)의 용이도는 유체의 체적탄성계수(bulk modulus of elasticity) E를 다음과 같이 정의하여 정량화할 수 있다. 먼저 v를 단위 질량 당 체적, 즉 비체적(specific volume)이라고 하고[3], 유체 내부의 1차원적 미소요소를 생각하자(그림 7-1). 이 미소요소의 좌, 우측면에 작용하는 압력의 차이는 Δp, 이 미소요소의 체적변화율은 $-\Delta v/v$로 쓸 수 있으며[4], 이들의 비의 극한값으로 E를 다음과 같이 정의한다.

$$E=\frac{dp}{-dv/v} \tag{7.1}$$

따라서 E의 단위는 압력의 단위와 같다. ρ는 단위 체적 당 질량이므로, 정의에 의

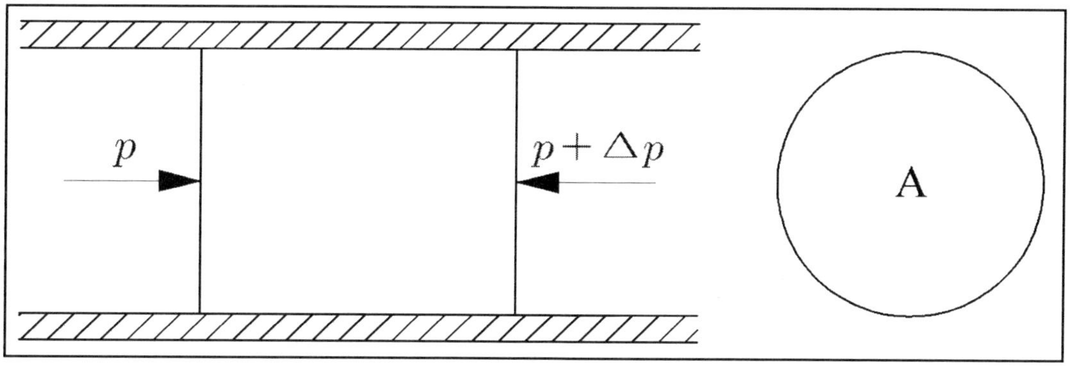

그림 7-1 관을 따라 전파하는 미소압력 교란과 1차원 미소요소

3) 이 절에서는 1차원 유동만 다룰 것이므로, 속도 벡터의 y방향 성분과 혼동될 염려는 없을 것이다.
4) Δp와 Δv의 부호는 서로 반대이다.

해 $\rho v = 1$ 이며, 양변을 미분하고 ρv로 나누어 준 후 정리하면 다음을 얻고,

$$-dv/v = d\rho/\rho \tag{7.2}$$

이 식을 식 (7.1)에 대입하면 다음을 얻으며,

$$\frac{E}{\rho} = \frac{dp}{d\rho} \tag{7.3}$$

표 7-1에 온도 변화에 따른 물의 E의 값을 보였다.

공기 중에서의 음속을 이론적으로 구하고자 하는 노력은 Newton에 의해 그의 Principia에서 일찍이 두 차례(1687, 1713) 시도된 바 있으나, 소리가 전달되는 과정을 등온과정(isothermal process)으로 가정하였으므로, 실험치에 훨씬 미달하는 값을 얻었다. 이 절에서의 논의는 Laplace(1816)의 제안을 따라서 진행할 것이며[5], 그는 소리가 전달되는 과정이 대단히 빠르게 진행되므로, 유체의 압축, 팽창

표 7-1 온도 변화에 따른 물의 체적탄성계수의 변화

온도(℃)	체적탄성계수 $E(GPa)$
0	1.99
10	2.12
20	2.21
30	2.26
40	2.29
50	2.29
60	2.28
70	2.24
80	2.20
90	2.14
100	2.07

5) 이 때는 아직 열역학이 제대로 발전되기 전이었으나, Laplace는 근대 화학의 아버지라고 불리는 Lavoisier (1743-1794, France)와의, 1782-1784년 사이의 협력을 통해 비열 등의 열역학적인 개념들에 상당히 익숙해 있었다.

에 의해 생긴 열이 외부로 전달될 틈이 없어, 등온과정이 아닌 단열과정(adiabatic process)으로 보아야 한다고 생각하였다.

공기를 통해서 전달되는 소리는, 공기 중의 미소 압력교란의 전파로 볼 수 있으며, 따라서 공기 중의 음속을 구하기 위해서는 미소 압력교란의 전파속도를 구해야 하는데, 문제를 간단히 하기 위해, 소리가 단면적이 A인 일정한 관을 따라 전파하는 1차원 유동을 고려하기로 한다(그림 7-2).

압축성유체(compressible fluid)의 경우에는 밀도 ρ가 미지함수이므로 1차원유동이라고 하더라도 미지함수는 u, p, ρ 등 3개가 되어, 연속방정식과 운동방정식만으로는 방정식이 하나 모자란다.

따라서 상태방정식을 추가로 고려할 수 있는데, 공기를 이상기체(ideal gas)로 가정한다고 하더라도, 이상기체의 상태방정식은 새로운 미지함수인 온도 T를 포함하므로, 방정식이 여전히 하나 모자란다. 결국 소리가 전달되는 과정이 열역학적으로 어떤 과정인지를 가정하여, 또 하나의 방정식을 얻는데, 이 과정은 외부에서 유체에 열을 가하거나 또는 뺏어 내는 과정이 아니므로 단열과정으로 가정할 수 있다.

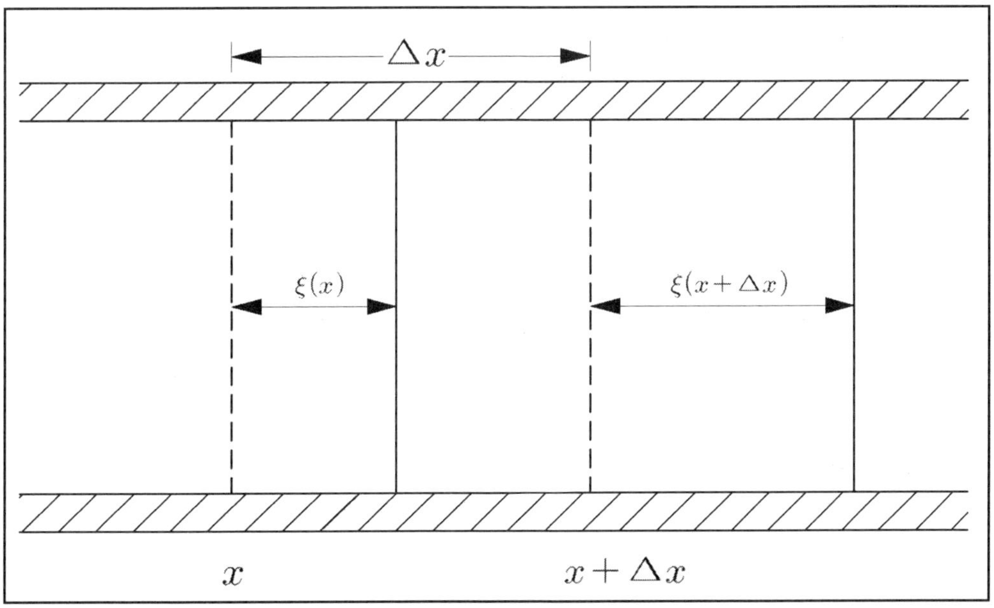

그림 7-2 관을 따라 전파하는 미소압력 교란에 따른 유체입자의 변위

위에서 논한 방정식들을 차례로 생각해 보기로 하고, 먼저 연속방정식을 유도한다. 유체입자의 변위를 $\xi(x,t)$로 정의하고, 압력 및 밀도는 평형 상태를 기준으로 소리의 전파에 따라 미소 교란이 생기는 것을 고려하여 다음과 같이 분해한다.

$$p = p_0 + p_1, \quad \rho = \rho_0 + \rho_1 \tag{7.4}$$

여기서 p_0, ρ_0는 평형 상태에서의 값으로 이미 알려진 상수이고, p_1, ρ_1은 미소 교란으로 미지함수이며, 이하에서는 미소량끼리의 곱은 무시하기로 한다. 초기에 길이가 Δx인 미소요소의 길이는 시간에 따라 변화하며 임의의 시각 t에 $(1+\partial\xi/\partial x)\Delta x$로 주어진다. 한편 초기에 내부의 질량이 $\rho_0 A\Delta x$인 미소요소 내부의 질량은 임의의 시각 t에 $\rho A\Delta x(1+\partial\xi/\partial x)$로 주어지므로, 연속방정식은 다음과 같이 쓸 수 있다.

$$\rho_0 A\Delta x = (\rho_0 + \rho_1)(1 + \frac{\partial\xi}{\partial x})A\Delta x \tag{7.5}$$

이 식을 정리함에 있어, 변위의 변화율인 $\partial\xi/\partial x$도 미소량으로 가정할 수 있으므로, 위에서 언급한 바와 같이 미소량끼리의 곱은 무시하기로 하면 다음을 얻는다.

$$\rho_1 = -\rho_0 \frac{\partial\xi}{\partial x} \tag{7.6}$$

한편 운동방정식은 점성과 중력의 효과를 무시하면 유체의 관성력 $\rho A\Delta x\partial^2\xi/\partial t^2$과 미소요소의 양변에 작용하는 압력 차이에 기인하는 힘 $-(\partial p/\partial x)\Delta xA$가 평형을 이루어야 한다는 사실에 근거하여 얻을 수 있다. 이들을 등치하고 양변을 ΔxA로 나누어 다음을 얻는다.

$$\rho\frac{\partial^2\xi}{\partial t^2} = -\frac{\partial p}{\partial x} \tag{7.7}$$

여기에 식 (7.4)를 대입하고, 또 미소량끼리의 곱을 무시하면 운동방정식을 다음과 같이 얻는다.

$$\rho_0 \frac{\partial^2 \xi}{\partial t^2} = -\frac{\partial p_1}{\partial x} \tag{7.8}$$

다음에는 이상기체의 상태방정식으로부터 단열과정임을 가정하여 미소 압력교란과 밀도 변화 사이의 관계식을 유도하기로 한다[6]. R을 기체상수라고 하면[7], 이상기체의 상태방정식은 다음과 같은데,

$$p = \rho R T \tag{7.9}$$

이 식의 양변을 미분한 뒤, 좌변은 p, 우변은 ρRT 로 나누어주면 다음을 얻고,

$$\frac{dp}{p} = \frac{d\rho}{\rho} + \frac{dT}{T} \tag{7.10}$$

이 식에 식 (7.2)를 대입하면 다음을 얻는다.

$$\frac{dp}{p} + \frac{dv}{v} = \frac{dT}{T} \tag{7.11}$$

단위 질량 당 내부에너지(internal energy)를 e, 단위 질량에 전달된 열을 δq, 또 단위 질량에 의해 행해진 일을 δw라고 하면, 단위 질량에 대한 열역학 1 법칙은 다음과 같이 쓸 수 있다.

---

6) 열역학이 생소한 학생은 이하의 논의를 생략하고, 식 (7.20)을 소리의 전달 과정에 대해 미소 압력교란과 밀도 변화 사이의 관계식으로 주어진 것으로 보고, 식 (7.20) 이하부터 읽어도 좋다.

7) 기체상수 R은 일반기체상수 $\overline{R}$를, 고려하고 있는 기체의 분자량 M으로 나누어 얻을 수 있으며, $\overline{R} = 8.3144\ kJ/kmol\,K$이다. 따라서 공기의 기체상수는 다음과 같다. $R = 8.3144/28.97 = 0.28700\ kJ/kg\,K$

$$\delta q = de + \delta w \tag{7.12}$$

C_v를 정적비열이라고 하면, 내부에너지의 변화는 $de = C_v dT$, 또 기체의 팽창에 의한 일은 $\delta w = pdv$이고, 소리의 전달 과정이 단열과정임을 가정하고 있으므로 $\delta q = 0$을 식 (7.12)에 대입하여 다음을 얻는다.

$$0 = C_v dT + pdv \tag{7.13}$$

새로이 도입된 변수 T를 소거하기 위해, 먼저 식 (7.13)을 T로 나누어 다음을 얻는다.

$$C_v \frac{dT}{T} = -\frac{p}{T}dv = -\frac{R}{v}dv \tag{7.14}$$

여기서 마지막 등호는 식 (7.9)로부터 얻는 관계식, $p/T = \rho R = R/v$을 사용하여 얻었다. 이 식과 식 (7.11)을 식 (7.13)에 대입하여 다음을 얻는다.

$$C_v\left(\frac{dp}{p} + \frac{dv}{v}\right) + R\frac{dv}{v} = 0 \tag{7.15}$$

이 식을 좀 더 간단히 하기 위해, C_p를 정압비열이라고 하면 $C_p = C_v + R$이므로, 식 (7.15)로부터 다음을 얻으며,

$$C_v \frac{dp}{p} + C_p \frac{dv}{v} = 0 \tag{7.16}$$

이 식에 식 (7.2)를 대입하고 정리하면 다음을 얻는다.

$$\frac{dp}{d\rho} = \frac{\gamma p}{\rho} \tag{7.17}$$

여기서 $\gamma = C_p/C_v$ 이며 무차원상수이고, 공기에 대해서는 1.4 의 값을 가진다. 식 (7.17)을 적분하여 다음을 얻는데,

$$p = C\rho^{\gamma} \tag{7.18}$$

여기서 C는 적분상수이다. 평형 상태에서의 값들을 이용하여 C를 구하면 다음을 얻는다.

$$\frac{p}{p_0} = (\frac{\rho}{\rho_0})^{\gamma} \tag{7.19}$$

마지막으로 이 식에 식 (7.4)를 대입하고 $\delta \ll 1$일 때, $(1+\delta)^n \simeq 1+n\delta$임을 이용하면[8] 다음을 얻는다.

$$\frac{p_1}{p_0} = \gamma\frac{\rho_1}{\rho_0} \tag{7.20}$$

이상에서 보인 바와 같이 이상기체의 상태방정식 식 (7.9)와 단열과정에 대한 열역학 1 법칙 식 (7.12)를 사용하여 식 (7.20)을 얻었는데, 이제 식 (7.20)에 의해 p_1을 ρ_1의 함수로 나타낼 수 있으므로, 연속방정식인 식 (7.6), 운동방정식인 식 (7.8)로부터 p_1을 소거하여 ξ와 ρ_1을 구할 수 있다. 식 (7.20)을 식 (7.8)에 대입하여 다음을 얻고,

$$\rho_0\frac{\partial^2\xi}{\partial t^2} = -\gamma\frac{p_0}{\rho_0}\frac{\partial\rho_1}{\partial x} \tag{7.21}$$

여기에 연속방정식인 식 (7.6)을 대입하여 ρ_1을 소거하여 다음을 얻는다.

8) 미소량끼리의 곱을 무시하기로 한 것과 같은 맥락이다.

$$\frac{\partial^2 \xi}{\partial t^2} = \frac{\gamma p_0}{\rho_0} \frac{\partial^2 \xi}{\partial x^2} \tag{7.22}$$

여기서 γ는 무차원이며, p_0/ρ_0의 차원은 속도 제곱의 차원이므로, 속도의 차원을 갖는 c를 다음과 같이 정의한다.

$$c = \sqrt{\frac{\gamma p_0}{\rho_0}} \tag{7.23}$$

이를 이용하여 식 (7.22)를 다시 쓰면, 다음을 얻는데,

$$\frac{1}{c^2} \frac{\partial^2 \xi}{\partial t^2} = \frac{\partial^2 \xi}{\partial x^2} \tag{7.24}$$

이 식은 $\xi(x,t)$에 대한 1차원 파동방정식(wave equation)으로, x축을 따라 $\pm c$의 속도로 움직이는 교란을 나타낸다[9]. 식 (7.24)를 풀어, $\xi(x,t)$를 구하면, ρ_1은 식 (7.6)를 사용하여 구할 수 있다. 또 식 (7.20)에 식 (7.23)을 대입하면 다음 식을 얻는데,

$$p_1 = c^2 \rho_1 \tag{7.25}$$

이 식을 사용하여 ρ_1을 알면 p_1을 구할 수 있다. 연속방정식인 식 (7.6)에 따르면 유체입자뿐만 아니라, 밀도 변화도 c의 속도로 전파되며, 또 식 (7.25)에 따르면 미소 압력교란도 c의 속도로 전파되므로, c가 음속(미소 압력교란의 전파속도)임을 알 수 있다. 한편 식 (7.23)에 이상기체의 상태방정식인 식 (7.9)를 대입하면 다음

9) 식 (7.24)는 D'Alembert(1747)에 의해 현의 진동과 관련하여 최초로 유도되었으며, 역학 문제의 해결에 사용된 최초의 편미분방정식으로도 유명하다. 또 D'Alembert는 이 식의 일반해로 $\xi = f(x-ct) + g(x+ct)$를 구하였는데, 이 해의 성질과 관련하여 수십년 동안 Bernoulli, Euler 등과 논전을 벌였으며, 그 결과 19세기 전반까지는 함수의 성질에 대해 많은 새로운 사실을 배울 수 있었다.

을 얻으므로,

$$c = \sqrt{\gamma R T_0} \tag{7.26}$$

공기 중에서의 음속은 온도만의 함수이다. 예를 들어, $288\,K(=15°C)$인 공기 중에서의 음속은 $\sqrt{1.4 \times 287 \times 288} = 340\,m/s$이다.

한편 식 (7.17)과 식 (7.23)으로부터 다음을 얻고,

$$c = \sqrt{\frac{dp}{d\rho}} \tag{7.27}$$

이 식에 식 (7.3)을 대입하여 다음을 얻는다.

$$c = \sqrt{\frac{E}{\rho}} \tag{7.28}$$

이 식은 이상기체뿐만 아니라 일반적인 압축성유체 또는 탄성체에 대해서도 적용할 수 있는 식이다. 예를 들어 구리의 체적탄성계수와 밀도는 다음과 같으므로,

$$E = 1.03 \times 10^2\ GPa,\ \ \rho = 8860\ kg/m^3 \tag{7.29}$$

식 (7.28)에 의해 $c = 3410\,m/s$를 얻으며, 따라서 구리 중에서는 공기 중에서보다 10배의 속도로 미소압력 또는 소리가 전파됨을 알 수 있다.

압축성을 무시하려면 체적 변화 또는 밀도 변화가 대단히 작아야 하며, 이 경우 식 (7.1)에 따르면 E는 대단히 큰 값을 가진다. 비압축성유체는 밀도 변화가 없는 유체이므로, 비압축성유체 중에서의 음속은 식 (7.27)에 의하면 ∞이다. 다시 말하면 미소 압력교란의 전파속도가 무한히 크므로, 물체가 유체 중에서 운동할 때 생성되는 물체 주위의 압력 변화가 즉각적으로 전파되며, 물체로부터 아무리 멀리 떨

어진 곳에 있는 유체도 물체의 존재를 즉각적으로 알 수 있다. 물론 압력교란이 가해 질 때 실제유체의 밀도 변화는, 아무리 작다고 하더라도 영이 아니므로, 미소 압력교란의 전파속도는 유한하다. 이와 관련하여, 어떤 경우에 유체의 압축성을 무시해도 좋은가에 대한 의문이 생길 수 있다. 먼저 유체 내부에 작용하는 관성력과 탄성력의 비를 생각해 보자. 물체의 속도와 길이를 각각 U, d라고 하고, 이들을 유동을 대표하는 속도와 길이로 보면, 관성력은 식 (4.7)에서와 같이 $\rho U^2 d^2$, 탄성력은 식 (7.1)에 의해 Ed^2으로 각각 대표되므로, 두 힘의 비는 다음과 같다.

$$\frac{\text{관성력}}{\text{탄성력}} = \frac{\rho U^2 d^2}{Ed^2} = \frac{U^2}{E/\rho} = \frac{U^2}{c^2} \tag{7.30}$$

마지막 등호는 식 (7.28)을 사용하여 얻어졌다. 따라서 무차원상수[Mach 수(Mach number), Mn]를 물체의 속도와 음속의 비로 정의하면[10],

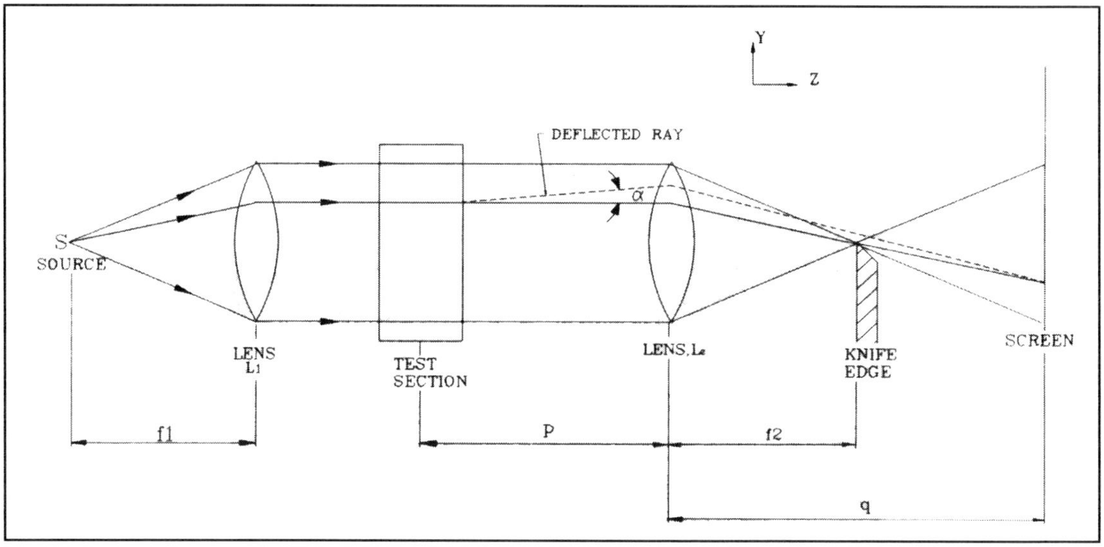

그림 7-3 Schlieren의 기본적 배치

10) 이 무차원상수를 Mach 수라고 부른 것은 Ackeret(1898-1981, Switzerland; 1929)에 의해 비롯되었다.

$$Mn = \frac{U}{c} \tag{7.31}$$

관성력과 탄성력의 비는 Mn^2이 되며, 이로부터 Mn은 관성력과 탄성력의 상대적 중요성을 나타내는 무차원상수임을 알 수 있다. 비압축성유체의 경우에는 탄성력이 ∞이므로, $Mn \rightarrow 0$인 경우에 상응하며, 통상 $Mn < 0.3$이면, 다시 말하면 탄성력이 관성력의 약 10배보다 큰 경우이면, 유체의 압축성의 영향을 무시해도 크게 틀리지 않는 결과를 얻을 수 있다.

한편 $Mn > 1$인 초음속유동은, $Mn < 1$인 아음속(subsonic)유동에 비해 현저하게 다른 현상을 보여준다. Mach(1887)는 Schlieren이라고 하는 광학적 기구를(그림 7-3) 사용하여 최초로 초음속유동 중에 있는 물체 주위에 생긴 충격파(shock wave)의 사진을 찍어, 충격파의 존재를 실험적으로 확인하였다. 물체의 속도와 형상에 따라 충격파의 종류도 여러 가지로 구분할 수 있지만, 그림 7-4에 물체의 앞모양이 뭉뚝한(blunt body) 경우에 대해 물체 주위에 생기는 충격파를 개략적으로 보였다. 이 때의 충격파는 수부충격파(bow shock)로 부르는데, 물체 앞으로 약간 떨어진 곳으로부터 시작하여 부드러운 곡선을 이루는 두께가 대단히 작은(대략 $10^{-5}\,cm$) 층이다. 충격파의 상류는 초음속유동, 하류는 아음속유동이며, 충격파는 따라서 유속의 불연속면이다. 충격파는, 상류에서 오는 유체의 속도가 음속보다 빠르면, 유체가 물체에 아주 가까운 곳에 도달해서야 물체의 존재를 느끼고 그에 반응하기 때문에 발생하는 것으로 볼 수 있다. 즉 물체의 존재 때문에 유체는 갑자기 속도가 감소되어야 하는데, 이러한 갑작스런 속도 감소와 그에 따른 압력, 밀도, 온도의 증가가 충격파를 발생시키게 된다.

충격파의 생성에 따라 많은 에너지가 소모되며, 물체의 운동에 의해 충격파가 발생되는 경우에는 충격파의 생성에 상응하여 물체가 유체로부터 받는 항력이 상당히 증가한다. 물체의 앞부분 모양에 따라 충격파의 세기는 현저히 달라지며, 그림 7-5에 여러 가지 형상의 물체에 대해 실험적으로 구한 항력계수를 Mn의 함수로 보였다. 항력계수의 최대치가 $Mn \sim 1$에 있는 것에 유의하기 바란다.

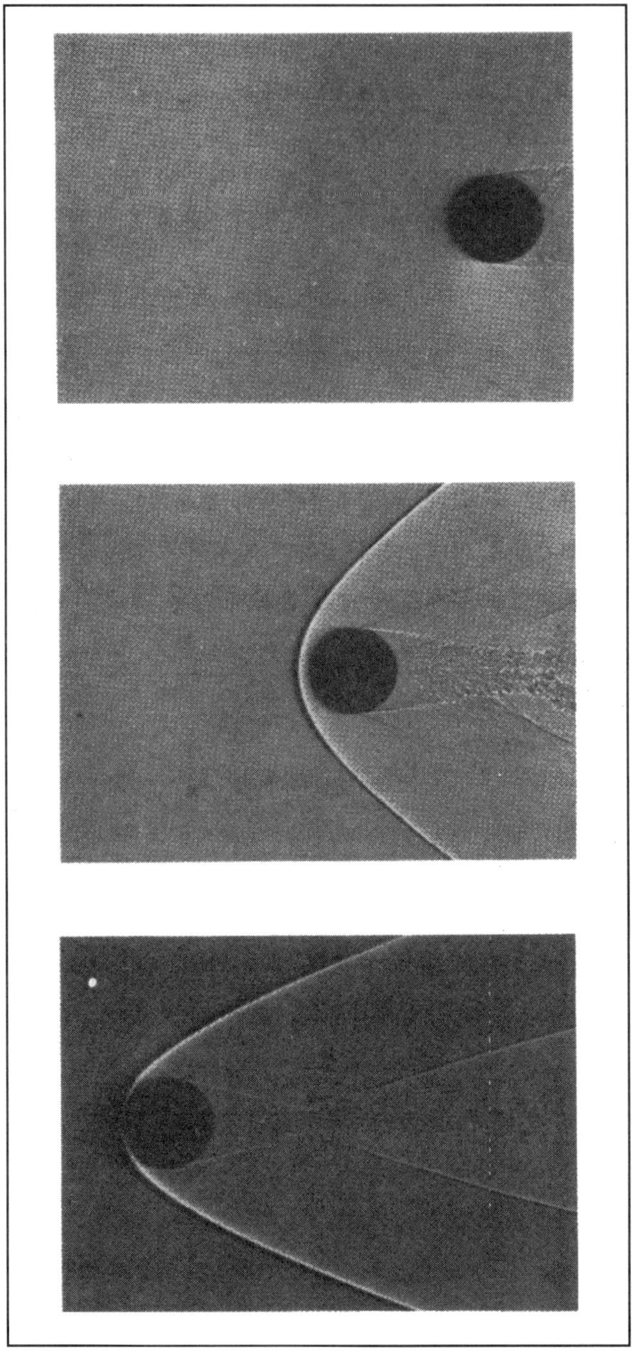

그림 7-4 Mn가 1, 2, 4일 때, 구 주위에 생성된 충격파

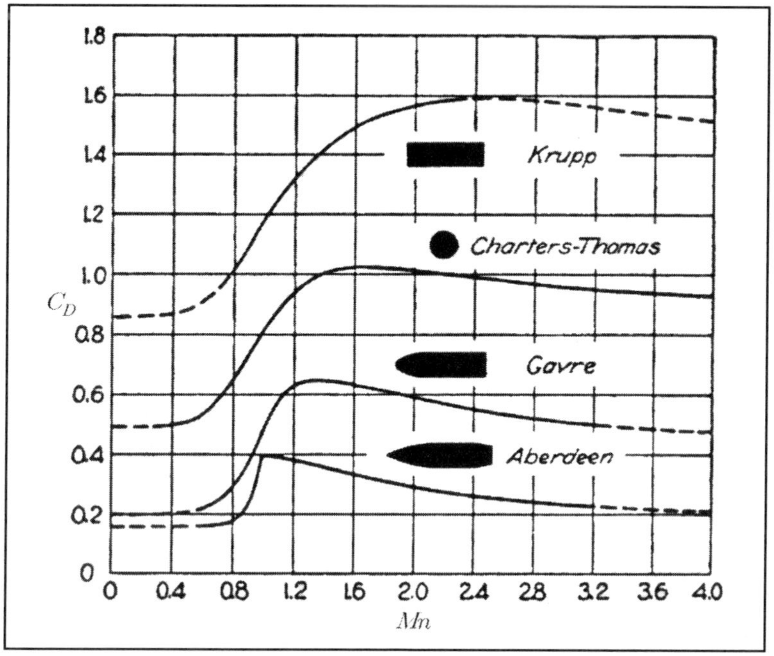

그림 7-5 포사체의 항력계수 C_D의 Mn에 따른 변화

극초음속(hypersonic)유동은 통상 $Mn>5$인 유동으로 볼 수 있는데, 이 정도의 고속에서는 충격파가 물체에 매우 가까워지므로, 충격파와 물체 사이의 층, 즉 충격층(shock layer)의 두께가 얇아지며, 물체 주위의 경계층과 상호작용을 일으켜 물체 앞부분에서의 압력을 크게 증가시킨다. 또한 충격파의 세기도 매우 크므로 충격층 내부에서의 온도가 대단히 높아진다. 예를 들어 지구 궤도에 재진입하는 인공위성의 경우에는, $Mn \simeq 36$이며, 충격층 내부에서의 온도는 $11,000\,K$ 에 달한다. 그림 7-6에 극초음속 범위까지 확장된 항력계수 C_D와 Mn 사이의 관계를 보였는데, Mn가 증가할수록 C_D는 일정한 상수에 접근하는 것을 볼 수 있다.

1980년대부터, 극초음속 여객기에 대한 논의가 NASA를 중심으로 이루어지고 있으며, 이러한 여객기의 실현 가능성에 대해서는 아무도 확언할 수 없지만, Wright 형제의 시험 비행 이래로 항상 '더 빠르게, 더 높게'를 목표로 향상시켜 온 비행기 발달의 역사를 생각하면, 부정보다는 긍정 쪽에 더 많은 점수를 주어야 할 것으로 보인다.

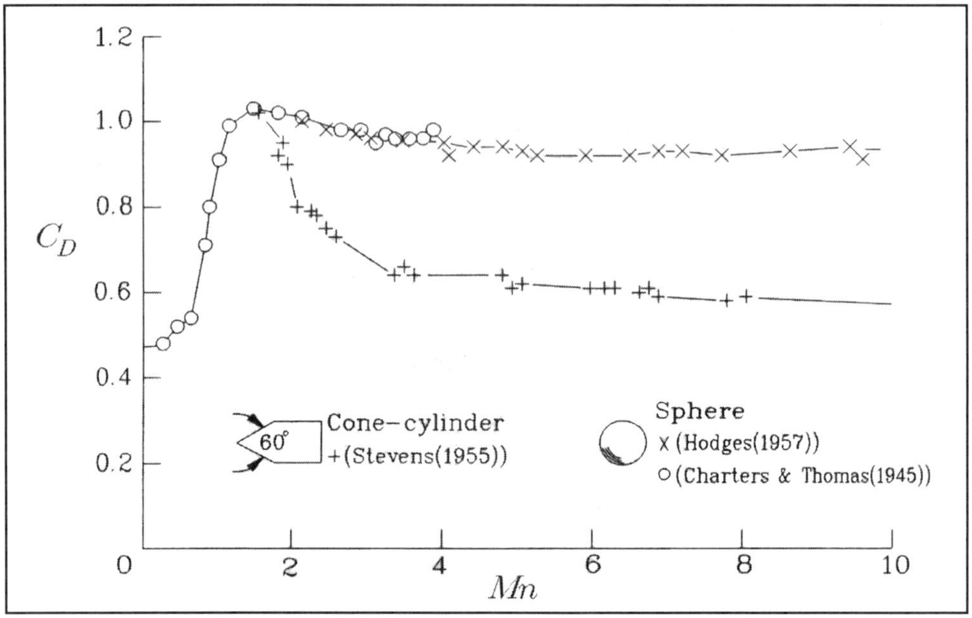

그림 7-6 원추-기둥과 구의 항력계수 C_D의 Mn에 따른 변화

◉예제 7-1

15℃, 표준대기압이라고 할 때, 물속에서의 음속을 구하시오. 또 물과 공기의 체적탄성계수의 비를 구하시오.

▶ 답

식 (7.28)을 사용하여 물속에서의 음속을 구하기 위해서는, 체적탄성계수와 밀도를 알아야 한다. 밀도는 표 1-1, 체적탄성계수는 표 7-1로부터 구할 수 있으므로, 다음을 얻는다.

$$c = \sqrt{\frac{2.15 \times 10^9}{999.1}} = 1467\ m/s \qquad (예7.1)$$

또 식 (7.28)로부터 다음을 얻으므로,

$$E = \rho c^2 \qquad (예7.2)$$

하첨자 w, a를 각각 물과 공기에 대해 쓰기로 하면, 공기의 체적탄성계수 E_a는 다음과 같다.

$$E_a = \rho_a c_a^2 = 1.224 \times 340^2 = 0.14\ MPa \tag{예7.3}$$

물의 체적탄성계수 E_w는 위에서 구한 바와 같이 2.15 GPa이므로, 그 비는 다음과 같다.

$$\frac{E_w}{E_a} = \frac{2.15 \times 10^9}{0.14 \times 10^6} = 15.4 \times 10^3 \tag{예7.4}$$

따라서 식 (7.1)로부터, 같은 압력구배를 물과 공기에 걸었을 때, 공기의 체적변화율은 물의 체적변화율의 15400배임을 알 수 있다. 다시 말하면, 물과 공기에 대해 동일한 체적변화율을 발생시키기 위해서는 물에 대해 공기에 대해 가한 압력구배의 15400배를 가해야 한다.

7.2 표면장력과 Weber수

지금까지는 한가지의 동일한 유체에 대해서만 주로 생각해 왔으나, 두 가지 이상의 유체를 동시에 생각해야 할 문제도 자주 생긴다. 예를 들어, 지구상에서 가장 흔한 유체는 물과 공기인데, 이 두 유체의 접촉면은 엄밀하게는 두 가지 상이한 유체의 경계면으로 다루어야 한다. 이와 같은 경계면에서의 물리적 현상을 보다 잘 이해하기 위해서는 분자운동론적인 관점에서, 즉 미시적(microscopic)으로 경계면 부근을 살펴보아야 한다. 물분자끼리의 인력[11], 공기를 이루고 있는 분자들끼리의 인력, 또 공기와 물분자 사이의 인력은 모두 서로 다르므로, 경계면에 가까이 위치한 분자들은 경계면으로부터 멀리 떨어져 있는 분자들과는, 힘 또는 에너지적인 관점에서, 상당히 다른 상태에 있게 된다(그림 7-7). 힘의 관점은 예전에 주로 사용되던 개념이며, 근래에는 일반적으로 에너지적인 관점을 택하고 있으나, 몇 가지 기본적인 사항을 다룸에 있어서는 두 관점이 동일한 결과를 주기 때문에 두 관점 모두

11) 여기서의 인력은 만유인력(universal attraction)에 의한 힘을 뜻하는 것이 아니고, 분자 사이의 전기화학적인 힘을 뜻한다.

아직도 많이 사용되고 있다.

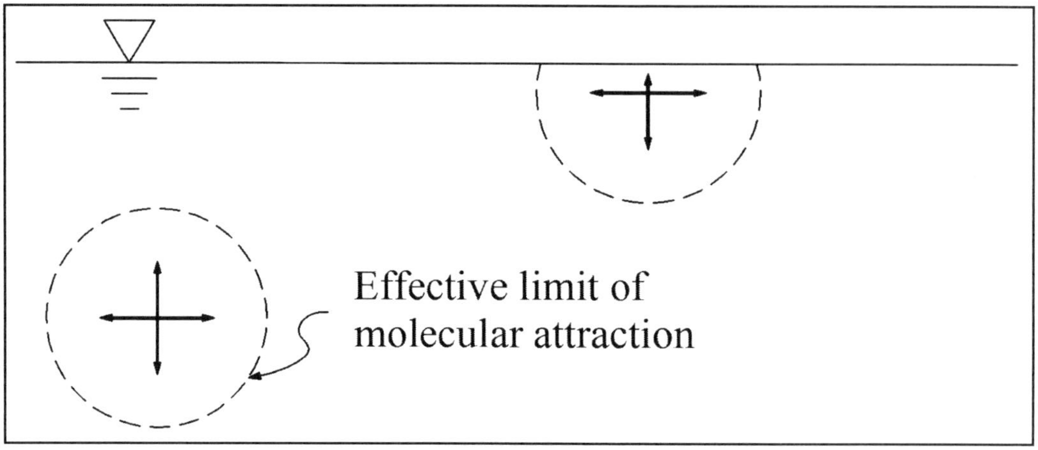

그림 7-7 액체 표면 부근의 분자간 힘

표 7-2 표면장력(N/m)

온도(℃)	물과 공기	그 밖의 물질과 공기
0	7.56×10^{-2}	2.45×10^{-2}(메틸알콜) 2.41×10^{-2}(에틸알콜)
10	7.45×10^{-2}	2.26×10^{-2}(메틸알콜)
20	7.28×10^{-2}	37.5×10^{-2}(수은)
30	7.12×10^{-2}	
40	6.96×10^{-2}	
50	6.79×10^{-2}	
60	6.62×10^{-2}	
70	6.64×10^{-2}	
80	6.26×10^{-2}	
100	5.89×10^{-2}	

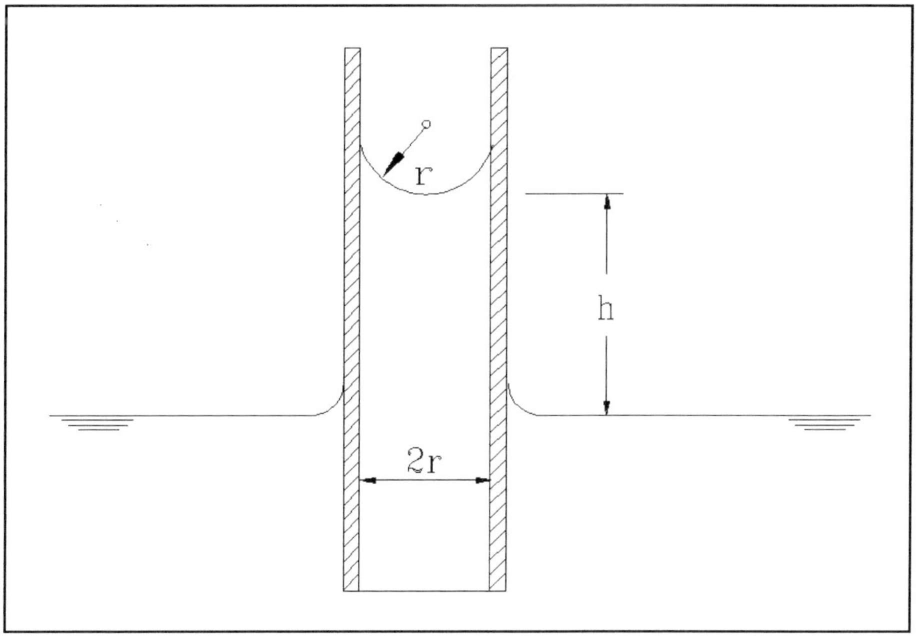

그림 7-8 모세관 현상

먼저 예를 들어, 경계면 상의 미소요소에 작용하는 힘의 평형을 생각할 때는, 힘의 관점을 택하여, 분자간 인력의 상이성을 표면장력이라는 개념을 사용하여 나타낸다. 한편 공기 중에 물방울을 만들어 내거나 또는 보다 일반적으로 한 유체 내부에 방울(droplet)을 만들어 내는 경우에는, 방울을 이루고 있는 경계면의 면적에 비례하는 일을 해 주어야만 방울을 만들 수 있으므로, 이 때는 표면에너지의 관점을 택하여 방울을 만들기 위해 필요한 일 또는 에너지를 구한다. 표면장력은 단위 길이 당 힘으로, 표면에너지는 단위 면적 당 에너지로 정의되므로, 여하한 경우에도 단위는 N/m이며, 표 7-2에 몇 경우에 대한 값들을 보였다.

먼저 표면장력의 개념이 어떻게 사용되는지 보기 위해서, 모세관 현상을 생각해 보자. 그림 7-8에 보인 바와 같이 유체가 담겨 있는 용기에 직경의 크기가 매우 작은 가는 관, 즉 모세관을 수직하게 넣으면, 용기에 담겨 있는 유체의 성질에 따라 관 내부의 유체의 높이가 다르게 결정된다. 물의 경우에는 관 내부의 유체 표면이 용기에 담겨 있는 유체의 표면보다 더 높은 곳에 형성된다. 이 두 표면 사이의 높이를 h, 물의 비중량을 γ라고 할 때, 식 (2.1)에 따르면, 관 내부에 형성된 표면의 유체 쪽의 압력은 대기압보다 γh만큼 작아야 함을 쉽게 알 수 있다. 관 내부의 유체 표면을 보다 자세히 보면, 거의 반구면을 형성하고 있는 것을 알 수 있으며, 또한 관의 반경 r과 반구의 반경은 동일한 것으로 볼 수 있다. 유체 표면 상의 한 변의 길이가 Δs인 면적 요소를 생각할 때, 각 변의 단위 길이 당, 면적 요소를 이루는 곡면에 대해 접선방향으로 작용하는 장력, 즉 표면장력을 σ라고 하자. 또 유체 표면의 공기 쪽에 작용하는 압력(대기압)과, 유체 쪽에 작용하는 압력의 차이 Δp에 기인하는 힘 $\Delta p(\Delta s)^2$은, 그림 7-9에 보인 바와 같이 면적 요소의 네 변에 작용하는 표면장력에 기인하는 힘 $4\sigma\Delta s$의 법선방향 성분과 평형을 이루어야 한다. 법선방향 성분은 $4\sigma\Delta s$에 $\sin(\Delta s/2)/r$를 곱하여 구할 수 있으며, $\epsilon \ll 1$일 때, $\sin\epsilon \simeq \epsilon$을 이용하여 다음을 얻는다.

$$\Delta p(\Delta s)^2 = 4\sigma\Delta s\frac{\Delta s}{2}\frac{1}{r} \tag{7.32}$$

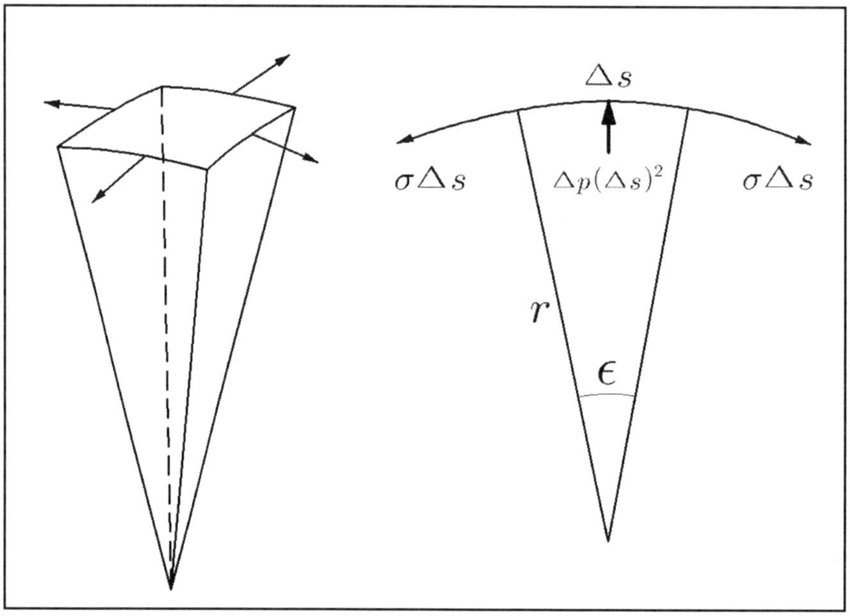

그림 7-9 한변의 길이가 Δs인 면적요소에 작용하는 표면장력

이 식을 간단히 하여 다음을 얻는데[12],

$$\Delta p = \frac{2\sigma}{r} \tag{7.33}$$

한편 위에서 보인 바와 같이 $\Delta p = \gamma h$여야 하므로, 식 (7.33)에 이를 대입하여 다음을 얻는다.

$$h = \frac{1}{\gamma}\frac{2\sigma}{r} \tag{7.34}$$

관 내부의 표면이 용기의 표면보다 낮게 형성되는 경우, 예를 들어 모세관 안에 수은이 들어 있는 경우에도, 같은 방법을 사용하여 두 표면 사이의 높이를 구할 수 있다.

공기와 물의 경계면이 편평한 평면이면 표면장력이 아무런 영향을 끼치지 않지만, 경계면의 형상이 일단 평면 상태에서 벗어나게 되면 표면장력이 변형된 경계면의 모양을 원래의 편평한 평면으로 만들려고 하는 힘, 즉 복원력(restoring force)을 가하게 된다. 이와 같은 복원력은 두 유체의 경계면 상에 파도가 생성될 수 있게 하는데, 표면장력이 복원력의 역할을 하는 파도는 표면장력파(capillary wave)라고 부른다. 물과 공기의 접촉면에 생성되는 파도 중, 파장이 매우 짧은 파도는 표면장력파로 볼 수 있으며, §2.3에서 언급한 바와 같이, 파장이 긴 파도는 중력이 복원력을 제공하며 중력파(gravity wave)로 부르는데, 수면파의 경우, 파장이 $5\,cm$ 보다 크면 중력파, $0.5\,cm$ 보다 작으면 표면장력파로 볼 수 있으며, 파장이 그 중간인 파도는 표면장력과 중력의 영향을 모두 받는 것으로 간주해야 한다[13].

표면에너지의 개념이 어떻게 적용되는지 보기 위해서 공기 중에 방울을 만들어 내는 문제를 생각해 보자. 그림 7-10에 보인 바와 같이 반경 r인 구면이 반경 $r+\Delta r$인 구면으로 변화하였다고 하고, 이 때 한 변의 길이가 Δs인 미소요소에 대

12) 식 (7.33)은 Lapalace 방정식으로 부르는 보다 일반적인 식의 특수한 경우이다.

13) 이와 같은 수면파에 대한 표면장력과 중력의 영향은 Thomson(1824-1907, UK; 1871)에 의해 처음 밝혀졌다. Thomson은 1892년에 남작을 수여받아 Lord Kelvin이 되었으므로, 두 이름은 동일인을 지칭한다.

해 생각해 보자. 구면 안쪽의 압력이 바깥쪽의 압력보다 Δp만큼 크다고 하면, 이 압력차이가 표면의 면적을 증가시키기 위해 한 일은 $\Delta p(\Delta s)^2\Delta r$이다. 표면에너지를 σ라고 하면, 면적 증가에 기인하는 에너지의 증가량은 다음과 같고,

$$\sigma(\Delta s)^2\left\{-1+\left(1+\frac{\Delta r}{r}\right)^2\right\} \tag{7.35}$$

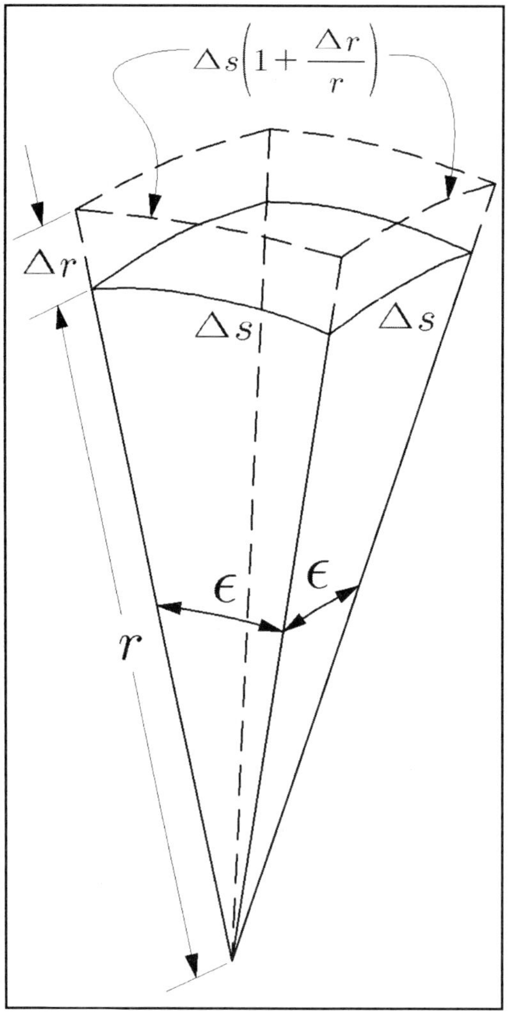

그림 7-10 곡면인 경계면의 반경방향 변위

따라서 일-에너지 원리를 적용하여 일과 에너지를 등치하고 양변을 $(\Delta s)^2$으로 나누어 다음을 얻는다.

$$\Delta p \Delta r = \sigma \Delta r \left(\frac{2}{r} + \frac{\Delta r}{r^2} \right) \tag{7.36}$$

$\Delta r \to 0$인 극한을 생각하면 식 (7.33)과 동일한 식을 얻는다. 그러므로 단위 길이 당의 장력이라는 개념을 사용하거나, 또는 단위 면적 당의 에너지라는 개념을 사용하여도 위와 같은 문제에 대해서는 동일한 결과를 얻음을 알 수 있다. 한편 새로운 방울을 만들어 내기 위해 필요한 일 또는 에너지를 계산하는 경우, 표면에너지의 개념은 그대로 적용할 수 있으나, 표면장력의 개념을 그대로 적용하는 것은 쉽지 않다.

세탁기에 사용되는 대부분의 합성세제는 계면활성제를 포함하고 있는데, 계면활성제는 경계면에서의 표면장력을 감소시킴으로써 씻어 내고자 하는 기름 때와 세제의 접촉 면적을 증가시키는 역할을 한다. 비누는 경수를 사용하는 경우 세탁제로서의 기능이 매우 약화되므로, 1945년 이후에는 합성세제가 세탁제의 대부분을 차지하게 되었으며, 또 환경 보존의 견지에서, 합성세제에 의해 만들어진 거품이 오랫동안 지속되는 형태의 제품은 1965년 이후부터 그렇지 않은 제품으로 대체되었다.

표면장력의 영향을 어떠한 경우에 무시할 수 있는지는 주어진 여건에 따라서 결정해야 되지만, 점성이나 중력의 경우와 마찬가지로, 관성력과의 비를 구하여 그 척도로 삼을 수 있다. §7.1에서와 같이, 유체의 밀도를 ρ, 유동을 대표하는 속도와 길이를 각각 U, d라고 하면, 관성력과 표면장력에 의한 힘은 각각 $\rho U^2 d^2$, σd로 대표되므로, 이들의 비는 다음과 같다.

$$\frac{\text{관성에 기인하는 힘}}{\text{표면장력에 기인하는 힘}} = \frac{\rho U^2 d^2}{\sigma d} = \frac{U^2}{\sigma / \rho d} \tag{7.37}$$

우변의 제곱근으로 무차원상수[Weber 수(Weber number), Wn]를 정의하면[14)]

14) Weber는 1919년 발표한 'Die Grundlagen der Ähnlichkeit und ihre Verwertung bei Modellversuchen'이라는 논문에서, 상사성의 원리와 모형시험에서의 그 응용을 다루면서, 이 분야에 대한 기초를 확립하였으며, 또

다음과 같고,

$$Wn = \frac{U}{\sqrt{\sigma/\rho d}} \tag{7.38}$$

따라서 관성과 표면장력에 의한 힘의 비는 Wn^2이며, Wn가 1보다 대단히 크면 표면장력의 영향을 무시해도 좋을 것이다.

◉ 예제 7-2

15℃, 표준대기압에서 매분 물 0.1 l를 물방울의 평균 반경이 2.5 μ인 물안개로 변환한다. 물방울 내부의 압력과, 변환에 필요한 일률을 구하시오. 단 열역학적인 효과는 무시한다.

▶ 답

대기압을 기준압력으로 잡으면, 표 7-2와 식 (7.33)을 사용하여 물방울 내부에서의 압력을 다음과 같이 얻는다.

$$p = \frac{2\sigma}{r} = \frac{2\times 7.35\times 10^{-2}}{2.5\times 10^{-6}} = 58.8\ kPa \tag{예7.5}$$

또 매초 당 만들어 내는 물방울의 수 N은 다음과 같으므로,

$$N = \frac{10^{-4}}{60\times\frac{4}{3}\pi r^3} = \frac{10^{-4}}{80\pi\times 2.5^3\times 10^{-18}} = 2.55\times 10^{10}\,s^{-1} \tag{예7.6}$$

변환에 필요한 일률 P는 다음과 같다.

각종 무차원상수를 제시하고 Froude 수 등을 명명하였다. 그가 제시한 무차원상수 중, 이름이 붙여지지 않은 표면장력에 관한 무차원상수를 Weber 수라고 부른 것은 Eisner(1895−1933, Germany; 1919)에 의해 비롯되었다.

$$P = N(4\pi r^2)\sigma$$
$$= 2.55\times10^{10}\times4\times3.14\times2.5^2\times10^{-12}\times7.35\times10^{-2} = 0.368\ W \qquad (예7.7)$$

7.3 유기진동과 von Karman

어떤 실험을 수행하든지 실험 목적이 있으며, 대개 예측되는 결과가 있다. 그러나 실제로 실험을 수행하여 얻은 결과가 예측했던 바와 매우 다르면, 대단히 곤혹스러운 시간을 보내며 왜 그런 실험 결과를 얻게 되었는지에 대해 생각하고, 실험이 원래 생각했던 대로 이루어 졌는지를 다시 검토하게 된다.

1911년, Prandtl이 주도하던 Göttingen대학 연구소의 한 실험실에서도 이와 같은 상황이 발생하고 있었다. Prandtl의 학생이었던 Hiemenz는 회류수조(circulating water channel)에 원기둥을 설치하고 원기둥 뒤쪽의 유동, 즉 후류(wake)[15)]를 관찰하였는데, 그들의 기대와는 달리 층류인 경우에도 원기둥의 후류는 정상 상태에 도달하지 않았던 것이다. 처음에는 원기둥이 잘못 만들어지지 않았는지, 다음에는 수조의 대칭성이 깨지지 않았는지 등등, 모든 가능성들을 차례차례 살펴보았으나, 원기둥의 후류는 여전히 비정상유동 상태를 유지하였던 것이다. von Karman은 이때 아직 Göttingen에서 지내고 있었는데, Hiemenz의 실험을 옆에서 줄곧 지켜보게 되었으며, 매일 아침, '이제는 정상 상태가 되었나?' '아니, 아직도 비정상 상태야'라는 인사말을 주고받고 있었다. 그러던 어느 날, von Karman은 만약 실험 결과가 맞는다면, 즉 유입되는 유동의 속도는 일정하고, 원기둥은 고정되어 있지만, 원기둥의 후류가 시간에 따라 계속 변화하는 것이 사실이라면, 층류인 경우에 원기둥의 후류가 어떤 모습을 가져야 할 것인가 하는 의문을 갖게 되었다. 원기둥 주위의 유동에 대해서는 §5.4에서 논의한 바와 같이 앞부분에는 경계층이 형성되고, $\theta = \pm\pi/2$ 부근에서 박리가 발생하여, 뒷부분에는 상당한 음압이 작용한다(그림 5-16 참조).

---

15) wake[후류(後流) 또는 반류(伴流)]는 물체 뒤쪽에 물체의 존재 때문에 생긴 유동을 뜻한다. 물체가 고정되어 있고 유체가 유입하는 경우에는 말 그대로 물체 '뒤쪽의 유동' 이므로 후류, 반대로 원래 고정되어 있는 유체 중에서 물체가 움직이는 경우에는 물체 뒤의 유체는 상당 부분이 물체와 같이 움직이게 되므로 반류로 구분하여 사용한다.

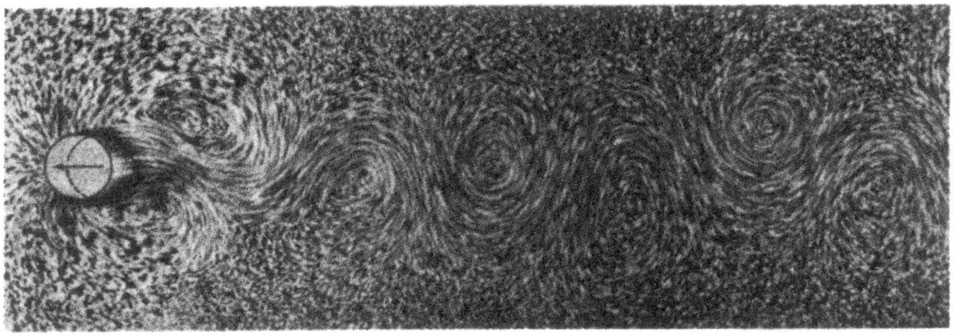

그림 7-11 운동하는 원기둥의 후류

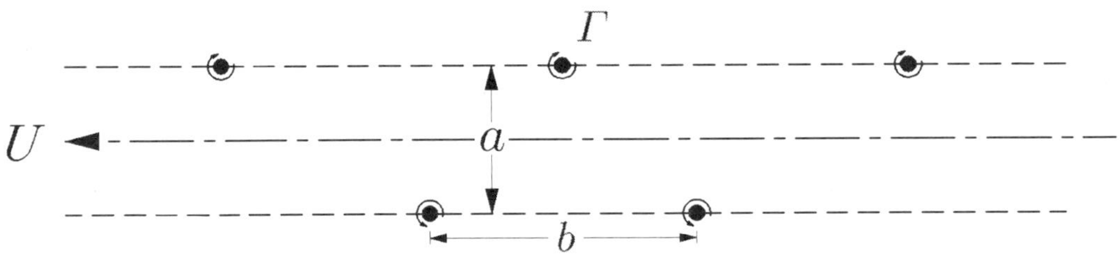

그림 7-12 Karman 와동에 대한 개략도

von Karman은 실험에서 관찰되는 후류의 형태로부터(그림 7-11), 원기둥의 위, 아래에서 발생한 박리에 기인하여 원기둥 뒤쪽에 주기적으로 와동이 형성된다고 가정하고, 두 줄의 점와동이 기하학적으로 어떻게 배치되었을 때, 안정성을 가질 것인가를 생각하였다. 다시 말하면 그는 후류의 와유동을 점와동으로 이상화하여 점와동끼리 서로 작용하는 힘을 고려했을 때 안정성이 있는 일군의 점와동의 배열을 구하였으며, 그 결과에 따르면 그림 7-12에 나타낸 바와 같이, 윗줄과 아랫줄 사이의 간격 a, 같은 줄에 있는 점와동 사이의 간격 b의 비는 $a/b = 0.281$을 만족해야 한다. 점와동의 세기를 Γ라고 하면, 서로 엇갈려 배치된 위아래의 점와동은, 정지해 있는 유체에 대해 $u_w = 0.354\Gamma/b$의 속도로 왼쪽으로 움직인다. 따라서 유입되는 유동의 속도를 U라고 하면, 점와동 군(群)의 속도는 $U-u_w$ 이며, 점와동 한 쌍이 생성되기 위해 필요한 시간 또는 점와동 생성의 주기를 T라고 하면 다음을 얻는다.

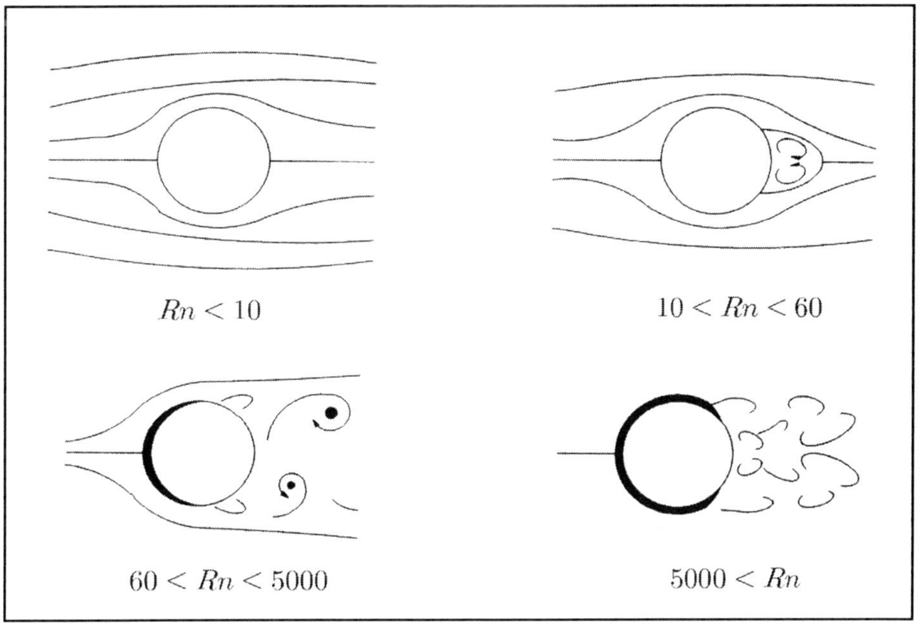

그림 7-13 Rn에 따른 원기둥 주위 유동의 변화

$$T = b/(U - u_w) \tag{7.39}$$

그림 7-11에 보인 바와 같은, 후류에 생성되는 일군의 와동은 Karman 와동(Karman vortex street)이라고 부른다.

원기둥의 후류의 형태에 대해서는, von Karman 이후에 많은 실험적 연구가 이루어져 그림 7-13에 보인 바와 같이, $Rn\,(=Ud/\nu)$의 범위에 따라 여러 가지의 매우 다른 양상을 보인다는 것이 알려졌다. 위에서 논한 바와 같은 매우 규칙적인 Karman 와동은 $Rn \in (60, 5000)$일 때만 관측되며, $Rn < 60$일 때는 원기둥 바로 뒤에 상하 대칭형의 와동이 형성되고, 이들 와동은 원기둥으로부터 유리(流離, shedding)되지 않는다. 와동의 유리(vortex shedding)가 규칙적으로 발생하는 영역에 대해 논의하기 위해, 다음과 같은 무차원상수를 정의한다.

$$Sn = \frac{d}{UT} \tag{7.40}$$

Sn는 Strouhal 수(Strouhal number)로 불리며[16], 원기둥의 직경과 유체입자가 시간 T 동안에 유동의 속도 U로 갈 수 있는 거리의 비, 또는 와동 생성의 진동수 $f = 1/T$ 와, 단위시간 당 U라는 속도로 원기둥의 직경 d를 몇 번이나 지나 갈 수 있는가를 나타내는 횟수 U/d의 비로 볼 수 있으며, 따라서 일종의 무차원화된 진동수로 볼 수 있다. 와동의 유리는 점성의 영향에 기인하므로 Sn는 Rn의 함수로 나타낼 수 있으며, 실험적으로 그림 7-14와 같은 결과를 얻을 수 있는데, 이 결과는 다음과 같은 특성을 가진다: 1) $Rn \in (200, 5000)$일 때는 Sn는 거의 일정한 값 0.21을 가진다. 2) $Rn \in (5000, 2\times10^5)$일 때도, 주기적인 와동 유리가 일어나고 있으며, 이에 대한 Sn의 값은 0.20 정도이다. 3) $Rn \in (2\times10^5, 3\times10^6)$일 때는 주기적인 와동 유리 현상이 발생하지 않으며, $Rn > 3\times10^6$이 되면 다시 주기적인 유리 현상이 발생하고, 이 때는 Sn가 보다 큰 값을 가져 0.27 정도의 값을 가진다. 원기둥 주위의 유동이 층류로 부터 난류로 변화하는 임계 Reynolds수 Rn_c는 2×10^5 이므로,

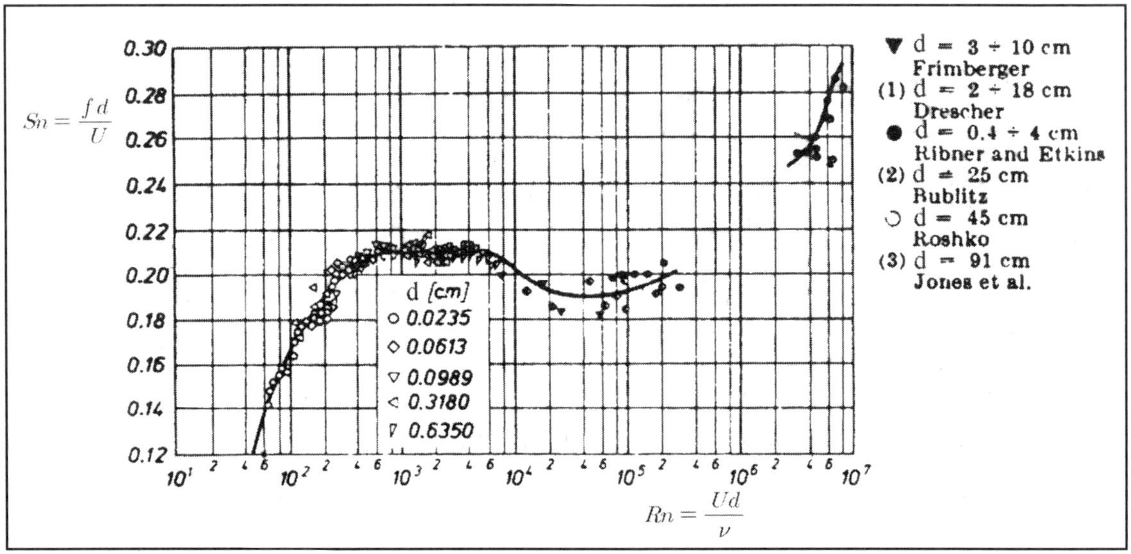

그림 7-14 원기둥 주위의 Karman 와동 에 대한 Sn의 Rn에 따른 변화

16) Strouhal은 19세기의 독일 물리학자인데, 1878년 바람이 불 때 철사 등에서 나는 소리가 철사의 횡진동(transverse vibration)에 기인하는 것임을 최초로 보였으며, Strouhal 수라는 이름은 그의 이 업적을 기리기 위해 주어졌다.

후류의 와동 유리도 이의 영향을 받는 것을 알 수 있으며, 난류 영역에서는 와동 생성이 보다 빨리 이루어지는 것을 알 수 있다.

이상에서 논의한 와동 유리의 공학적 응용으로 유체-물체 상호작용에 대한 다음과 같은 문제를 생각해 보자. 원기둥의 위아래 부분에서 주기적으로 와동 유리가 생김에 따라 원기둥 주위의 압력 분포도 주기적으로 변화할 것이며, 결과적으로 원기둥에는 상하방향으로 주기적으로 변화하는 힘이 작용하게 된다. 이 힘은 원기둥의 진동을 야기할 것이며, 이와 같은 진동을 유기진동(induced vibration)이라고 부른다. 보다 일반적으로 원기둥뿐만 아니라, 수직평판과 같이 유입되는 유동에 대해 상당히 큰 면적을 노출시키고 있는 물체, 다시 말하면 압력항력이 꽤 큰 물체의 경우에는 항력이 증가하는 문제점뿐만 아니라, 유체력의 횡방향 변화에 따른 진동에 대한 고려도 하지 않으면 안된다. 서론에서 예로 든 Tacoma 현수교의 파괴는, 비용을 줄이기 위해 다리의 측벽을 트러스 구조물이 아닌 평판으로 설계하였는데, 이에 따라 측벽은 수직평판과 같은 경우가 되었으며, 이로부터 발생하는 와동 유리의 진동수가 다리의 비틂 진동과 관련된 고유 진동수와 같아져서 공진(resonance)을 일으킨 것에 기인하였다. 유체 중에서 움직이거나, 또는 움직이는 유체 중에 놓이는 물체의 형상을 설계할 때는, 이와 같이 물체가 받는 저항을 줄인다는 견지에서뿐만 아니라, 물체의 유기진동을 줄인다는 견지에서도, 그 형상을 유선형(streamlined)으로 설계해야 함에 유의한다.

◉ 예제 7-3

전선이나 철사 등이 바람에 노출되어 있을 때, 윙윙거리는 소리가 나는데, Rayleigh(1915)는 이 소리가 와동 유리에 기인하는 것임을 지적하였다. 직경 $1\ mm$인 철사가 속도가 $10\ m/s$인 바람 중에 있을 때, 와동 유리에 기인하여 발생하는 소리의 진동수를 구하시오.

▶ 답

먼저 Rn를 구하면 다음을 얻고,

$$Rn = \frac{Ud}{\nu} = \frac{10\times 10^{-3}}{1.458\times 10^{-5}} = 686 \qquad (예7.8)$$

따라서 그림 7-14로부터 $Sn = 0.21$ 을 얻을 수 있으며, 진동수는 다음과 같다.

$$f = \frac{1}{T} = \frac{U\,Sn}{d} = \frac{10 \times 0.21}{10^{-3}} = 2100\ Hz \qquad (예7.9)$$

위의 진동수는 기본음 도의 진동수($= 262\ Hz$)의 약 $8(=2^3)$ 배이므로, 위와 같은 상황에서 철사는 3옥타브 높은 도에 해당하는 소리를 낼 것이다.

연습문제

1. 대기압이 0.1 MPa인 경우, 온도가 0℃, 30℃일 때의 공기의 밀도를 구하시오. 단 공기는 이상기체로 가정하고, 공기의 기체상수는 $R = 0.2870\ kJ/kgK$이다. 표 7-1과 식 (7.28)을 이용하여 각각의 경우에 대해 공기 중에서의 음속을 구하고, 또 식 (7.26)을 사용하여 얻은 음속에 대한 결과와 비교하여 논하시오.

2. 비행기 날개의 형상은 속도에 따라 상당히 다르다. Mn의 변화에 따른 날개 형상의 변화를 알아보고, 물리적으로 설명하시오.

3. 해수면으로부터 11 km 상공까지의 공기의 온도는 다음과 같이 선형적으로 감소한다고 볼 수 있다.

$$T(z) = 288.15 - Az \tag{연7.1}$$

여기서 $A = 0.0065\ K/m$이고, z는 지상으로부터의 높이이다. 1 km 상공에서 250 m/s로 날고 있는 비행기와 10 km 상공에서 500 m/s로 날고 있는 비행기의 Mn를 각각 구하시오.

4. 구(sphere)의 항력계수는 다음과 같이 정의된다.

$$C_D = \frac{D}{A_p \rho u^2 / 2} \tag{연7.2}$$

단 여기서 u, A_p는 각각 구의 속도와 유동에 수직한 평면에 대한 구의 투영면적이다. 직경 1 cm인 구가 공기 중에서 운동하는데, Mn가 각각 0.4, 2.0일 때의 항력계수가 0.5, 1.0이라면, 이 때 구가 받는 항력을 구하시오.

5. 압축성 유체의 2차원 유동에 대한 연속방정식이 다음과 같음을 보이시오.

$$\frac{\partial \rho}{\partial t}+\frac{\partial(\rho u)}{\partial x}+\frac{\partial(\rho v)}{\partial y}=0 \qquad \text{(연7.3)}$$

또 이 식으로부터 비압축성 유체에 대한 연속방정식인 식 (3.30)을 유도하시오.

6. 두 장의 유리판이 0.5 mm 간격으로 수직하게 놓여있다. 온도가 10 ℃일 때, 유리판 사이로 표면장력에 기인하여 올라갈 수 있는 물 높이의 최대값을 구하시오.

7. 공기와 물의 경계면에 관의 내경이 1 mm인 모세관을 수직하게 놓았다. 온도가 0 ℃, 30 ℃일 때 모세관을 따라 올라갈 물의 높이를 구하고, 온도 증가에 따른 영향에 대해 논하시오.

8. 직경 1 mm인 시험관을 통해 메틸알콜이 모세관 현상에 의해 상승하였다. 온도가 10 ℃일 때, 최대 상승 높이를 구하시오. 위와 유사한 실험을 수행하고 얻은 결과에 대해 논하시오. 단 시험관 대신에 가느다란 스트로를, 또 메틸알콜 대신에 소주를 사용하시오.

9. 어떤 벌레가 물 위에 표면장력의 효과에 의해 떠 있다. 벌레의 다리는 6개이고, 물과 접촉된 벌레의 다리의 길이는 1 cm이다. 벌레가 물에 빠지지 않기 위한 최대 질량을 구하시오. 단 온도는 15 ℃로 한다. 또 온도가 높아지면 어떤 일이 발생할 것인가에 대해 논하시오.

10. 횡단면이 원형인 해양구조물의 파일(pile)이 속도 2 m/s인 해류 중에서 공명에 기인하는 심한 진동을 겪었다. 원형 단면의 직경이 2.3 m라고 할 때, 파일의 고유진동수를 구하시오.

11. 중공형(hollow) 기둥의 고유진동수 ω는 다음 식으로 주어진다.

$$\omega = \frac{\pi^2}{4}\sqrt{\frac{EI}{\rho h^4}} \qquad (연7.4)$$

여기서 E는 탄성계수, I는 횡단면의 관성모멘트, ρ는 단위 길이 당 질량, h는 높이이다. 이 기둥에 공진을 일으킬 수 있는 풍속을 구하시오. 단 $E = 200GPa$, $\rho = 7850kg/m^3$이고, I는 다음 식으로 주어진다.

$$I = \frac{\pi}{64}(d_o^4 - d_i^4) \qquad (연7.5)$$

여기서 d_o, d_i는 각각 기둥의 외경과 내경이며, $h = 50m$, $d_o = 0.3m$, $d_i = 0.28m$이다.

12. 직경이 $3\,cm$인 전선이 속도 $40\,m/s$인 바람 중에서 공진에 의해 심하게 떨고 있다. 이 전선의 고유진동수를 구하시오.

부록 1 차원과 단위

대부분의 대학 물리 또는 동역학 교과서에서 차원과 단위(unit)에 대해 다루고 있으므로, 여기서는 간단히 기본적인 사항과 유체역학에서 많이 사용되는 양들에 대해 생각해 보기로 한다.

우리 주변의 현상들을 물리 법칙으로 나타내는 경우, 방정식과 같은 수학적인 표현을 쓸 수밖에 없는 경우가 대부분이다. 그런데 역학에서 다루는 방정식은 수학에서 다루는 방정식과 다른 한 면을 지니고 있다. 물리 현상을 방정식으로 나타낼 때, 양변은 수치적으로는 물론 같아야 하지만, '물리적'으로도 같아야 한다. 여기서 '물리적'이라는 표현은 차원(dimension)으로 불리는데, '양변의 차원이 같아야 한다'는 조건은 '하나의 물리량을 나타내는 방법은 여러 가지가 있을 수 있어도 결국은 동일한 물리량을 나타내야 한다'는 당연한 사실에 근거한다. 길이, 질량, 시간 등을 기본적인 물리량으로 보고, 다른 물리량들은 이들로부터 유도된 양으로 보며, 길이, 질량, 시간의 차원을 각각 L, M, T로 표시한다. 예를 들어 Newton의 제 2 법칙은 다음과 같이 쓸 수 있는데,

$$F = ma \tag{A.1}$$

여기서 가속도 a는 변위를 시간에 대해 두 번 미분하여 얻어지는 양이므로, 힘의 차원 $[F]$는 다음과 같다.

$$[F] = MLT^{-2} \tag{A.2}$$

표 A-1에 유체역학에서 자주 나오는 물리량들의 차원을 보였다. 또 Newton의 점성법칙 식 (4.1)에 대해 생각해 보면,

$$\tau = \mu \frac{\partial u}{\partial y} \tag{4.1}$$

표 A-1 각종 물리량의 SI 단위

	물리량	차원	단위	기호
기본단위	길이	L	m	
	질량	M	kg	
	시간	T	s	
유도단위	면적	L^2	m^2	
	체적	L^3	m^3	
	속도	LT^{-1}	m/s	
	각속도	T^{-1}	s^{-1}	
	가속도	LT^{-2}	m/s^2	
	각가속도	T^{-2}	s^{-2}	
	밀도	ML^{-3}	kg/m^3	
	질량유량	MT^{-1}	kg/s	
	체적유량	L^3T^{-1}	m^3/s	
	운동량	MLT^{-1}	kgm/s	
	각운동량	ML^2T^{-1}	kgm^2/s	
	힘	MLT^{-2}	kgm/s^2	N
	모멘트	ML^2T^{-2}	kgm^2/s^2	Nm
	일	ML^2T^{-2}	kgm^2/s^2	J
	일률	ML^2T^{-3}	kgm^2/s^3	W
	동점성계수	$ML^{-1}T^{-1}$	kg/ms	$Pa \cdot s$
	운동학적 점성계수	L^2T^{-1}	m^2/s	
	체적탄성계수	$ML^{-1}T^{-2}$	kg/ms^2	Pa
	압력	$ML^{-1}T^{-2}$	kg/ms^2	Pa
	표면장력	MT^{-2}	kg/s^2	N/m

좌변은 전단응력이므로 식 (A.2)를 사용하여 다음을 얻고,

$$[\tau] = [F]L^{-2} = MLT^{-2}L^{-2} = ML^{-1}T^{-2} \tag{A.3}$$

우변의 차원은 좌변의 차원과 같아야 하므로, 동점성계수의 차원 $[\mu]$를 다음과 같이

얻는다.

$$[\mu] = ML^{-1}T^{-2}(LT^{-1}L^{-1})^{-1} = ML^{-1}T^{-1} \tag{A.4}$$

수학에서는 삼각함수, 지수함수 등의 자변수를 어떤 양으로 취해도 문제가 없지만, 물리 법칙과 관련하여 이 함수들을 사용할 때는 이 함수들의 자변수가 반드시 무차원량이어야 한다. 이러한 사실은 이들 함수를 무한급수로 전개할 수 있으며, 무한급수의 각 항은 자변수의 멱함수이므로, 자변수가 무차원량이 아니면 무한급수의 각 항이 같은 차원을 가질 수 없기 때문이다. 예를 들어 조화함수를 파동을 나타내기 위해 써서 $y = A\cos kx$라고 하면, kx는 무차원이어야 하며, 따라서 $[k] = L^{-1}$이다.

또한 물리량들 사이의 관계를 무차원량을 사용하여 나타냄으로써, 실험이나 문제의 해석에 큰 도움을 얻을 수 있으며, 이러한 분야는 차원해석(dimensional analysis)으로 알려져 있다. 이에 대해서는 [10] 등을 참고하기 바란다.

한편 차원적으로 같은 물리량이라고 하더라도, 다른 단위계를 사용하면 다른 크기를 얻게 된다. 18세기 말까지 각국에서 서로 다른 단위계를 사용하고 있었기 때문에 수많은 문제가 야기되었으며, 이에 따라 통일된 단위계를 가질 필요가 생겼다. 한편 파리과학원(Paris Academy of Science)은 1795년 길이, 질량 등에 대한 기준을 제정하고 10진법에 근거한 단위체계를 창안하였는데, 이 기준과 단위체계는 곧 불란서 국회에서 통과되었으며, 이들이 이후의 통일된 '국제단위계'인 SI(Le Système International d'Unités)의 모체가 되었다. 국제도량형총회(CGPM, Conférence Générale des Poids et Mesures)는 1889년의 제 1차 회의부터 시작하여 국제단위계의 확립에 노력을 기울여 왔다. 현재 사용되고 있는 SI 단위계는 기본적 물리량인 길이(m), 질량(kg), 시간(s) 등의 단위인 기본단위[1]와, 이들로부터 유도할 수 있는 여타 물리량의 단위인 유도단위, 그리고 rad등의 보조단위로 이루어져 있다.

유도된 물리량의 경우에도 사용 빈도가 높은 양들은 독자적인 이름이 주어진다. 예를 들어 힘의 단위를 기본 단위계를 써서 나타내면 식 (A.2)로부터 kgm/s^2이지만,

---

1) 이외에도 온도(K), 전류(A), 光度(cd), 물질량(mol)을 포함하여 도합 7개의 기본단위가 사용되고 있다.

표 A-2 SI 단위의 접두어

접두어	기호	승수
tera	T	10^{12}
giga	G	10^{9}
mega	M	10^{6}
kilo	k	10^{3}
centi	c	10^{-2}
milli	m	10^{-3}
micro	μ	10^{-6}
nano	n	10^{-9}
pico	p	10^{-12}

Newton을 기념하여 이 단위는 N으로 부른다. 이외에도 Pascal, Joule, Watt, Hertz 등을 기념하여, 압력, 일, 일률, 진동수의 단위는 다음과 같이 나타낸다.

$$Pa = N/m^2 = kg/ms^2 \tag{A.5}$$

$$J = Nm = kgm^2/s^2 \tag{A.6}$$

$$W = J/s = Nm/s = kgm^2/s^3 \tag{A.7}$$

$$Hz = s^{-1} \tag{A.8}$$

한편 이 단위를 사용할 때, 다루는 물리량의 크기가 매우 작거나 클 때는, 표 A-2에 보인 것과 같은 접두어를 사용하여 그 표시를 간단히 할 수 있다. 예를 들어 압력의 단위는 Pa인데, 대기압은 대개 $10^5\,Pa$ 정도이므로 통상 kPa 또는 MPa 등을 사용하여 나타낸다.

부록 2 유체역학 연대표

인물	업적	연도
Thales 624-546B.C. Miletus	그리스에서 비롯된 연역적인 사고체계가 발전되면서 향후의 모든 과학발전에 지대한 영향을 끼침. (§1.3)	
Aristotle 384-322B.C. Greece	모든 사물을 하늘에 속한 것과 땅에 속한 것으로 분류. (2장 서론)	
Euclid 325-270B.C. Alexandria	고대의 기하학을 그의 'Elements'를 통해 집대성. (§1.3)	
Archimedes 287-212B.C. Sicily	물체가 유체 중에 있을 때 그 물체의 부피와 같은 부피만큼 유체를 배제시킨다는 이론인 Archimedes의 원리를 발견. (§1.4)	
Vieta 1540-1603 France	방정식에 미지수와 상수를 대신하는 문자를 도입하여 오늘날과 같은 방정식의 형태를 갖게 됨으로써 대수학의 발전에 크게 공헌. (§1.3)	1591
Stevinus 1548-1620 Netherlands	무게가 다른 두 물체의 자유낙하에 대한 실험을 수행하여 자유낙하하는 물체의 운동속도가 그 물체의 무게와 전혀 관계가 없음을 밝힘. (2장 서론)	1586
Galileo 1564-1642 Italy	공기의 무게를 기구(氣球)를 통한 실험으로 확인. (§2.1) 물체의 자유낙하 또는 경사면에서의 하강에 대한 실험을 수행하여 그 운동이 등가속도 운동임을 확인. (§1.3) 재료역학과 관련된 실험에 대해 언급한 그의 저서, 'Two New Sciences'에서 모형시험은 기하학적 상사성 뿐만 아니라 역학적 상사성도 가지도록 수행해야 한다고 최초로 지적. (§2.3)	1638
Kepler 1571-1630 Germany	지구를 중심으로 하는 달의 운동, 혹은 태양을 중심으로 하는 행성의 운동에 대한 세 법칙을 발표. (§3.2)	1609 1619
Descartes 1596-1650 France	직각좌표계의 개념 도입으로 기하학과 대수학의 결합이 가능하게 되었으며, 2차 방정식 등의 성질에 대한 구체적인 이해를 가능하게 함. (§1.3)	1637
Torricelli 1608-1647 Italy	수은을 가득 채운 시험관을 사용한 실험으로, 지표면 위의 공기의 무게가 항상 지표면에 있는 모든 물체에 힘(압력)을 가하고 있다는 개념을 확립. (§2.1)	1643

Pascal 1623-1662 France	대기의 무게를 재확인. (§2.1) 막혀있는 액체내부에 가해진 힘은 액체를 통하여 그대로 전달되고 또 그 힘은 작용하는 면에 수직인 사실을 알아냄. (§2.1)	1648
Boyle 1627-1691 UK	소리의 전달이 진공 중에서는 불가능하다는 사실을 실험적으로 증명. (7장 서론) 기체의 경우 압력을 증가시키면 체적이 그에 반비례하여 줄어드는 현상을 발견. (7장 서론)	1660 1662
Newton 1642-1727 UK	두 질량 사이의 인력이 거리의 제곱에 반비례하면 한 질량을 중심으로 하는 다른 질량의 운동 궤적의 증명 등을 위해 미적분학을 창안함. (§1.3) 'Mathematical Principles of Natural Philosophy'에서 운동법칙, 만유인력 법칙 등 근대역학의 근간을 이루는 내용(질점에 대한)을 발표하여 Galileo, Kepler등에 의해 제기되었던 행성을 포함하는 물체의 운동에 관한 설명을 제공할 수 있는 일관된 사고체계를 제공하게 됨. (3장 서론) 만유인력법칙을 통하여 중력의 개념을 확립. (§3.2) 마찰응력과 물체 벽면에서의 유체의 속도구배 사이의 비례상수로서 유체의 점성계수라는 개념을 도입. (§4.1)	1687
Pitot 1695-1771 France	Pitot관의 원리를 최초로 밝힘. (§3.4)	1732
Bernoulli 1700-1782 Switzerland	'Hydrodynamica'라는 저서를 발표, hydrodynamics라는 명칭의 원형을 제공. (§3.4) 비점성유체에 대한 운동방정식의 적분을 얻고자 하였음. (5장 서론)	1738
Euler 1707-1783 Switzerland	속도포텐셜의 개념을 처음 사용. (§6.1) 'Naval Science'에서, 평형 상태에 있는 유체 내부의 압력을 유체 내부의 어떤 점에도 작용하는 일반적인 개념으로 최초로 정의. (§2.1) 'New Principle of Gunnery'라는 번역서에서 유선(streamline)의 개념을 처음 사용. (§3.3) 강체 및 가변체의 운동에 Newton의 운동법칙을 이용, 오늘날 우리가 알고 있는 형태의 동력학 및 연속체역학의 기초를 확립. (3장 서론) 'Principles of the motion of fluids'에서 연속체에 대한 운동의 기하학(운동학), 즉 유체의 운동학에 대한 고찰을 확고히 함. (§3.3) 비점성유체인 경우에 대하여 압력과 중력만을 고려한 Euler의 운동방정식을 유도. (§3.3, 4)	1738 1745 1750 1752

인물	업적	연도
	일반적인 경우 속도장은 유동장의 각 점에서 질량이보존되도록 결정되어야 한다는 것을 유도. (§3.5)	1753
	'General principles of the state of equilibrium of fluids'에서 평형 상태에서의 등방향응력(isotropic stress)이라는 개념으로서 압력을 생각. (§2.2)	
	정지해 있는 유체에 대한 평형방정식을 발표. (§3.4)	
D'Alembert 1717-1783 France	현의 진동과 관련하여 1차원 파동방정식(wave equation)을 유도. (§7.1)	1747
	유체의 점성을 무시하는 경우, 무한히 넓은 유체 중에서 일정한 속도로 움직이는 물체는 유체로부터 어떠한 힘도 받지 않는다는 역설적인 사실을 증명하여 비점성유체에 대한 연구의 한계를 지적(D'Alembert의 역설). (5장 서론)	1750
	속도장은 유동장 내부의 각 점에서 질량이 보존되도록 결정되어야 한다는 것을 지적. (§3.5)	
Laplace 1749-1827 France	공기 중에서의 음속에 대한 Newton의 오류를 정정함. (7장 서론)	1816
Dalton 1766-1844 UK	'A new system of chemical philosophy'를 통해 물질에 대한 정량적 원자론적인 관점을 확립. (§4.1)	1808
Gauss 1777-1855 Germany	포텐셜이라는 이름을 역학 분야에서 최초로 사용. (§6.1)	1840
Cauchy 1789-1857 France	실제유체의 경우 유체 내부에 작용하는 응력의 일반적인 형태에 대한 최초의 가설을 제창. (§3.3)	1822
	비점성유체와 점성유체의 차이점을 정량화하여 모형화. (§5.1)	
	점성유체에 대한 운동방정식의 근본적인 형태를 제공함. (§5.1)	
	traction과 응력 텐서(tensor)라는 개념을 도입하여 점성유체에 대한 일반적인 형태의 운동방정식의 형태를 유도. (§5.1)	1823
Hagen 1797-1884 Germany	많은 실험을 통해 관 유동이 두 종류(층류, 난류)로 대별된다는 점을 인식. (4장 서론) 원형 단면의 관을 통해서 흐르는 물의 온도에 따라 변화하는 유량과 수두 사이의 관계식을 실험적으로 구함. (§4.2)	1839
Poiseuille 1799-1869 France	관유동에 있어서의 유량과 관의 저항에 대한 관계를 알아내기 위한 실험을 수행하고, 온도(점성계수의 변화)에 따른 유동의 변화를 계측 보고. (4장 서론)	1840

	매우 가는 관을 흐르는 물에 대한 실험을 통해, 유량은 압력구배와 반경의 4승에 각각 비례한다는 사실을 발표하고, 관의 직경이 증가하면 유동형태가 매우 불규칙적으로 변화하여 그 관계가 더 이상 성립하지 않음을 보고. (§4.2)	
Magnus 1802-1870 Germany	회전하는 물체가 유체로부터 그 자신의 운동방향과 수직인 방향으로 힘을 받는 현상인 Magnus효과를 발견. (§6.2)	1852
Darcy 1803-1894 France	매끈한 벽면의 관유동에 대한 경험적인 저항공식을 제안. (§4.4)	1857
Weisbach 1806-1871 Germany	Lehrbuch der Ingenieur-und Maschinen-Mechanik'라는 저서에서 무차원 계수의 사용을 주창하여 관유동의 저항공식에 저항계수를 도입함. (§4.4)	1845
Froude 1810-1879 UK	배의 저항을 모형시험을 통하여 산정하는 방법을 연구하고 대응속도의 개념을 도입. (§2.3)	1874
Helmholtz 1821-1894 Germany	수동역학(hydrodynamics) 분야에서 사용되는 속도포텐셜이라는 이름을 처음으로 사용. (§6.1) 포텐셜유동만을 그 주된 대상으로 하던 수동역학(hydrodynamics) 분야에 회전성유동에 대한 연구를 비롯하여 일반적인 와유동(vortex flow)에 대한 개념을 도입, 확립함으로써 고전적인 수동역학의 연구 대상 범위를 크게 확장시킴. (§6.2) 정상적(steady)인 물리계의 해가 갖는 안정성과 관련하여 성층류(stratified flow)에 관해 연구. (7장 서론)	1858 1868
Kirchhoff 1824-1887 Germany	수직평판에 대하여 영이 아닌 항력을 받을 수 있는 기전에 대한 가설을 최초로 제시하여 영이 아닌 항력을 구함. (§5.4)	1869
Kelvin 1824-1907 UK W. Thomson	와동의 성질과 관련된 순환의 개념을 제안. (§6.1) 수면파에 대한 표면장력과 중력의 영향을 밝힘. (§7.2) 난류(turbulence)라는 명칭을 처음 사용함. (§4.3)	1869 1871 1887
Mach 1838-1916 Austria	광학적인 방법을 이용하여 초음속 물체와 관련하여 생기는 충격파(shock wave)의 사진을 얻어 항공역학의 발전에 기여. (7장 서론)	1887
Reynolds 1842-1912 UK	층류와 난류의 구분을 위한 무차원상수로 Reynolds 수를 도입. (§4.3) 단위의 표준화가 필요하다고 인식하고 나아가서 단위가 다르더라도	1883 19C후반

	차원이 없는 숫자(무차원상수)을 이용하여 통일된 방법으로 실험결과를 비교할 수 있게 됨. (4장 서론)	
Rayleigh 1842-1919 UK J.W. Strutt	균일유동 중에 정지해 있는 원기둥, 또 회전하는 원기둥이 받는 힘에 대해 연구. (§6.2) 비점성유체 모형을 사용한 유동의 불안정성에 대한 연구. (§5.3) 정상적인 물리계의 해가 갖는 안정성과 관련하여 평행류(parallel flow)의 안정성에 관해 연구. (7장 서론)	1878 1880
Philips 1845-1912 UK	풍동을 본격적으로 처음 사용, 경사평판을 비롯하여 2차원 형상인 날개단면(airfoil)에 대한 계통적인 실험을 수행. (6장 서론)	1885
Joukowski 1847-1921 Russia	날개단면이 받는 양력의 기본적인 기전에 대하여 설명. (6장 서론) 양력에 관한 공식을 처음으로 명백하게 발표. (§6.2)	1906
Wright형제; Wilber 1867-1912 Orville 1871-1948 USA	인류 최초로 동력장치를 이용, 공기보다 무거운 물체를 장시간 비행시킴. (6장 서론)	1903
Kutta 1867-1944 Germany	날개단면이 받는 양력의 기본적인 기전을 설명. (6장 서론) 'Lift in flowing fluids'라는 논문을 통해 Kutta-Joukowski 정리를 처음으로 공식적으로 발표. (§6.2)	1902 1910
Lanchester 1868-1945 UK	양력과 순환의 관계에 대한 개념 및 이론을 발표하여 유체역학 특히 공기역학(aerodynamics)의 발전에 공헌. (6장 서론) 'Aerial Flight'라는 저서를 통해 옆끝와동과 관련하여 유기항력에 대한 개념을 최초로 제안. (6장 서론) 날개에 대한 극도표(polar diagram)을 제안. (§6.4)	1894 1907
Sommerfeld 1868-1951 Germany	관성력과 점성력의 비인 무차원상수를 Reynolds 수라고 명명함. (§4.3)	1908
Prandtl 1875-1953 Germany	'Motion of fluids with very low viscosity'라는 논문을 통해 유체의 점성에 기인하는 마찰항력에 대한 기본적인 이해를 확립. (§5.2)	1904

	경계층의 개념을 처음으로 도입하여, 수직평판 뒤쪽의 압력이 영이 아니고 음의 값을 가지는 것을 지적. (§5.4)	
	박리현상은 물체표면을 따라서 발생하는 압력구배에 기인한다는 점을 지적. (§5.4)	
	Reynolds 에 따른 항력계수의 갑작스런 감소는 원기둥 주위의 유동이 층류로부터 난류로 변화하는 것에 기인함을 발표. (§5.4)	1914
	날개 뒤의 와동계(vortex system)를 생각하고 날개가 받는 양력 및 유기항력에 대한 계산 방법을 제시, 확립. (§6.4)	1918
	난류 관유동의 속도 분포는 평판에 대해서도 그대로 성립한다고 가정. (§5.3)	1921
	일반적인 형태의 2차원 날개단면에 작용하는 양력, 그리고 3차원 형상인 날개(wing)가 받는 양력 및 유기항력에 대한 결정적인 결과를 얻음. (6장 서론)	1922
	Blasius의 저항공식을 보완하여 매끄러운 난류 관유동에 대한 Prandtl의 일반 마찰법칙(universal law of friction)을 발표. (§4.4)	1933
	점성저층(viscous sublayer)이라 불리우는 영역에서의 전단응력은 평판 상에서의 전단응력과 동일하다고 가정. (§5.3)	
von Karman 1881-1963 USA	물체 후류의 주기적인 와동 생성에 관해 유동의 안정성을 고려하여 수학적 모형을 고안하고, 후에 Tacoma해협의 현수교(suspension bridge)파괴의 원인으로 유기진동을 지목함. (§7.3)	1940
Blasius 1883-1970 Germany	'Boundary layer in fluids with small viscosity'를 발표, 경계층이란 명칭을 보편화. (§5.2)	1908
	많은 실험 결과를 종합하여 난류에 대한 Blasius의 저항공식을 발표. (§4.4)	1911
Eisner 1895-1981 Germany	Weber가 제시한 무차원상수 중 이름이 붙여지지 않은 표면장력에 관한 무차원상수를 Weber 수라 명명. (§7.2)	
Ackeret 1898-1981 Swizerland	물체의 속도와 음속의 비를 Mach 수라 명명. (§7.1)	1929
Schoenherr ?-? USA	선박의 마찰저항을 계산하기 위해 사용되는 기본적인 공식인 마찰저항공식을 제안. (§5.3)	1932

참고문헌

1. http://en.wikipedia.org.wiki/Main_Page

2. 대한조선학회 선박유체역학연구회, 선박의 저항과 추진, 지성사, 2009

3. 이승준, 역사로 배우는 동역학, 인터비젼, 2002

4. 이승준, 역사로 배우는 공업수학 I, gs인터비젼, 2009

5. Schlichting, H., Boundary layer theory, McGraw Hill, 1979.

6. Batchelor, Introduction to Fluid Dynamics, Cambridge University Press, 1965.

7. White, F. M., Viscous Fluid Flow, McGraw Hill, 1974.

8. Abbott, I. H. & von Doenhoff, A. E., Theory of wing sections, Dover, 1945.

9. Chandrasekhar, S., Hydrodynamic & Hydromagnetic Stability, Dover, 1961

10. Roberson & Crowe, Engineering Fluid Mechanics, 5th Ed., Houghton Mifflin, 1993

찾아보기

역사로 배우는 유체역학 2판

2009년 11월 05일 초판 인쇄
2009년 11월 10일 인쇄 발행

저 자 **이승준**
발 행 인 송기수
발 행 처 **GS 인터비전**
편 집 처 **GS 인터비전**
인 쇄 처 삼성문화사
표 지 정의도
등록번호 제 2008 - 27호
I S B N 978-89-93668-31-5 (92550)

주 소 서울시 중랑구 묵동 신도브래뉴1차 102동 1301호
전 화 02-976-7898
팩 스 02-6468-7898
E-mail gsinter@chol.com

정 가 **16,000원**